U0004533

都會【增訂版】野花野草 圖鑑

FIELD GUIDE TO
WILD PLANTS IN URBAN

鍾明哲 著

晨星出版

目錄 CONTENTS

這是一本寫給都會區內植物愛好者的植物圖鑑！

筆者開始認識植物，是從成功大學裡的校園植物開始的。為了準備寒假一年一度的成大生物營，筆者與學長姊、同學們頂著驅趕黑面琵鷺南下的東北季風，在七股、四草的潟湖、泥灘地練習解說、導覽；這才發現聽眾們容易聚焦的動物明星並非解說員最忠實的「搭檔」；反倒替聽眾們在豔陽下遮蔭、無意間捻惹、疲倦時倚靠的花草樹木，是學員們極易觀察的自然事物，更是解說人員不離不棄的夥伴。從此筆者開始留意這群綠色朋友。

2000 年不僅是千禧年，也是臺灣植物分類學界重要的一年：集合臺灣植物分類界的權威，傾畢生所學及研究成果編彙而成的臺灣地區植物圖鑑 ——《臺灣植物誌第二版（Flora of Taiwan, 2nd edition）第五冊》問世。至此，臺灣的維管束植物組成大致底定，從事基礎形態觀察、分類鑑定、系統親緣探討的業餘愛好者、學術研究者，甚至實際應用的園藝造景家、生態工程師、環保檢疫人員有更清晰、精準、穩固的根據與參考，提供綠地植栽美化、生境復原與撫育、外來種檢疫與監測之用。此後，續有將第二版臺灣植物誌翻譯、簡化的《臺灣維管束植物簡誌》，在坊間蓬勃發展的書店內展售；加上許多獨立出版的圖鑑，使得臺灣繼日本之後，成為亞洲、甚至全球維管束植物圖鑑最完備的國家。隨著採用親緣關係進行植物系統分類的 APG（Angiosperm Phylogeny Group）系統日趨成熟，以及「公民科學家」的概念進入臺灣之後，臺灣都會野花野草及其所屬分類歸群也持續地被大眾與學者共同更新。

筆者從大學、研究所時期於臺南、高雄學習開始認識植物，畢業後於苗栗、臺中一帶服役，退伍後回到家鄉臺北工作，輾轉在臺灣各地的都會區進行採集、觀察；除了持續對各分類群進行探索外，也利用閒暇時間走訪都會區內的公園、都會近郊的淺山田野，並用照片記錄所見。拍攝同時，不免被路過的同好詢問：「這是什麼植物？」「有什麼用處？」，聊完後對方在道謝之餘，常有「下次再見到還是認不出來」、「特徵太細微了無法體會」的遺憾，甚至直接與作者反映：「許多圖鑑裡的東西雖然美，它的生育地可能一輩子都去不成，在野外看不到一次」，或是「圖鑑裡的東西都在深山林內，卻找不到自己住家附近的花草。」因此讓作者萌生構想，編撰一本「身在都會區內也能實用」的植物圖鑑；圖鑑的主角可能就在每天上下班的街角、階梯、磚牆縫隙，可能在你彎下身來綁鞋帶、撿筆時與它匆匆一瞥，可能是小孩放學回家時順手採下的莫名野花，甚至是花臺、苗圃內名貴花卉、樹種腳邊的「綠葉角色」。原來就在「石灰岩」、「大理岩」、水泥紅磚遍布的「都會叢林」內依然有「綠苔痕上階，青草色入簾」的風景。

誰說認識自然一定要「跋山涉水」、「劈荊斬棘」、「汗流浹背」，才能「滿載而歸」呢？

推薦序

多識花草樹木之名

　　牛頓觀察蘋果掉落而發現萬有引力，哥白尼觀察天體運動的軌跡而提出地動說，達爾文觀察不同地區生物的變化而提出了演化論，可見觀察乃是一切學習認知甚或科學研究的起始，也是每個人開始接觸自然，關懷週遭事物的第一步。植物是自然界中最容易觀察的對象，特別是庭園路旁常見的「雜草」更是隨手可得。但植物種類繁多，臺灣植物誌雖有每一物種之完整介紹，惟其中專業形態術語常不易理解，坊間各類植物圖鑑雖有助於克服上述困難，但大部分圖鑑或偏於地域性或特殊類群，反而對都會區最常見的野花野草少有介紹。本書以都會區常見的野花野草為主要對象，除了和一般圖鑑一樣提供清晰彩色生態照片以及詳盡特徵描述之外，最大特色是增添與相近物種的比較，大為提升鑑定的方便性及正確性。本書一書在手，按圖索驥即可認識路旁的小花小草，除了欣賞植物之美，增添生活樂趣之外，也能從多識花草樹木之名開始，關懷生活環境中的萬事萬物。

國立臺灣師範大學　理學院院長

王震哲

　　我的學生鍾明哲要出書了！心裡有著「青出於藍更勝於藍」的喜悅！這一本彩色圖鑑有系統地介紹400餘種都會常見自然生長的花草。書中的總論深入淺出地舉例解說認識植物的常用術語和植物學知識，並藉由常見的大科舉例說明重要特徵。書中每一種植物都有構圖精美的照片和詳盡的描述，依照科別、學名、拉丁文字母順序編排，書末尚附有索引及參考文獻，可說在各方面都很用心地安排編輯，讓讀者使用起來很方便又賞心悅目。假日閒暇出遊時，有這一本書相伴，相信有助於認識都會的花花草草；平常居家，隨意翻閱這一本書，也能增進不少植物學的知識。不論是收藏或贈送親友，老少咸宜。本人閱讀之後，特別鄭重推薦給各位想親近花草的讀者朋友們。

國立成功大學生命科學系退休教授

郭長生

2011/2/11 於臺南「其樂居所」

一本兼具美學、知性與感性的都會植物圖冊

　　當她開花、結實時，您將訝異自然的神奇。

　　水泥叢林的都會區野花、野草能各自找尋夾縫中的適宜生育地，當她忽然綻放花朵、果實時，我們才察覺她纖細的植株已立足於此，她為何有如此強的生命力？更想知道她的芳名與形態特色。

　　鍾明哲先生喜好自然攝影，尤專精於草本植物分類，從他攀爬海崖，尋找小蘭嶼新植物的冒險舉動，可知他對自然觀察、研究的熱忱與執著。除了學術論文外，他常將心血結晶發表於科普雜誌，是頗具寫作潛力的年輕人。他的足跡踏遍全臺，選出最具代表性的都會區野花、野草400餘種，描述其中名、學名、花期、產地、引進時間、簡易鑑識特徵，以精美的影像、深入淺出的文字呈現給大家，誠為兼具美學、知性與感性之作，可供為都會小花、小草相關自然知識、鑑賞、培育之用，亦期盼讀者能因欣賞自然而孕育愛護鄉土的情懷！

國立屏東科技大學森林學系教授

　　住在都會區的民眾進入森林踏青時，也許會感嘆自己所居住的地方綠意不足，想多給孩子一個認識綠色植物與花花草草的空間而不可得。其實只要多加留意，在城市中家居附近的街角階梯、圍牆或水溝邊的磚牆縫隙、陽臺旁的花臺、校園及公園內的綠地等等地區，一定會發現為數不少的小草正展現著強韌的生命力，陽光下不時頂著刮風下雨的日子，漸漸茁壯、開花、結實，代代相傳的不斷繁衍著。如果能稍稍停留，彎下身來與這些不起眼的小草打打招呼，一定會更進一步發現他們身上其實有著不可思議的各種美妙特徵。

　　本書作者鍾明哲先生，累積多年來於臺灣各地觀察與記錄的成果，將廣大都會區的花草，透過鏡頭拍攝的照片，加上他專業的植物知識，編製了這一本圖文並茂的圖書，希望用另一種角度與視野帶領讀者，自日常生活所見，進入這片「具體而微的綠色世界」。故樂為序。

臺灣植物分類學會　理事長

如何使用本書

植物類型

以簡單圖示表示植物類型。

 單子葉草本 　 灌木

 雙子葉草本 　 藤本

 表示植物為臺灣特有種

 表示植物為外來種

菊科

南美蟛蜞菊

Sphagneticola trilobata (L.) Pruski

 外來種

科名｜ 菊科 Asteraceae (Compositae) 　　**花期｜** 1 2 3 4 5 6 7 8 9 10 11 12

別名｜ 三裂葉蟛蜞菊、穿地龍、地錦花、田黃菊、路邊菊、馬蘭草、龍舌草、鹿舌草、滷地菊、黃花曲草、黃花墨菜、維多利亞菊、美洲蟛蜞菊 　　**英文名｜** wedelia

　　南美蟛蜞菊原產新世界熱帶地區，在許多國家廣泛栽培為地被並逸出；在臺灣都會區及遊樂區、道路旁邊坡為常見栽培地被植物，且已廣泛歸化於海濱至低海拔路旁斜坡。臺灣原產不少名稱內帶有「蟛蜞菊」的植物，像是海邊常見的大型蔓藤如雙花蟛蜞菊，小型平鋪草本如蟛蜞菊等，但作為地被及護坡之用，功效都不若外來種南美蟛蜞菊合適，畢竟它匍匐的莖及大而厚的葉片極能克服酷熱、乾燥的都會路旁，讓有它生長的地方，總是鋪滿成片綠意，點綴著黃色頭花。

｜形態特徵｜

　　多年生匍匐草本，莖粗壯，表面光滑或被毛；葉對生，橢圓形至披針形，具三角形裂片與明顯鋸齒緣，表面光滑或疏被毛，偶被糙毛；頭花單生於延長花梗頂端；總苞綠色，總苞苞片披針形，邊緣具纖毛，明顯具脈紋；黃色舌狀花花冠先端具 3～4 枚齒裂；管狀花黃色；瘦果先端鱗片狀冠毛癒合成冠狀。

▲葉片兩側常有 2 枚裂片，又名「三裂葉蟛蜞菊」。

130

資訊欄

說明該物種的科名、別名、英文名及花期，以便讀者查詢。

本文

藉由口語化的文句介紹植物的外形、生育地、習性、特徵與辨識要訣。

形態特徵

包括植株葉形、葉緣、葉基等基本形態特徵介紹；花冠顏色、形狀、花序，以及果實等外觀特徵說明。

本書精選400餘種臺灣都會區內常見原生及外來野花野草，以分類界慣用的科別陳列，內容除了介紹它們的形態特徵外，並說明其花期、生境及相似物種的辨別方法等資訊，期望透過本書的介紹，讓一般社會大眾對於都會區內的野花野草有深一層的概念，近一步了解都會區內的植物組成與習性。

◀南美蟛蜞菊的頭花外圍一輪鮮明的舌狀花，包圍中央微小的管狀花。

菊科

科名側欄

提供該種所屬科名以便物種查索。

相似種辨識

蟛蜞菊

葉長橢圓形至線形，單葉，全緣，葉基鈍。

▲蟛蜞菊為疏生的蔓性匍匐草本，葉片線狀披針形。

雙花蟛蜞菊

葉卵形至心形，單葉，葉緣鋸齒緣，葉基截形至心形。

▲雙花蟛蜞菊為大型的蔓性草本，常見於海濱地區。

天蓬草舅

葉卵形至橢圓形，單葉，葉緣鋸齒緣，葉基鈍。

▶天蓬草舅是海濱沙質地的矮小菊科植物，葉片厚而具光澤。

相似種辨識

為了幫助讀者能夠清楚辨識植物形態，特針對幾個容易讓人混淆的相似種提出細部特徵來做解說。

131

11

都會裡的繽紛植物

什麼是都會區

　　「都會區」有別於「都市」，是指：「鄰近區域內，由一個或多個中心都市為核心，與相鄰的鄉、鎮、市（稱為衛星市鎮）所共同組成的地區，不僅彼此在社會、經濟上合為一體，其區內人口總數必須達 30 萬人以上」。目前臺灣共有 5 個大都會區及 2 個次都會區，這些都會區雖然都在臺灣西部，卻因自然環境等諸多不同，造就不同都會區內有著不同種類的野花草們。

都會裡的植物成員與原生植物

　　現今建築林立的都會區，原本都是許多野生物種的生育地，由於不同緯度、海拔、地形、氣候等大尺度因素，加上土壤組成、日照、風向、鹽度、生物等因子影響，導致不同的水生、草本或木本植物生長、繁衍，進一步吸引賴以維生的動物聚集，產生綿密的食物網。人類是唯一能大幅改變環境的動物，原先以採集、狩獵的方式謀生，散居於叢林或草原等地；直到進行農耕，利用河川的水源灌溉，產生充足的糧食，聚集的人口數目開始成長，形成聚落、都市與文明；隨著文明發展，人類以自身的力量干擾、營造適合人類聚集居住、甚至澈底改變當地原本的環境。隨後航海技術與工業革命的發展，人類得以利用更快速而方便的交通方式往返於都市及陸塊間，形成名符其實的「地球村」。

▲人類是唯一能劇烈改變地球環境的動物，由於聚落的發展，各地都會的微環境漸趨一致。

　　當人類行採集、狩獵時，原生環境的完整與健全即為人類是否存活的保障；各式各樣的原生動植物在人類影響下，仍以一定數量穩定存在。隨著農業發展，整地、引水灌溉、除草、收割等步驟，人類開始營造適合農作物及本身的生活環境。當文明與都市出現，將適合作物生長的農地改建為乾淨、整潔、房屋林立、道路錯綜的居住地，不僅作物的生育地漸小，許多原生物種可能因生育地局限、生育地品質下降、可繁殖的成熟個體數過少、病原或污染物影響而自該處消失。例如因土地利用的變遷而瀕危的大安水簑衣即是一例。

　　某些物種可能因具有觀賞及實用價值，獲得人們的青睞，受到人們刻意的保留、栽培。某些具有利用價值的物種，如著名的景觀植物，原生於北部平地的流蘇、烏來杜鵑獲得大量栽培，得以留存於都會公園、校園、安全島、花圃等綠地。特產臺灣中海拔山區的臺灣欒樹樹形完整而優美，

葉片翠綠，開花時圓錐花序為鮮黃色，蒴果成熟前為淡紅色，極具觀賞價值，為英人亨利氏攜回英國後，成為廣泛應用的園藝植物；在臺灣也栽植以供行道樹、公園景觀樹種；生育地完全消失的葦草蘭，由於具有觀賞價值幸而栽植、保留種源。

另一方面，若干生育環境與人為干擾環境相似、生育力強，或是生活史特徵與人類活動可以配合、得以完成生活史的物種，在人類活動的干擾下，不耐人類活動的物種數量下降後，得以成長而遍布於人為環境中。這些繁殖力強、生活史短、或是生活史特徵可與人類環境及干擾配合、適應此一環境的物種，能夠在人為刈除或整理下大量繁殖，留存於路旁、牆角、人行道縫隙中，成為都會中的野生花草，或是某些人眼中的雜草，這些孑遺的原生植物除了美化環境外，有助於我們了解人為干擾前當地的生態環境。

▲流蘇的樹型優美、花色清雅，為北部常見的原生造園樹種。

▲臺灣蛇莓的植株平鋪、耐人踩踏，成為都會裡的原生野花草。

▲葦草蘭又名鳥仔花，近年來受園藝商大量採集而近乎滅絕。

▶向天盞生命力強，雖然民間有以青草藥用，仍能倖存於都會草坪上。

外來景觀、栽培及有用植物

全球的維管束植物高達 30 萬餘種，外觀千變萬化，加上人為育種、雜交的品系，更是萬紫千紅、令人目不暇給。許多具有經濟或觀賞價值的物種，隨著交通的發達而四處流通，如原產美洲的馬鈴薯、甘薯、玉米，原產亞洲的小麥、茶，原產非洲的咖啡，這些作物的產量與價格，至今仍影響全球甚鉅。園藝植物亦然，原產土耳其的鬱金香，引入歐洲後蔚為時尚，甚至成為荷蘭的國花。東亞種類繁多的杜鵑花，廣受歐美園藝家喜愛，甚至「無杜鵑花者稱不上植物園」。原產中國的油桐，因生長快速且可榨油用，為客家族群廣泛栽培於北臺灣低海拔山區，現雖被石化用油所取代，卻因其象徵的客家意象，加上春季滿山遍野、宛如白雪的桐花，成為新近的觀光賣點。因應畜牧業需要，許多農地栽種牧草、芻料作物，如象草、菽草等供家畜食用。為了便捷交通，許多山區或地質不穩定的道路旁引進生長快速的護坡植物，如南非鴿草、賽芻豆等，以防邊坡滑動、土石鬆落。

為了增加休耕農地的土壤肥力，臺灣許多稻田休耕時會栽種大波斯菊、油菜等，這些休耕田由於面積廣大、休耕期間不受干擾，加上植栽花色豔麗，因而逐漸成為農業地區的觀光賣點之一。

▲近年來流行用外來的大波斯菊營造花海景觀。

▲甘薯隨著貿易攜入亞洲，成為常見的雜糧作物。

▲油桐雖為外來種，卻為早年重要的民生作物。

在臺灣，公共設施及戶外栽植外來景觀作物的情況非常普遍。原產熱帶非洲的「鳳凰木」，每到6、7月間盛開鮮紅色花朵，成為畢業季的象徵。由於選用植栽需要適時適地，與原產地環境相似者有益於栽培個體的生長；若干外來園藝或栽培物種遠渡重洋來到異鄉，適應當地環境後順利開花、結實，產生具有發芽能力的種子。廣受臺灣各地栽植的外來種行道樹：鳳凰木、阿勃勒、木棉，常可在母樹下的穴植槽中發現幼株；以往常被栽培觀賞的長春花、非洲鳳仙花，也可在花圃附近的牆角、路旁發現。

▲長春花引進供觀賞後，已散布於都會牆角及路旁。

▲非洲鳳仙花的生育力強，可於花圃外自行生長。

不請自來或引狼入室──外來種

相較於當地的原生植物，歸化（Naturalization）是指外來物種能不經人類協助，持續產生子代、保持族群數代以上、產生自行更新的族群，導致擴散並成為當地植物社會的一分子。這些歸化種先前未記錄於當地植物名錄中，而是藉由各種自然營力或人為引進各種物種。因此，鄰近地區的原生物種藉由風力、潮汐、動物傳播進入臺灣後，繁衍並建立族群的過程，也可稱為歸化。

除此之外，許多原生於遙遠的其他大陸、生育地迥異於臺灣原有生態環境、原生地有天敵或病蟲害得以抑制族群量、或是缺乏遠距離傳播機制，這些在自然狀況下無法進入臺灣的物種，由於交通、貿易等人為因素，得以進入臺灣。當原生地環境與臺灣相似，或是都市化的過程使得微棲地轉變、或是該物種極度適應人為干擾環

▲布袋蓮模樣可愛，花朵清雅，卻能無性繁殖而迅速增生。

境，得以在臺灣建立族群，並擴張其族群量及生育地，這些外來物種的「歸化」格外引人注意。

部分外來物種「歸化」後，可能大量繁殖並拓展族群及分布面積，大規模改變原有的植物景觀，成為「入侵植物」。入侵生物是全球生物多樣性威脅中第二大因素，僅次於棲地破壞；雖然僅有少數的歸化植物能有效繁殖並入侵當地，但其入侵後果及人們所付出的代價非常昂貴。國內包括生長成片的雜草或害草，如大花咸豐草，需要投入額外的人力與經費刈除、防治；若干物種具有毒性而為害民眾健康，例如銀膠菊；可能排擠原生物種的生存環境、資源者如：香澤蘭；或改變原有棲地類型如：刺軸含羞木；

長期來看降低當地生物多樣性的生態殺手：小花蔓澤蘭、粉綠狐尾藻等。國外有許多外來植物入侵的案例，如在東亞一帶常見的葛藤、柔枝莠竹現已入侵北美洲；飄浮性的水生植物：人厭槐葉蘋、布袋蓮在許多國家成為壅塞河道、水渠的有害植物。

同一分類群（例如同一科、屬）的近緣物種常具有相似的生長習性、物候、棲地需求及天敵，當外來物種進駐時，常與近緣原生物種競爭上述資源。若是當地的原生植群健全，生長及繁殖情況良好，原生物種便是抵禦外來物種苗壯、入侵的第一道、也是最有效的防線；若是當地原生物種受到天然或人為因素介入，導

▲大花咸豐草為臺灣最常見的外來植物之一。

▲小花蔓澤蘭自南向北，占領許多人為干擾地林緣。

▲粉綠狐尾藻為水族業引進後逸出的外來植物。

▲人厭槐葉蘋除了阻塞河道外，也排擠許多原生水生植物的生存空間。

致原生物種族群消失，此時該生育地便成為外來近緣物種成長、繁殖的溫床。在臺灣，歸化植物約占維管束植物總數的 8％，對於新歸化植物的報導於近十年間迅速地增加：許多菊科（Asteraceae）、豆科（Fabaceae）、禾本科（Poaceae）、茄科（Solanaceae）及旋花科（Convolvulaceae）物種歸化，成為臺灣最大的外來入侵植物分類群。菊科、豆科、禾本科亦為臺灣種類最多的科別之一，由於親緣相似的物種常有相似的生育地需求或生殖策略，因此近緣物種的歸化可能性較大；所幸臺灣地處亞熱帶，原生林或次生林內的物種繁多，形成的森林結構較歐美溫帶地區者複雜，因此歸化與入侵物種並未侵占原生林或次生林中，而常出現在人類活動頻繁、人為干擾嚴重的地區。

「植物誌」及「植物名錄」是特定地區植物多樣性的摘要與縮影，也是了解一個國家或地區植物資源的重要文獻，透過植物資源普查及名錄整理，不僅有助於了解該地區的植物資源及現況，研究學者及專家的持續追蹤及調查，使得許多新的分類群、新紀錄或新歸化物種得以被發現。近年來，外來歸化植物成為全球生物多樣性及生態學者所關切的議題之一；然而，外來物種的確認需比對原生物種誌方能得知。若是沒有完整而詳實的植物誌以供查閱比對，何來「外來植物」或「歸化植物」的確認及後續相關處理及措施？因此，物種誌的完成並持續修訂實為刻不容緩。除了研究學者的定期持續調查外，當地居民的認識、認同及參與，將使植物誌及植物名錄的編撰大有助益，當外來物種出現時能即時地發現，以利後續的處理工作進行與推動。

為了有效控制及杜絕這些外來種入侵，預防外來植物的種實或個體進入臺灣地區，有效管制人為引進外來植物為必要措施。當外來物種生長並於某地建立族群時，能有效鑑定出外來種的學名，藉以找尋適當的防治方式，將使防治工作更為迅速；此外，這些資訊能有效而確實地傳達給社會大眾，讓民眾能了解這些知識及工作的重要性，將使防治工作事半功倍。因此，早期報導及對於外來歸化種的正確分類資訊極為重要。

▲豆科的許多物種被當成牧草、芻料引進後歸化，菽草就是其中之一。

▲溫帶國家供作花材用的紫花藿香薊，在熱帶地區是猖獗的菊科雜草。

都會野花草主角

菊科（Asteraceae）爲雙子葉植物中成員最多的類群之一，廣泛分布於全球熱帶至寒帶地區，全球約有 1,535 屬 23,000 種；許多栽培用作物及觀賞用花卉皆爲菊科成員，雖然人類並不以菊科植物爲主食，然若干蔬菜如烹煮火鍋常會搭配的茼蒿即爲菊科蔬菜，而向日葵的種子即爲食用油的來源之一；此外，許多草藥及民俗植物中，皆可看到菊科植物，臺灣常用的草仔粿，常添加艾及鼠麴草增加風味，早期濱海居民常以焚燒茵陳蒿枝條所產生的氣味藉以驅蚊，客家婦女做月子時，會摘取艾納香的枝葉和入洗澡水中淨身，近年來風行的菊花茶，便以杭菊作爲原料；這些獨特的氣味或功效來自菊科植物體內多樣的化學物質，具有避免昆蟲或草食動物啃食的功能；加上菊科植物驚人的繁殖力，以及瘦果有效的傳播機制，被認爲是菊科植物得以成功繁衍、廣布全球的原因。

▶向日葵的瘦果可供食用，它的頭狀花序（頭花）由黃色的舌狀花與褐色的管狀花組成。

▲冬天火鍋的常見菜餚：茼蒿就是菊科的成員。

▲艾是民間用來驅邪的草藥，也是增添食物風味的香草。

▲鼠麴草是民間傳統食材中用以增加風味的草藥之一。

　　臺灣海濱至高山隨處可見菊科植物的蹤影，根據第二版臺灣植物誌及臺灣維管束植物簡誌第四卷記載，臺灣共有 85 屬 242 種菊科植物；此外，菊科也是臺灣外來及歸化植物的大宗，許多外來的菊科物種也在有意或無意間，被引入並歸化於臺灣路旁、開墾地或人為干擾地，總計臺灣野地已有超過 93 屬 262 種菊科植物，為臺灣開花植物第二大科，僅次於蘭科，在日常生活周遭極為常見。

　　一般所稱菊科植物大而醒目的「花」其實是由許多小花（floret）聚生於總花托（receptacle）上，外圍由一至多層的總苞（involucre）多枚包覆，聚生而成的頭狀花序（capitulum,

head）。頭狀花序（以下簡稱為頭花）內的小花，隨著種類不同，或全由舌狀花組成，如細葉剪刀股、鬼苦苣菜等；或全由管狀花組成，如印度金鈕扣、纓絨花等；或由舌狀花及管狀花共同組成，如向日葵、南美蟛蜞菊等。

▲細葉剪刀股全由黃色舌狀花組成頭花。

▲南美蟛蜞菊的頭花除了外圍的黃色舌狀花外，還有中央的管狀花。

▲引進供藥用的印度金鈕扣，頭花由管狀花組成。

部分分類群的頭花雖然都由管狀花組成，但可根據小花著生於總花托的位置，細分為：著生於總花托中央部分的心花（central florets），以及著生在總花托外側的邊花（marginal florets），兩者的外形及功能相異，如鼠麴草屬（*Gnaphalium*）、闊苞菊屬（*Pluchea*）等成員，其心花兩性，心花花冠為管狀；而邊花雌性，邊花花冠為毛細管狀；為鑑定這些分類群的重要特徵之一。這些由小花聚生而成的頭花單生（solitary），如石胡荽、翅果假吐金菊，或再組成穗狀花序（spike），如鼠麴舅、裏白鼠麴草；總狀花序（raceme）、圓錐花序（panicle），如美洲假蓬、鵝仔草；聚繖花序（cyme），如貓腥草、苦滇菜等，甚至頭花再集生成複頭狀花序（compound capitulum），如地膽草、漏蘆，頂生或腋生於枝條上。菊科植物小花的花萼常形成單生或羽狀的冠毛（pappus），如昭和草、西洋蒲公英等，部分物種的花萼退化成短剛毛狀或鱗片狀，如沼生金鈕扣、南美蟛蜞菊等，甚至某些種類的冠毛表面具有黏性，如豨薟，當瘦果（achene）成熟時，這些型式多樣的冠毛有助於瘦果的傳播。

▲翼莖闊苞菊頭花中有邊花與心花，除了顏色的差別外，還有功能的分化。

▲西洋蒲公英的瘦果先端有著長長的喙，頂端具一輪冠毛。

具體而微的禾本科植物

全球的禾本科（Poaceae = Gramineae）植物約有 650 屬 10,000 種左右，依據 2000 年出版的臺灣植物誌第二版記載，臺灣共有 118 屬，近 300 種禾本科植物，為臺灣開花植物第三大科。禾本科植物不但種類多、分布廣，在自然與應用科學中占有舉足輕重地位。臺灣四面環海、全年降雨豐沛，不論在開闊的草原或是鬱閉的森林中，地被植物具有截取降雨、減緩雨水直接衝擊地表，避免水流沖刷、基質流失的功能，在自然生態上極具貢獻。而禾本科植物因生長迅速，有助於迅速覆蓋地表及崩塌地，穩定坡崁表面以利管理；茂密的地被也提供許多陸棲動物棲息、藏匿及覓食；禾本科植物由於生長迅速，能將大氣中的二氧化碳迅速而有效地固定於植物體中，再轉化為其他生物得以利用的醣類、澱粉、纖維素等碳水化合物，許多大型草食性動物皆以禾本科植物為食。人類也廣泛利用禾本科植物為糧食作物，每一個古老文明的發展史，都伴隨著一種禾本科作物的馴化；如稻、小麥、玉米等，供直接食用或釀酒。隨著臺灣加入 WTO，開放各種經濟植物進口，加上觀光事業的蓬勃發展等因素，也增加不少外來植物進入臺灣的機會，而禾草是其大宗。

禾本科植物包括了一般所稱的「竹子（bamboo）」與「禾草（Grass）」，這群植物的「花」通常具體而微，從內而外由雌蕊、雄蕊、鱗被（lodicules）、內稃（palea）及外稃（lemma）組成「小花」。禾本科植物的雌蕊多具 2 枚柱頭，偶具 3 枚柱頭；雄蕊 1 ～ 6 枚，花藥丁字著生於花絲先端。依照相對位置來看，鱗被相當於一般開花植物的「花瓣」，當鱗被膨脹時，會將其外圍、相當於苞片的「外稃及內稃」撐開，露出內側的雄蕊及雌蕊，以便花粉傳播及授粉。

▲小麥的花穗聚生許多「小穗」，排列成穗狀花序。

▲結實飽滿的水稻仍是多數人的主食，也曾是許多人的童年回憶之一。

這些小花一至多朵互生於穗軸上，基部常由外穎（lower glume）及內穎（upper glume）包被，形成「小穗」，小穗內小花的數目及稔性，為禾本科分群的重要依據：這些小穗單生、成對或數枚簇生，排列成多種類型的「花序」，某些種類的小穗常成對或數枚簇生於花序分支上，這些成對或簇生的小穗中，近基部者常無穗柄或具短柄，稱為「下位小穗」，與「下位小穗」成對的其他小穗具有較長的穗柄，稱為「上位小穗」；另外，某些種類的花序或花序分支基部，具有大型的苞片包圍。

禾本科的花序類型繁多，頂生或腋生於稈上；其花序的類型是依照「小穗」的排列方式加以區分：單以外觀區分，可概略分為下列若干類型：

▲竹子也是禾本科成員，小穗大而明顯。

◆ 典型圓錐花序（Panicle）

花序軸的各節具許多分支，每一分支再分支，甚至再細分出小分支，各分支向先端漸短，形成一角錐或圓錐狀的花序；某些禾本科的圓錐花序分支雖長，但基部緊攏向花序軸，如棒頭草、鼠尾粟，看似閉縮成棒狀或穗狀般。

▶紅毛草的小穗排列成圓錐花序。

◆ 緊 縮 圓 錐 花 序（Contracted panicle）

和圓錐花序類似，但花序分支及小分支極短，使得外觀如同總狀或穗狀花序般，如蒺藜草、莠狗尾草等。

▲莠狗尾草的緊縮圓錐花序具有耀眼的金黃色剛毛。

◆典型總狀花序（Raceme）

小穗基部具穗柄，著生在稈先端，部分成員如綠竹、麻竹或亥氏草，其總狀花序腋生於節上。

◆複總狀花序（Racomose raceme）

小穗基部具穗柄，排列在總狀花序分支上，這些總狀花序分支再互生地排列於花序軸上；雖然定義上與圓錐花序類似，但每一總狀花序分支近等長，且互生排列成一平面，可與典型圓錐花序相區隔；如類地毯草、毛花雀稗。

◆指狀總狀花序（Digitate raceme）

小穗基部具穗柄，排列在總狀花序分支上，由 3 枚以上的總狀花序分支輪生於花序軸先端，下方偶具 1 枚總狀花序分支單生，或數枚總狀花序分支輪生；如孟仁草、紫果馬唐。

◆典型穗狀花序（Spike）

小穗基部無柄，排列在花序軸上，如奧古斯丁草。

◆指狀穗狀花序（Digitate raceme）

小穗基部無柄，排列在穗狀花序分支上，由 3 枚以上穗狀花序分支輪生於花序軸先端，下方偶具 1 枚穗狀花序分支單生，或數枚穗狀花序分支輪生；如狗牙根、龍爪茅、牛筋草。此一類型常因穗柄過於短小，難以肉眼與指狀總狀花序相區分。

▲全球廣布的孟仁草，具有紅色的指狀總狀花序。

龐大的豆科家族

豆科（Fabaceae）為開花植物的第三大科，具有多樣的生長型，從生命史短的草本、灌叢、草本、木本爬藤至高大的喬木，甚至少數為水生種類。除了是世界作物的主角之一，豆科植物的根部有具固氮能力的根瘤（root nodule），因此許多豆科植物被用作綠肥以改良土質。全球約有 727 屬 19,325 種豆科植物，臺灣約有 83 屬 172 種。除了原生物種外，臺灣尚引進許多豆科植物，包括食用作物如落花生、豌豆、豇豆，景觀植物如畢業季的應景喬木：鳳凰木、阿勃勒，綠肥作物如：太陽麻、田菁，牧草如菽草，以及若干水保作物如寬翼豆、爪哇大豆等。

「豆莢」是大家最為熟識的豆科植物特徵，豆科的「莢果（pod）」為兩瓣可分離且外旋，藉以露出種子的蓇果；由於廣泛分布並因應各種生育環境，豆莢的外觀也多所特化，以利於動物、風力及水力傳播；如含羞草及美洲含羞草的豆莢為節莢果，豆莢不開裂及反捲，而是一節節地脫落；含羞草、美洲含羞草及苜蓿的豆莢表面具疣突或倒鉤刺，以利動物傳播；廣泛栽培的原生海濱植物：水黃皮的莢果不開裂，內含空氣以利於水面飄浮，藉由洋流傳播。

豆科植物的花外形多變，由內而外依序常由 1 枚雌蕊、10 枚雄蕊、5 枚花瓣及 5 枚花萼組成；由於豆科歧異的花形及外觀，以往分類學者將豆科分為蘇木亞科（Caesalpiniodeae）、含羞草亞科（Mimosoideae）及蝶形花亞科（Papilionoideae），部分學者甚至提出細分為三科的學說。

▲寬翼豆是臺灣常用的水土保持植物之一。

▲豌豆的花兩側對稱，為典型的蝶形花。

▲豇豆是家庭常見的菜餚，具有淺紫色的蝶形花。

部分成員的 5 枚花瓣離生，花瓣大小及形狀相似，如假含羞草；偶有其中一枚花瓣具有特殊斑紋，如鳳凰木，此一類型的物種雄蕊多離生，且雄蕊的長度常有不同，歸爲「蘇木亞科」；部分豆科成員的其中 2 枚花瓣鐮形，呈舟狀包圍中央的雄蕊與雌蕊，稱爲龍骨瓣（keels），龍骨瓣兩側具 2 枚花瓣平展，稱爲翼瓣（wings），另一枚花瓣較大，於開花時先端直立，稱爲旗瓣（flag），如山珠豆、賽豞豆，此一類群由於花明顯兩側對稱，10 枚雄蕊中 9 枚的花絲常癒合，具有這些特徵的成員被歸爲「蝶形花亞科」；此外，部分豆科植物的花瓣癒合成管狀，雄蕊離生，由許多花聚生成一圓球狀的總狀花序，如含羞草，被歸爲「含羞草亞科」。近年來分子生物系統學的證據支持豆科應爲單一的科，以往所區分的含羞草亞科與蝶形花亞科各自呈良好的單一分群，而以往所界定的「蘇木亞科」可再細分成多個分類群。

▲含羞草亞科的成員花序飽滿，常被付予「合歡」的意涵。

▲蘇木亞科的成員多爲木本，畢業季的時令花：鳳凰木便是成員之一。

別再叫我禾本科——莎草科概述

莎草（sedge）為一年生或多年生草本，廣泛分布於全球，尤以溼地、沼澤、河床、池塘等溼生環境常見；全球約有 70～120 屬共 5,000 種，根據第二版臺灣植物誌及近期發表的新紀錄報導，臺灣約有莎草科植物 23 屬共 178 種，為臺灣產開花植物第五大科。溼地為全球生態系中生產力最高的地區之一，隨著人類對土地利用方式的省思與改變，許多已開發國家大量投入溼地的保護、復原，甚至藉由人工溼地的建立，期望作為汙水處理、防汛、生態保護的措施。莎草科便是溼地植物社會組成的主要成員之一，常生長於河岸，具有減緩水流、攔截水中懸浮物質、協助懸浮物沉澱、減緩水流衝擊河岸的功能，其所形成的草澤提供水鳥等動物棲身場所。應用上，臺灣中部苑裡及大甲一帶，早期栽培石龍芻並收取其稈製成草蓆、香附子的塊莖具香味可用為草藥、甜荸薺的地下塊莖可食，因此臺灣局部栽培供食用；在國外，除了利用其稈以供編織、建立屋舍、藥用及食用外，古埃及所使用的莎草紙，便是由尼羅河畔的紙莎草製成，對於人類文明的貢獻可見一斑。然而，由於外觀與禾本科植物相似，故常被誤認。在此概述莎草科植物的外部形態，並列出其與禾本科植物相異之處。

一年生莎草科植物常具直立或斜倚的稈（culm），稈基部常具許多叢生葉片；多年生莎草具有粗壯的直立、斜生或水平地下根莖，節間短且表面常被黑色或褐色鱗片，自鱗片內伸出稈及鬚根，部分物種的根莖可伸出長走莖，形成濃密的莎草叢。莎草科植

▲近年來，紙莎草廣泛用於水生生態池造景之用。

物的稈常具 3 稜，剖面爲實心的三銳角或鈍角形，偶爲 2 稜或多稜，部分成員如：荸薺具有圓柱狀、中空且具隔板的稈，較爲特別。禾本科的稈爲圓柱狀，偶具 2 稜，剖面爲圓形或橢圓形。

莎草科的葉片線形，常呈 3 稜狀螺旋排列於稈上，葉片基部多具有癒合成管狀的葉鞘，當節間短時常基生成叢狀；少數物種的基生葉或葉狀苞片（prophylls）退化而僅具葉鞘。和莎草科成員相比禾本科植物的葉片互生，當節間短時亦基生成叢狀。

莎草科與禾本科植物的花十分微小，稱爲小花（floret）；與禾本科植物不同的是，莎草科植物的小花僅由 1 枚雌蕊及 1 ～ 6 枚雄蕊組成，無明顯的花被（僅部分成員具有毛狀、疣突狀或鱗片狀的退化花被），

基部具有 1 枚穎（glume）包圍。莎草科植物的雌蕊先端具 2 ～ 3 枚柱頭；雄蕊花藥線形，基部著生於長花絲先端。這些小花成 2 列或螺旋狀排列於穗軸（rachilla）上，排列成小穗（spikelet）。小穗基部的 1 ～ 3 枚穎及先端數枚穎常不稔，且較可稔者爲小；可稔穎片較大型且常呈舟狀。這些小穗單生、或排列成穗狀、頭狀、或指狀，組成聚繖花序（anthelate）、繖形花序或複繖形花序，頂生於稈先端。花序下方常具 1 至多枚葉狀苞片，許多莎草的繖形花序分支（primary rays）及小分支基部具有許多小型葉狀苞片。部分成員如畫眉莎草，其小穗多枚無柄簇生成頭狀，頂生於稈先端。莎草科的果爲瘦果，剖面呈壓扁狀、2 稜或 3 稜，基部無柄或著生於花盤上，果皮大多光滑，表面偶具飾紋。

▲畫眉莎草數枚窄長的苞葉中央點綴密生花穗。

◀多葉水蜈蚣的小穗排列成頭狀。

▲許多莎草科植物如風車草（輪傘莎草）般，具有明顯的苞葉簇生於花序基部。

大戟科、葉下珠科與大戟花序

　　廣義的大戟科（Euphorbiaceae）全球共有334屬約8,000種，種數僅次於菊科、禾本科、豆科、蘭科（Orchidaceae）及茜草科（Rubiaceae），為全球開花植物第六大科；依據被子植物親緣研究團隊（Angiosperm Phylogeny Group, A. P. G.）分子親緣系統學研究的結果，建議將其中一部分成員分出，獨立為「葉下珠科（Phyllanthaceae）」，並將部分的屬別移至非洲核果木科（Putranjivaceae）。若依此建議歸群及整併，全球大戟科植物約有218屬7,500種，葉下珠科植物約有59屬2,000種，非洲核果木科約4屬210種；臺灣有大戟科植物16屬50種，葉下珠科植物9屬28種，非洲核果木科2屬3種，其中不少成員常見於都會中。

▲五蕊油柑可自大戟科中分至「葉下珠科」，為都會花圃與草坪的常客。

▲許多都會中的大戟科植物個頭矮小，或呈匍匐生長。

開花植物的「花」由中心向外依序為：雌蕊（pistil）、雄蕊（stamen）、花瓣（petal）及花萼（sepal）；兼具這四種構造者，在形態學上稱為「完全花（perfect flower）」，若是缺乏其中任何一種構造者，則稱為「不完全花（imperfect flower）」；若是雄蕊發育不完全、無法產生花粉，或是雄蕊完全消失，僅具有中央可稔的雌蕊時，稱為雌花（female flower）；反之，若雌蕊發育不完全，或是完全消失，僅具有可產生花粉的雄蕊時，稱為雄花（male flower）。

大戟科與葉下珠科植物的花皆為單性的不完全花，雌雄同株或異株；雄花與雌花的花萼與花瓣同型，稱為「花被（perianth）」，著生於花盤（floral disc）上。其中若干成員，如大戟屬（Euphorbia）植物具有極為特化的單性花，由多朵單性花叢生於總花梗先端，外圍由4～5枚小苞片（bracteoles）包裹，形成一個向上開展的杯狀總苞（involucre）；每朵單性花的花瓣及花萼退化，雌花僅具1枚雌蕊，具有子房及柱頭；雄花僅具1枚雄蕊，雄蕊頂端具花藥；雌花著生於總苞中央，外圍由多朵叢生的雄花，聚集在小苞片內側；此外，總苞內具1～10枚蜜腺，如此排列成特殊的「大戟花序（cyanthium）」。這些大戟花序單生，或由3枚大戟花序叢生，密生在二叉的總花梗上呈繖形或聚繖狀排列，因此，大戟花序又被稱為「密繖花序」；總花梗基部常具多枚顏色鮮豔的葉狀苞片（或稱苞葉，cyathophylls），著名的時令花卉「聖誕紅」便具有耀眼的紅色苞葉。

▲大戟花序由一朵雌花與多朵雄花排列成聚繖狀。

大戟科及葉下珠科植物的果實爲蒴果（capsule）或核果（drupe）；蒴果成熟時開裂爲 3 瓣，露出其中四面體的種子；其中具有大戟花序的成員在蒴果成熟時，果梗會延長並彎曲呈點頭狀，將蒴果高高舉起。

▲聖誕紅利用鮮豔的苞葉吸引人們與傳粉者的注意。

▶聖誕紅真正的花較爲微小，用黃色的蜜腺吸引蟲媒訪花。

▲猩猩草的綠色蒴果球形，果梗彎曲呈點頭狀。

玄蔘科的分合與分類處理現況

玄蔘科（Scrophlariaceae）為 1789 年所建立的科別，全球約有 220 屬玄蔘科植物，臺灣共有 27 屬約 72 種。以往的分類書籍所記載的玄蔘科植物成員外形多變，極具多樣性，卻也造成許多分類學者意見的分歧。這樣的現象也引起分子生物系統學者的興趣，根據近期分子親緣研究的成果指出，以往被納入「玄蔘科」的許多類群，與列當科（Orobanchiaceae）、蠅毒草科（Phrymaceae）、車前科（Plantaginaceae）較為近緣，建議將這些類群歸入上述科別內；另外，部分屬別由於與玄蔘科內其他屬的親緣關係較遠，演化上自成獨立的分支，故應各自分出成為母草科（Linderniaceae）及泡桐科（Paulowniaceae）。此外，以往被列入馬錢科（Loganiaceae）及苦藍盤科（Myporaceae）的若干物種，被建議移至玄蔘科之下。

母草科全球有 13 屬 195 種，臺灣約有 3 屬 19 種，臺灣產母草科植物為一年生或多年生匍匐或直立草本，花單生於葉腋，或於莖頂形成具葉狀苞片的總狀花序，花冠筒二唇化，內含雄蕊 2～4 枚，花絲基部常具棒狀附屬物，後方一對雄蕊退化成不稔性或否，蒴果為胞間開裂。

蠅毒草科為 2008 年由作者與 郭長生教授發表，新紀錄於臺灣的科別，以往認定為單屬科，該屬成員蠅毒草（*Phryma leptostachya*）分布於新竹縣山區林下，為直立草本，葉對生，其花萼癒合成二唇化筒狀，上唇萼齒 3

▲以往歸入玄蔘科的白桐，現被納入「泡桐科」之下。

裂並呈倒鉤狀，花兩側對稱，內含 4
枚可稔雄蕊，結實後瘦果包含於宿存
萼筒中，藉由倒鉤的萼齒行動物傳播。
依據 A. P. G. 的研究成果，蠅毒草科
全球約有 11 屬 190 種，並建議將通泉
草屬及溝酸漿屬轉移至蠅毒草科下，
故臺灣有蠅毒草科 3 屬 7～8 種；通
泉草屬臺灣有 5～6 種，成員為具走
莖的矮小草本，葉常成蓮座狀基生；

▲陌上草是北部常見的母草科植物，具有二
　唇化的花冠。

◀西南沿海推廣種植的原生植
物：苦藍盤，現被歸入玄蔘科內。

▲高雄獨角金為半寄生植物，現為列當科的成員。

溝酸漿屬臺灣有1種，為具有長走莖，葉對生的匍匐草本；通泉草屬、溝酸漿屬及蠅毒草屬三者的花萼癒合成筒狀，花瓣尚未展開前，皆是由上唇包住下唇。

以往臺灣的分類文獻記載臺灣共有1屬4種車前科植物，A. P. G. 建議自玄蔘科轉移至車前科的分類群眾多，故臺灣現有14屬約32種車前科植物；然而，根據A. P. G. 建議的車前科，屬間成員的外形及生活型差異極大，並無一致的形態特徵可供辨別。

由此可知，新近分子親緣的研究成果雖然對以往束手無策的分類難題及暫時妥協的分類處理，提供了解決的建議及依據，卻也創造了許多新的議題，如分子親緣研究的分群成果無法找到合適的外部形態、生理特性、生活型態的共有特徵，增加許多實際應用的不便或產生其他暫時性或妥協的處理；這些難題與爭議，都需要更多的研究成果加以佐證。

▲毛地黃與許多車前科植物一樣，開出成串的頂生花序。

▲通泉草屬植物從以往採用的廣義玄蔘科移至蠅毒草科。

植物名稱圖解

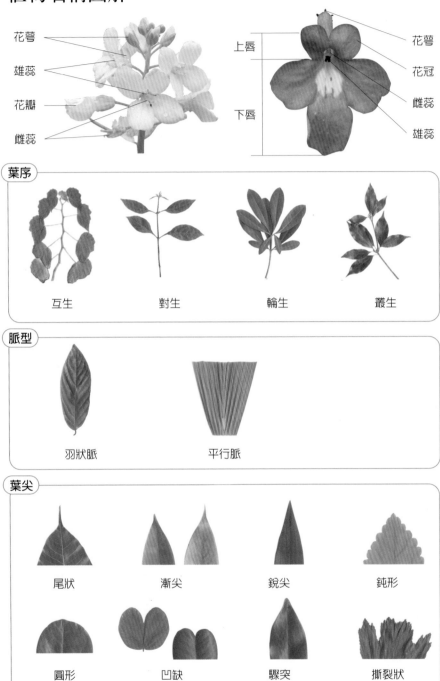

花萼　雄蕊　花瓣　雌蕊

上唇　下唇　花萼　花冠　雌蕊　雄蕊

葉序

互生　對生　輪生　叢生

脈型

羽狀脈　平行脈

葉尖

尾狀　漸尖　銳尖　鈍形

圓形　凹缺　驟突　撕裂狀

葉形

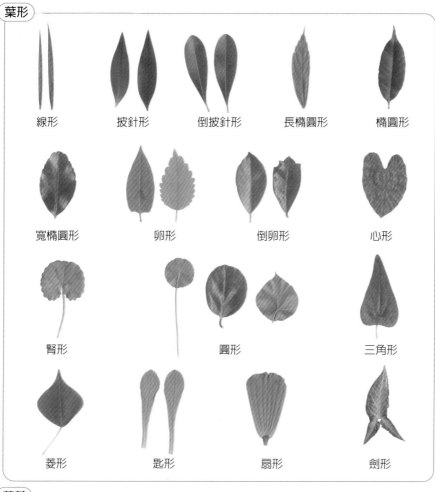

線形　　披針形　　倒披針形　　長橢圓形　　橢圓形

寬橢圓形　　卵形　　倒卵形　　心形

腎形　　圓形　　三角形

菱形　　匙形　　扇形　　劍形

葉基

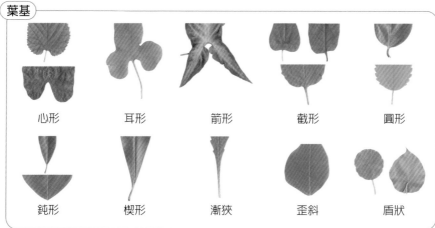

心形　　耳形　　箭形　　截形　　圓形

鈍形　　楔形　　漸狹　　歪斜　　盾狀

葉緣

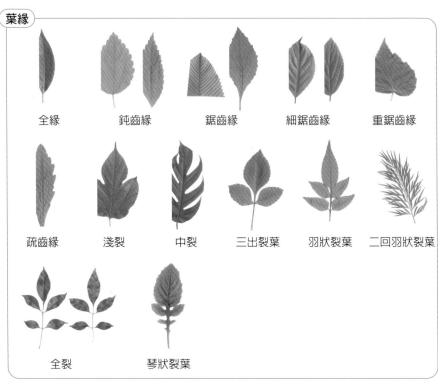

全緣　　鈍齒緣　　鋸齒緣　　細鋸齒緣　　重鋸齒緣

疏齒緣　　淺裂　　中裂　　三出裂葉　　羽狀裂葉　　二回羽狀裂葉

全裂　　琴狀裂葉

複葉

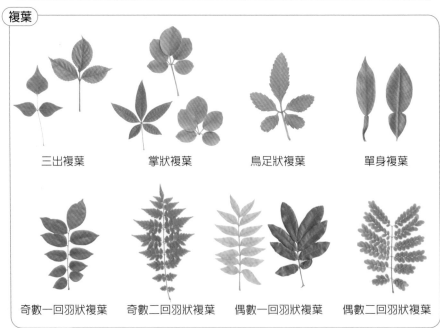

三出複葉　　掌狀複葉　　鳥足狀複葉　　單身複葉

奇數一回羽狀複葉　　奇數二回羽狀複葉　　偶數一回羽狀複葉　　偶數二回羽狀複葉

都會野花野草圖鑑

外來種

小花寬葉馬偕花

Asystasia gangetica（L.）T. Anders. subsp. *micrantha*（Nees）Ensermu

科名｜　爵床科 Acanthaceae

別名｜　十萬錯草

英文名｜　chinese violet

花期｜ 1 2 3 4 5 6 7 8 9 10 11 12

　　小花寬葉馬偕花原產印度、斯里蘭卡及非洲，現已廣泛分布於熱帶地區，如馬來西亞、印尼及太平洋諸島；由於匍匐生長，且全年開出白中帶紫的成串花序，因此在 1910 年及 1969 年引進臺灣供做地被與觀花植物，現已自花圃或草藥園逸出並發生於中南部干擾地、荒地及路旁。小花寬葉馬偕花為多年生草本，可根據其匍匐的生長形態，莖上具 4 稜，莖節處膨大等特徵加以辨識。

| 形態特徵 |

　　多年生匍匐草本，莖具 4 稜，節膨大並帶紫紅色；葉片卵形，先端銳尖至鈍，葉基鈍形，葉柄常具翼；總狀花序頂生，花皆朝一側開放，花萼裂片 5 枚，線狀披針形；白色二唇化花冠漏斗狀，下唇中裂片較大，上具紫色斑紋；蒴果棍棒狀，先端膨大；內含圓心形深褐色種子 4 枚，表面具小疣突。

▲小花寬葉馬偕花的葉對生，花序頂生。

◀白色的花冠中，下唇瓣帶有淺紫色斑紋。

賽山藍

Blechum pyramidatum（Lam.）Urban.

科名｜　爵床科 Acanthaceae

英文名｜　blechum

花期｜ 1 2 3 4 5 6 7 8 9 10 11 12

　　賽山藍原產熱帶美洲；現已普遍歸化於臺灣南部、菲律賓及太平洋諸島。在臺灣南部以及澎湖、蘭嶼、綠島等離島海濱至平野荒地，皆可見到它狀似寶塔的花序。爵床科植物的花序常具有葉狀苞片，這些苞片在花苞發育成花朵期間，具有保護花朵、避免昆蟲啃食或外力傷害的作用；賽山藍的綠色卵形葉狀苞片十分發達，讓人忘記深藏在苞片之中的白紫色花朵；葉狀苞片於花期後宿存於花序上，直到蒴果成熟後才展開，極具特色。

| 形態特徵 |

　　直立或斜倚草本，莖圓柱狀或微具 4 稜，常匍匐或於基部節上生根；卵形葉片薄，先端銳尖，葉基鈍或圓，邊緣全緣；穗狀花序頂生，近無柄，長可達 6cm；具明顯的卵形葉狀苞片多枚，苞片邊緣明顯被緣毛；內含線形小苞片 2 枚及白紫色花朵；花冠白紫色，稍長於苞片；蒴果卵形，內含圓形種子。

▶ 傍晚時分紫色的花從苞片間開出。

▲賽山藍直立的花序有顯眼的苞片，整體有如高樓般方正而聳立。

華九頭獅子草

Dicliptera chinensis（L.）Juss.

科名 | 爵床科 Acanthaceae

別名 | 狗肝菜

花期 | 1 2 3 4 5 6 7 8 9 10 11 12

　　分布於日本及中國大陸中部；臺灣全島平野及都會區草坪、花圃可見。華九頭獅子草開花時可見卵形的對生葉片基部具多片葉狀苞片，明顯二唇化的紫白色花朵就從葉狀苞片中探出頭來，露出中央的雄蕊與雌蕊。

| 形態特徵 |

　　多年生草本，莖多分支；葉披針形、卵形至卵狀長橢圓形，先端漸尖至銳尖，葉基鈍至銳尖；聚繖花序簇生，頂生或腋生，苞片披針狀橢圓形或卵形，兩端銳尖、鈍或圓；花冠紫白色，裂片二唇化，上唇橢圓形，全緣，下唇窄長橢圓形；蒴果直立，表面疏被長柔毛；橢圓形種子表面具微疣突。

▲華九頭獅子草的花腋生，周圍被苞葉所圍繞。

▶不開花時，也能從對生的卵菱形葉片、略為漸尖的葉尖辨認它。

▲華九頭獅子草的花自葉狀苞片伸出，花冠二唇化。

穗花爵床

Justicia comata（L.）Lam.

科名｜ 爵床科 Acanthaceae

英文名｜ marsh waterwillow

花期｜ 1 2 3 4 5 6 7 8 9 10 11 12

穗花爵床原產中美洲；近期歸化於北部及東部潮溼的荒地及花園旁低地內；爵床屬（*Justicia*）植物多具有穗狀花序，然而穗花爵床的穗狀花序聚生呈圓錐狀，因此在草地上發現它時，可根據它頂生或腋生的穗狀圓錐花序，小而白色的花，蒴果為炬形且基部具一柄等特徵加以鑑定。

| 形態特徵 |

一年生直立至斜倚草本，莖基部節處生根；葉片披針形至卵形，先端銳尖或鈍，葉基圓、鈍至楔形，無柄或具柄；花無柄，著生於穗狀圓錐花序，節上具 3 ～ 8 朵花聚生，具 1 枚線狀披針形綠色先端帶紫色苞片；二唇化花冠白色，上唇先端稍微凹陷，下唇中裂片較大且帶紫斑；蒴果基部延長成柄狀；扁球形褐色至紅褐色種子 4 枚，表面具小疣突。

▲白色的二唇化花冠生長在具長梗的花穗上。

▲穗花爵床是近年歸化於北部與東部潮溼路旁的野草。

爵床

Justicia procumbens L.

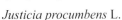

科名	爵床科 Acanthaceae

花期 | 1 2 3 4 5 6 7 8 9 10 11 12

別名 | 鼠尾紅、麥穗紅、鼠尾黃、小鼠尾紅、鳳尾紅、鼠筋紅、香蘇

英文名 | waterwillow

　　爵床廣泛分布於印度、中南半島、馬來亞、澳洲、菲律賓、琉球及日本；臺灣分布於海拔 1,500 公尺以下地區。爵床的外形變異極大，植株由匍匐至直立，個體從 1 cm 至 30 cm 以上都有，葉片可由短於 1 cm 長的卵形至 4 cm 長的橢圓狀長橢圓形不等，葉片表面光滑至明顯密被毛；然而開花時，頂生穗狀花序濃密的綠色苞片中，開出許多紫白色小花時，可一眼認出它，加上廣泛分布、全年開花，想要認識它不是一件難事。

| 形態特徵 |

　　直立或散生草本，莖具 6 稜；葉具短柄，葉片橢圓狀長橢圓形、卵形或圓形，先端銳尖，葉基銳尖至圓，紙質，兩面被纖毛或近光滑；穗狀花序頂生，苞片線狀披針形，先端漸尖；小苞片 2 枚，線形；花冠二唇化，淺紫色，上唇三角形，下唇圓至橢圓形，先端圓至具凹陷，表面被毛；蒴果先端被毛。

▲層層堆疊的密集花穗，有如寶塔般引人注目。

▲花冠筒的下唇寬廣而明顯。

▶爵床在全臺灣的低海拔草坪上造就成片的紫色小花。

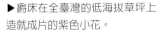

卵葉鱗球花

Lepidaganthis inaequalis Clarke ex Elmer

科名｜ 爵床科 Acanthaceae

花期｜ 1 2 3 4 5 6 7 8 9 10 11 12

　　特有種，分布於臺灣北部都會區及南部、綠島、蘭嶼等地海拔 200～400 公尺森林底部。在臺灣南部，它是林緣才能偶爾見到的小草本，在北部卻生長於庭園、花圃等人為干擾嚴重的潮溼地，如此有趣而奇特的分布模式可能與溼度有關，但確實原因仍需進一步研究。

| 形態特徵 |

　　多年生直立至斜倚草本，莖4稜，表面常帶紫色；卵形葉對生，先端銳尖，基部鈍形或略心形，邊緣圓齒緣，表面亮綠色，中肋及側脈白或淺白色，葉柄具翼；直立穗狀花序 1～4 枚，花序軸表面紫色帶光滑；白色花冠筒先端二唇化，上唇匙形，先端鈍或圓，下唇 3 裂，中裂片匙形，帶紫色斑點；蒴果錐狀，內含近扁圓球形種子4枚。

▲卵葉鱗球花原生於南部低海拔山區，卻輾轉成為北部的歸化雜草。

◀唇瓣帶有鮮豔的色彩，得張大眼睛才能看清楚。

瘤子草

Nelsonia canescens（Lam.）Spreng.

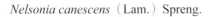

外來種

| 科名 | 爵床科 Acanthaceae |
| 英文名 | blue pussyleaf |

花期｜ 1 2 3 4 5 6 7 8 9 10 11 12

瘤子草屬為泛熱帶分布的屬別，原產熱帶非洲、南亞與澳洲。本屬被視為單種屬，但因為個體間的形態變異極大，甚至單一地點內的不同微棲地，就可見到不同個體的形態差異，因此也被部分分類學者細分為 5 個物種。

瘤子草最早歸化於臺灣中南部與東部平地，現已隨著園藝植栽或基質搬運傳播到臺灣北部，成為全臺可見的矮小匍匐草本。瘤子草的植株平鋪於地表，枝條先端具有許多苞片排列而成的直立花序，外形與臺灣北部常見的原生唇形科植物：風輪菜、光風輪或是夏枯草相似，但是這些唇形科植物的花萼都明顯外露，不像瘤子草全株明顯被毛，花序上毛茸茸的部分是苞片，將真正的花萼藏在其中。

| 形態特徵 |

斜倚草本，莖斜生並於基部節上生根，具有展開直立或反捲的絲狀腺毛，葉卵形至橢圓形；圓筒狀穗狀花序頂生，總梗幾乎不可見，苞片螺旋狀排列，寬卵形至橢圓形，苞片背面與邊緣被絲狀毛；花冠白色具粉色裂片，表面光滑；蒴果水滴狀，約 3 mm 長，種子近球形，大量，表面具皺紋。

▲植株形態易隨著微環境差異而多變。

▲圓筒狀穗狀花序頂生，具明顯可見的苞片。

◀花冠白色帶些粉色。

變異鉤粉草

Pseuderanthemum variabile（R. Br.）Radlk.

科名｜ 爵床科 Acanthaceae

別名｜ 多變擬美花、變異擬美花

英文名｜ love flower, pastel flower

花期｜ 1 2 3 4 5 6 7 8 9 10 11 12

　　廣泛分布於澳洲、大洋洲、東南亞，臺灣住宅或民居旁可見。變異鉤粉草是許多都會區內花圃、花房可見的小型雜草，其具有大而明顯的花冠，下唇可見若干紫色斑點，姿色不亞於許多觀賞花卉。外觀上可以見到花冠中央的兩枚不稔雄蕊，以及它們中央的雌蕊柱頭；然而真正能夠散布花粉的可稔雄蕊位於花冠筒內，可以讓外來的花粉優先碰觸到柱頭，進而降低自花授粉的可能性。和其他爵床科的野花一樣，變異鉤粉草的蒴果也可以利用彈力將種子四射，一旦傳播在適合生長的位置後便默默發芽茁壯，因此成為臺灣許多都會區內的新歸化花草。

| 形態特徵 |

　　多年生草本，莖草質纖細；葉卵狀橢圓形至卵狀披針形，十字對生，葉尖銳尖至漸尖，葉基楔形，邊緣全緣，葉片紙質，兩面光滑。總狀花序或輪生聚繖花序頂生，基部偶具短分枝；花萼裂片 5 枚，線狀披針形；花冠白色，二唇化，上唇 2 裂，下唇中裂片具紫色斑點。蒴果基部柄狀，長約與上部相等。

▲變異鉤粉草是許多都會區內花圃、花房可見的小型雜草。

▲總狀花序或輪生聚繖花序頂生；花冠白色，下唇中裂片具有紫色斑點。

外來種

翠蘆莉

Ruellia brittoniana Leonard

科名 |　爵床科 Acanthaceae

花期 |　1　2　3　4　**5**　**6**　**7**　**8**　**9**　**10**　**11**　12

別名 |　紫花蘆莉草、蘆莉草、藍花草、日日見花

英文名 |　mexican petunia

　　原產於墨西哥，臺灣近年引進作為園藝景觀植物使用，由於植株莖稈質硬，能夠透過扦插進行繁殖，加上蒴果吸水後能夠以彈射方式將種子往四處噴濺，種子傳播力強，若再藉由人為有意或無意間的介質搬運，便能逐漸擴張而自生於路緣或干擾地。生長能力旺盛的它甚至能生長在高灘地或河床沙洲上，極具入侵性；但是卻也把原先寸草不生的荒地與裸露沙洲，點綴成紫花點點的小花園。

| 形態特徵 |

　　直立叢生草本，莖紫黑色，節基部膨大偶被毛，節間明顯具 4 稜。單葉，對生，葉片光滑，先端鈍，基部楔形至漸狹，微齒緣；聚繖花序腋生，披針形苞片表面光滑。花萼基部合生；裂片線狀披針形 5 枚，花梗與花萼表面被腺毛；花冠紫色，花瓣基部合生成漏斗狀，倒卵形裂片 5 枚，表面被毛。蒴果綠色，表面光滑，苞片與萼片宿存，內含種子多枚，扁圓形，黑褐色。

▲翠蘆莉極具景觀價值，為逸出後歸化的園藝植栽。

▲蒴果受到外力和膨壓改變後開裂，能將種子彈射至遠處。

◀聚繖花序腋生，花序軸細長常呈尾狀。

蔓枝蘆莉草

Ruellia squarrosa（Fenzl .）Schaffnit

科名｜ 爵床科 Acanthaceae

花期｜ 1 2 3 **4 5 6 7 8 9 10 11** 12

英文名｜ creeping ruellia, water bluebell

　　蔓枝蘆莉草原產於南美洲，普遍歸化於澳洲等地，臺灣早期引進作為園藝景觀植物與地被使用，由於種子微小且傳播力強，常透過蒴果彈射或介質搬運，目前可見零星歸化於中南部鄉村排水溝兩側。

| 形態特徵 |

　　蔓生草本，全株密被白色長柔毛，莖紫黑色，節基部膨大。單葉，對生，葉柄近軸面紫色，葉兩面被毛，先端鈍圓，基部楔形，近全緣；單花腋生，線形苞片 2 枚，表面被毛。花苞黃綠色，花萼基部合生；裂片披針形 5 枚；花白色漸向上泛紫，花瓣基部合生成漏斗狀，倒卵形裂片 5 枚，紫色，表面被毛。二強雄蕊（Didynamous），雌蕊子房略扁長卵球形，表面略凸成長三角形。蒴果表面光滑，苞片與萼片宿存，內含種子多枚，扁圓形，黑褐色。

▲蔓枝蘆莉草為生命力強、覆蓋性佳的園藝植栽。

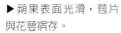

▶蒴果表面光滑，苞片與花萼宿存。

▶花朵腋生於枝條先端，漏斗狀花冠紫色。

塊莖蘆莉草

Ruellia tuberosa L.

外來種

科名｜　爵床科 Acanthaceae

花期｜ 1 2 3 4 5 6 **7** **8** 9 **10** **11** 12

別名｜　消渴草、三消草、糖尿草、藍蘆莉、塊莖蘆利草、球根蘆莉

英文名｜　cracker plant, meadow weed, minnieroot, popping pod, violet ruellia, waterkanon, wild petunia

　　塊莖蘆莉草為多年生的直立草本，具有發達而膨大的地下根；莖節上對生橢圓形至倒卵形的葉片，表面不僅帶有褶紋，葉片先端圓鈍而基部漸狹而下延；開花時於枝條先端腋生的纖細聚繖花序，能開出直徑近 4 cm 的紫色花朵，紫色的花冠與葉片一樣，具有極富質感的皺褶紋路，頗具觀賞價值。結果後，長橢圓形柱狀的蒴果起初會被宿存的花萼筒包圍，隨後花萼裂片逐漸反捲；此時蒴果表面轉為褐色，成熟後便呈 2 瓣裂，露出當中的 4 列扁圓形種子。

　　塊莖蘆莉草原產於熱帶美洲，起初被視作舒緩糖尿病症狀的青草藥引進栽培，加上花朵大而豔麗，因此在中南部地區的庭園、花圃內廣為栽培、流傳。加上塊莖蘆莉草的地下部能行無性繁殖，莖稈也易受扦插而發根、存活，受到普羅大眾的青睞。不料，塊莖蘆莉草的結實率甚高，加上種子表面被白色長伏毛，能在降雨或淹水時順水漂流，因此於近十年前逸出，歸化於中南部開闊地、道路旁等。

| 形態特徵 |

　　多年生直立草本，地下部狹長紡錘狀；莖 4 稜，節處膨大，表面被細毛；葉對生，葉片倒卵形至長橢圓形，先端鈍，基部楔形下延。聚繖花序腋生；苞片 2 枚；花萼裂片線形；花冠紫色，花冠筒基部狹窄，淡紫色；雄蕊與花冠合生，花絲白色，2 長 2 短。蒴果長橢圓形柱狀，2 瓣裂。

▲蒴果成熟時花萼反捲，成熟後會開裂並將種子彈射至遠方。

◀葉片表面帶褶紋，枝條先端可見腋生的聚繖花序。

48

黑眼花

Thunbergia alata Boj. ex Sims

科名	爵床科 Acanthaceae

花期| 1 2 3 4 5 6 7 8 9 10 11 12

別名| 翼葉山牽牛、黃花山牽牛、異葉老鴉嘴

英文名| black-eyed susan vine

　　黑眼花原產熱帶非洲，現已逸出並入侵全球熱帶及亞熱帶地區，臺灣於 1910 年即已引入；現廣泛分布於臺灣平野，局部大量生長並覆蓋於干擾地及田邊。黑眼花為匍匐及纏繞性藤本，莖表面具細毛，廣卵形的葉片有如箭頭，具翼的葉柄有如箭桿；鐘形黃橙色的花腋生，自 2 枚大型卵狀苞片中開放。黑眼花的花喉常為深色，偶爾可見花喉為白色的個體，有人戲稱它為「白眼花」。卵狀苞片在黃色花朵枯萎後，繼續保護著未成熟的蒴果；蒴果成熟時為圓球形，先端具有一根尖突。

| 形態特徵 |

　　一年生至多年生纏繞草本，表面被毛；莖具稜；葉對生，葉片卵形，葉基心形或具齒突，葉柄具翼；花單生於葉腋；苞片 2 枚，卵形，開花前於一側邊緣癒合；花冠鐘形，5 裂裂片近圓形，先端凹陷，黃橙色，花喉色深或否；二強雄蕊 4 枚，基部具距 1 枚；球形蒴果表面被粗毛，先端具一尖喙；球形褐色種子，表面被疣突。

▲因為花冠筒中央色深，被冠上「黑眼花」的名號。

▲偶爾可見的「白眼花」只是個體變異。

▶包在宿存苞片內的蒴果先端有矛狀尖突。

49

碗花草

Thunbergia fragrans Roxb.

科名 | 爵床科 Acanthaceae

花期 | 1 2 3 4 5 **6** **7** **8** **9** **10** **11** **12**

英文名 | sweet clock-vine, white thunbergia

　　碗花草原產印度、越南及中國大陸西南部，現已自花圃中逸出並歸化於臺灣北部及中部草地、灌木叢間。每年 6 月至 12 月可見它開出純白色的花朵。若是不論花色，碗花草與黑眼花的外觀與花形相近，但碗花草的花白色，葉柄不具翼；而黑眼花的花為橙黃色，葉柄具翼，因此兩者極易區分。

| 形態特徵 |

　　多年生纏繞草本，莖 4 稜，幼枝偶被毛，葉對生，披針狀卵形至三角狀卵形，先端銳尖，基部楔形、鈍形至近心形，葉柄不具翼；花梗腋生，具 1 朵花，苞片 2 枚，花冠白色，具長且被絨毛的花冠筒，5 裂，雄蕊 4 枚成對排列於花冠筒內；蒴果近球形，表面被毛，先端具一長喙，每葉蒴果具種子 2 枚，種子近球形。

▲潔白的花朵從戟形葉片間長出。

▲碗花草是近期新歸化的爵床科爬藤植物。

毛蓮子草

Alternanthera ficoides（L.）R. Br. ex Griseb. var. *bettzickiana*（Nicholson）Backer

科名｜ 莧科 Amaranthaceae

英文名｜ red calico plant

花期｜ 1 2 3 4 5 6 7 8 9 10 11 12

外來種

　　毛蓮子草原產熱帶美洲，於 1987 年首次紀錄於臺灣，現已廣泛歸化潮溼荒地、路旁、草地、花園周圍及水池邊緣。它的微小花朵聚生呈圓球狀，簇生於倒披針形至橢圓形葉片基部。「莧科」這一個分類學的名稱對一般民眾來說非常陌生，若是談起傳統上，每年農曆七月初七，祭拜織女時所準備的「雞冠花（*Celosia argentea*）」與「千日紅（圓仔花，*Gomphrena globosa*）」，或許比較熟悉。雞冠花與千日紅都是園藝上所利用的莧科成員，它們的花朵微小，聚集成密生的花序，藉以吸引傳粉者與人們的注意；除了這兩種園藝用莧科植物外，我們的生活周遭也尚有許多野生的莧科植物。

｜形態特徵｜

　　多年生匍匐草本，莖多分支，幼枝表面被纖毛，節處生根，節上常帶紫色；葉對生，其中一枚較小，葉片倒披針形或橢圓形，先端銳尖，基部驟狹；穗狀花序卵形，腋生；花外圍具 3 枚披針形膜質苞片，白色花被 5 枚，先端具一尖突，雄蕊 5 枚，間隔有 5 枚假雄蕊，花絲於基部癒合成管狀，假雄蕊先端被毛；果卵形，紅褐色種子透鏡狀。

▲ 許多白色小花腋生於葉片基部。

◀ 毛蓮子草全株被毛，多分布於南部平野及草坪。

空心蓮子菜

Alternanthera philoxeroides（Mart.）Griseb.

外來種

科名	莧科 Amaranthaceae

花期 | 1 2 **3** 4 5 6 **7** 8 **9** 10 11 12

別名	長梗滿天星、水花生、喜旱蓮子草、革命草、水蕹菜、空心莧、野花生、東洋草、水東瓜

英文名	alligator weed

　　空心蓮子菜原產中美洲；它的密生花序不似其他蓮子草屬植物簇生於葉腋，而是在長長的花梗頂端，5枚先端銳尖的花被片展開時有如5芒星般。空心蓮子菜較臺灣其他的同屬植物嗜水，常在水池、溝渠、荒田見到其自岸邊向水中延伸，剖開它的莖一看，可見到其有利植株飄浮於水面的空心節間。空心蓮子草的花瓣與花萼皆為乾膜質，外觀相似；當花瓣與花萼外形相似，難以區分時可稱它們為「花被片」。雖然廣布於全臺，生長於北部者花期較短，開花至7月即結束。

| 形態特徵 |

　　多年生斜倚或直立草本，節間上具2列毛，幼枝腋處及節上被毛，後漸無毛；葉紙質，葉片倒披針形至窄卵倒卵形；卵形花序腋生，白色花被片5枚，乾膜質，表面光滑，卵形，具1脈，內含雄蕊5枚，與假雄蕊間生，線狀長橢圓形；胞果圓形，黑色。

◀頂著密集著生的白色花朵，空心蓮子菜是辨識度極高的都會野草。

▲空心蓮子菜全株光滑，四處斜生於稍微潮溼的牆角或溼地。

蓮子草

Alternanthera sessilis（L.）R. Brown

科名｜　莧科 Amaranthaceae

花期｜ 1 2 3 4 5 6 7 8 9 10 11 12

別名｜　滿天星、田邊草、紅田窩草、旱蓮草、紅田芋草、紅田烏、紅花蜜菜、紅骨擦鼻草

英文名｜　dwarf copperleaf, sessile joyweed

　　蓮子草廣泛分布於全球熱帶及亞熱帶；為臺灣低海拔開闊地或溼地常見雜草。蓮子草的葉形多變，葉片邊緣具微齒緣，和前述同為蓮子草屬其他成員葉緣皆為全緣者相比，極易區分。

| 形態特徵 |

　　一年生匍匐草本，莖節上被纖毛，節間具2列微毛；葉線形、披針形、倒披針形或窄橢圓形，先端銳尖、鈍或圓，邊緣微鈍齒緣或近全緣，無柄或具短柄；穗狀花序無柄，球形或圓筒狀，花被裂片5枚，長橢圓形至窄長橢圓形，表面光滑，先端漸尖至銳尖；雄蕊3枚，花藥橢圓形；胞果倒腎形，褐色。

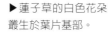

▶蓮子草的白色花朵叢生於葉片基部。

▲蓮子草總是匍匐在潮溼的草坪或水邊。

▲即使花朵微小，依然可見其乾膜質的花被。

▲葉形多變的蓮子草，有時長出葉片中段較寬的線形葉片。

53

青葙

Celosia argentea L.

| 科名 | 莧科 Amaranthaceae | 花期 | 1 2 3 4 5 6 7 8 9 10 11 12 |

英文名 | plumed cockscomb, silver cock's comb

分布於非洲與熱帶亞洲；臺灣平野與荒地可見。青葙是臺灣產莧科植物中花朵較大型者，每朵花的中央為雌蕊，外圍環繞 5 枚花絲基部合生的雄蕊，雄蕊的外圍環繞著 5 枚花被片，形成一朵青葙的花。不過，與許多花部發育的理論提出花被片與雄蕊應該交錯排列不同，青葙的雄蕊與外圍的花被片相對生長，顯示看似簡單的青葙花朵，可能隱藏著退化過的一輪花被片或雄蕊喔。

| 形態特徵 |

一年生草本，莖圓柱狀，直立，先端多分支；葉互生，披針形或卵形，無柄或具葉柄，基部漸狹，表面光滑；穗狀花序頂生，外型披針形或圓柱狀，表面密被花；苞片與小苞片廣披針形，白色，先端漸尖，花被片 5 枚，披針形，具 1 脈；雄蕊 5 枚，花絲基部癒合，杯狀；胞果球形，約花被片 1/2 長，內含種子微小，黑色。

▲青葙是臺灣平野與都會荒地內可見的美麗野花。

▲穗狀花序頂生，多數花色初為紫色，隨後花被片逐漸轉為乾燥且白色。

▲野外偶見花色全白的個體。

◀雄蕊與花被片相對生長。

54

假千日紅

Gomphrena celosioides Mart.

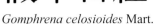
外來種

| 科名 | 莧科 Amaranthaceae | 花期 | 1 2 3 4 5 6 7 8 9 10 11 12 |

別名 | 野生千日紅、野生圓仔花、伏生千日紅、匍千日紅、白花青葙、銀花莧

英文名 | gomphrena weed

　　假千日紅原產南美洲，目前已廣泛分布全球溫暖地區，現生長於臺灣各地向陽草坪，為路旁、停車場、荒地常見野草；生長於北部者於夏季開花。假千日紅具二叉分支的紫紅色莖，能生長在較乾燥的環境，在人工常踩踏或刈草的地方便匍匐而生，才能在許多草地及操場旁開出球形至圓柱狀無柄的穗狀花序，外觀與觀賞用的莧科植物 —— 千日紅相似，難怪它被取了「假千日紅」的中文名稱。

| 形態特徵 |

　　一年生或多年生斜倚至匍匐草本，莖二叉分支，表面被絨毛；葉對生，窄橢圓形至倒披針形，先端鈍至銳尖，基部楔形；球形或圓柱狀穗狀花序頂生；白色花瓣 5 枚，披針形，先端漸尖；雄蕊 5 枚，花絲癒合成管狀，雄蕊筒 5 裂，花藥長橢圓形，間生於裂片間；胞果為宿存雄蕊筒包被；種子扁圓形，紅褐色，具光澤。

▶穗狀花序往上伸展並持續開花。

▲假千日紅的花莖倒臥於地表，能在行人的步伐間開花結果。

▲圓球狀的花序與同屬的花卉「千日紅」有幾分神似。

相似種辨識

千日紅

直立草本，紫色或粉紅色球形或圓柱狀穗狀花序頂生。

▲千日紅又名「圓仔花」，是頗為耐看的直立花草。

短穗假千日紅

Gomphrena serrata L.

外來種

科名 | 莧科 Amaranthaceae

英文名 | prostrate globe amaranth

花期 | 1 2 3 4 5 6 7 8 9 10 11 12

　　短穗假千日紅原產熱帶美洲，於美國東南部熱帶地區引進栽培作為園藝用後歸化；在臺灣主要分布於中南部，與以往已知分布於臺灣中南部的同屬植物 —— 假千日紅生育地相似，如路旁、停車場、遊樂場或荒地，開闊向陽沙地或黏土地。其實短穗假千日紅在過去二十年間早已默默進駐臺灣，只是由於外觀神似假千日紅而一直被誤認。然而，短穗假千日紅的葉尖較尖，花序較短（長達 2.5 cm），小苞片邊緣具有鋸齒緣，可與假千日紅相區隔。

| 形態特徵 |

　　多年生匍匐狀草本，高 20～50 cm，基部節上與節間生根，莖具多數分支，綠色偶帶紫紅色，嫩莖被伏毛後漸無毛；葉對生，葉片橢圓形至倒披針形，先端銳尖或具小尖頭；球形穗狀花序頂生或腋生，寬 1～1.2 cm，花序基部具 2 枚葉狀卵形苞片，苞片基部圓，先端具小尖凸；花雪白色，花被片 5 枚，扁卵狀披針形，雄蕊 5 枚，花絲合生成管狀，花絲間有裂片。胞果被宿存合生花絲包圍，種子扁圓形，紅褐色具光澤。

▲外型與同屬的假千日紅相似，但是植株疏被毛，葉尖較銳尖或具小尖頭。

▲球形穗狀花序頂生或腋生於側枝先端。

臺灣芎窮

Cnidium monnieri（L.）Gusson var. *formosanum*（Yabe）Kitagawa

科名｜　繖形科 Apiaceae

別名｜　山芫荽、臺灣川芎、臺灣蛇床子、蛇床子、假芫荽、野芫荽、嘉義野蘿蔔

花期｜ 1 2 3 4 5 6 7 8 9 10 11 12

　　臺灣特有變種，偶見於西部平地或荒地、北部平地或公園內，可能為種實或地下部隨著基質搬運而偶爾生長於北部。

| 形態特徵 |

　　多年生光滑或被毛草本，直立，二叉分支，高 10 ～ 13 cm；二回羽狀裂葉或三回羽狀裂葉，外觀廣卵形，裂片卵形，末端小裂片線狀披針形，先端鈍；繖形花序頂生，總苞線形，先端銳尖，全緣邊緣具纖毛；花白色，花萼具裂齒，先端銳尖；花瓣橢圓形，先端反捲。果長橢圓形近圓柱狀，肋明顯具翼，分果片內具單生油室，種子相鄰處近平面。

▲花莖周邊的為二回羽狀裂葉。

▲果實表面肋上可見窄翼。

◀為早春可見於臺灣中南部的野花，花序頂生。

57

細葉旱芹

Apium leptophyllum（Pers.）F. Muell.

科名	繖形科 Apiaceae

花期 | 1 2 3 4 **5 6 7 8 9 10 11** 12

別名 | 薄葉芹菜

英文名 | ajamod, fir-leaved celery, marsh parsley, slender celery

　　分布於美洲；引入日本、中國東南部、東南亞、大洋洲和非洲。生於雜草地及水溝邊。細葉旱芹的幼苗可做春季野菜，嫩葉也可作為香草提味之用。雖然細葉旱芹在臺灣許多草地或野地可見，但是它的植株與葉片纖細，加上花朵微小，因此不易在草坪或高草地內尋獲，只有在刻意栽培的市民花圃或菜園內初識後，才有機會在野地內發現它。

| 形態特徵 |

　　一年生草本，高 25 ～ 45 cm，莖多分枝，光滑。基生葉有柄，葉片輪廓呈長圓形至長圓狀卵形，裂片線形至絲狀，基部邊緣略擴大成膜質葉鞘；莖生葉通常三回羽狀多裂，裂片線形，長 10 ～ 15 mm。複繖形花序頂生或腋生，花梗不等長；花瓣白色、綠白色或略帶粉紅色，花絲短於花瓣，很少與花瓣同長，花藥近圓形；花柱基扁壓，花柱極短。果實圓心形或圓卵形。

▲植株與葉片纖細，花朵微小，很難在草坪野地發現它。

▲繖形花序腋生，果實圓心形或圓卵形。

刺芫荽

Eryngium foetidum L.

科名| 繖形科 Apiaceae

 外來種

花期| 1 2 3 4 5 6 7 8 9 10 11 12

別名| 刺芹、假芫荽、節節花、緬芫荽

英文名| coriander, culantro, long coriander, mexican coriander, recao, sawtooth shadow beni

　　原產中美洲，由於葉片可作為香料或藥用，因此現已廣泛引進於熱帶或亞熱帶地區森林、河岸、潮溼地點或路邊，嫩葉可作為香菜、調味料、沙拉或煮湯調味，葉片乾燥後可作為糕點與餅乾香料用。以往刺芫荽在臺灣零星分布於花東一帶，偶爾因為外形獨特而作為園藝栽培，然而刺芫荽是東南亞一帶常用的香料植物，隨著來自東南亞的新住民日漸增加，在臺灣都會內的公園綠地、盆景或盆栽內日漸常見。

| 形態特徵 |

　　植物體 8 ～ 40 cm 高，基生葉蓮座狀，軸根梭狀具纖細根；莖綠色，基生葉多數，葉柄短或退化，葉鞘達 3 cm，葉片披針形或倒披針形，全緣，羽狀脈或網狀脈，葉基楔形或漸縮，先端鈍，邊緣具尖凸、鋸齒緣或具尖突鋸齒緣，莖生葉無柄，對生，鋸齒緣或裂葉。花序二叉三分支，頭花圓柱狀，多數具短總梗；頭花苞片 4 ～ 7 枚，披針形，展開或反褶，邊緣具 1 ～ 3 對鋸齒。

▲葉片可作為香料或藥用，時常栽培後逸出為都會野花。

▲花序基部具有成對粗大側枝。

▶花序末梢具有單生粗大側枝，呈之字形生長。

雷公根

Centella asiatica（L.）Urban

科名｜ 繖形科 Apiaceae（Umbelliferae）　　**花期｜** 1 2 3 4 5 6 7 8 9 10 11 12

別名｜ 蚶殼草、老公根、地棠草、積雪草、雷公藤、含殼草、銅錢草、蚋仔草、落得打、崩口碗

英文名｜ gotu kola

雷公根分布於熱帶及亞熱帶地區，在臺灣全島低至中海拔地區常見。雷公根也是民間常用的青草藥，據說有幫助青少年轉骨的功能。雷公根圓腎形的葉片常出現在草坪或花盆中，不留意的話無法發現它藏於葉片下的深紫色小花，頂生於扇狀排列的小分支先端，集合成紫色帶綠色的繖形花序，默默地開花結實；下回再見到它，可以翻開雷公根綠色的葉片，看看它小巧的紫色花朵喔。雷公根與其他都會裡的矮小繖形科草本 —— 臺灣天胡荽、天胡荽及野天胡荽，在 A.P.G. 的歸群建議中，均被納入五加科（*Araliaceae*）之下。

| 形態特徵 |

多年生草本，幼時全株表面密被綿毛，具長匍匐莖，節處生根，基部具假對生鱗葉；葉片圓腎形，全緣、齒緣或具裂葉，表面光滑或近光滑；葉柄表面被毛；繖形花序腋生，具 3～5 朵花，總花梗短於葉柄，花莖短或闕如，紫色花瓣 5 枚；果呈壓扁狀卵球形，幼時疏被毛，而後漸無毛。

▲繖形花序長在葉片下方，花色頗為暗沉，得耐心尋找才行。

▲雷公根不只是野花，也是早年有助轉骨的青草藥。

尖尾鳳

Asclepias curassavica L.

科名	夾竹桃科 Apocynaceae

花期 | 1 2 3 4 5 6 7 8 9 10 11 12

別名	馬利筋、蓮生桂子花、芳草花、金鳳花、羊角麗、黃花仔、山桃花、野鶴嘴、草木棉

英文名	tropical milkweed

外來種

　　原產熱帶美洲，臺灣歸化於向陽開闊地。尖尾鳳又名馬利筋，花色非常鮮豔，極具觀賞價值，加上葉片可供作樺斑蝶幼蟲的食草，又是極好的蜜源植物，早年全臺風行建置蝴蝶園時曾為重要的栽植對象。由於生命力旺盛，結實率高，加上種子具有薄翼與冠毛，能夠隨風四處傳播，因此成為許多綠地內自生的美麗野花。

| 形態特徵 |

　　植株高約 1 m，表面光滑；葉對生，葉片披針形或長橢圓形披針形，先端漸尖或銳尖，葉基狹窄至形成短葉柄，葉片兩面光滑；頂生聚繖花序10～20 朵花，披針形花萼裂片 5 枚，開花時反捲，紅色或橘色花冠長橢圓形先端銳尖，螺旋狀排列，裂片反捲；副花冠與合蕊冠橘黃色；蓇葖果單生，卵狀長橢圓形，表面光滑；卵形種子扁平，具環狀翼，先端具冠毛。

▲花冠常為紅色，副花冠與合蕊冠多為橘黃色。

▲尖尾鳳的蓇葖果開裂後，散出具有冠毛的扁平種子。

▲又名馬利筋，為極具觀賞價值的蜜源植物。

▶樺斑蝶的幼蟲食草即為尖尾鳳，成蝶常造訪取食花蜜。

長春花

Catharanthus roseus（L.）G. Don

外來種

科名｜ 夾竹桃科 Apocynaceae

花期｜ 1 2 3 4 5 6 7 8 9 10 11 12

英文名｜ bright eyes, cape periwinkle, graveyard plant, madagascar periwinkle, old maid, pink periwinkle, rose periwinkle

別名｜ 日日春

　　原產馬達加斯加與印度，在臺灣平地廣泛栽培並逸出。長春花又名日日春，油亮而翠綠的葉片搭配深粉紅色的花冠，的確給人一種天天都像春天的好心情。長春花的外觀無法看到雌蕊與雄蕊，而是藏在窄管狀花冠筒先端略為膨大的區域，因此只有口器長度適合的訪花者才能有效地替它進行傳粉，同時吸取花冠筒底部的花蜜。相對於鮮豔的花朵，長春花的蓇葖果顯得黯淡，不僅細長的果實成對於莖稈中段，顏色也與葉片類似，因此較為難以察覺，不過從它暗度陳倉的果實結實率可知長春花在臺灣具有穩定的傳粉媒介，才能順利地結出種實，在許多城市不顯眼的牆角、路旁開出一朵朵的鮮豔花朵。

| 形態特徵 |

　　常綠小灌木或草本，葉卵形至長橢圓形，先端圓，葉基楔形，全緣，淺綠色，光滑具光澤，鮮少具毛，具一淺色中脈與短葉柄，對生；花 1 至少數簇生，花冠白色或深粉紅色，花冠中央具一深紅色斑紋或否，花冠筒管部具 5 枚裂片，花冠平展，裂片先端鈍；蓇葖果綠色，對生。

▲每一朵花結出一對蓇葖果，於莖稈中段對生。

▲長春花又名日日春，是許多臺灣民宅前會栽培後逸出的都會野花。

▲由於花色鮮豔，常被栽植為園藝觀花植栽。

▶偶爾可見白
色花冠的個體，
僅有中央具有
深紅色的蜜標。

63

臺灣天胡荽

Hydrocotyle batrachium Hance

科名 | 五加科 Araliaceae

花期 | 1 2 3 4 5 6 7 8 9 10 11 12

別名 | 臺灣蚶殼草、地光錢草、破銅錢、變地錦、臺灣止血草、圓葉止血草、滴滴金、滿天星

雖然名叫「臺灣天胡荽」，卻也分布於越南北部、中國大陸南部、中部及琉球；臺灣全島濱海至海拔 2,000 公尺處開闊潮溼地如水田、草地可見。由於植株匍匐於地表，加上葉柄與繖形花序軸短小，使得它在密集除草後，仍然可在公園或草坪上生長繁衍。臺灣天胡荽的葉片深裂成 3～5 裂，可與臺灣其他的天胡荽屬植物相區隔，它稍長於葉柄的花序，把密生的淺綠色至白色花朵舉起，讓人能輕易觀察。

| 形態特徵 |

多年生匍匐草本，莖纖細，表面光滑，節處生根；葉具葉柄，葉片圓形，深裂至近葉柄處成 3～5 裂葉，表面光滑或上表面疏被毛，背面具反捲毛，托葉膜質；繖形花序約具 10 朵花，花淺綠色至白色，花瓣卵形，全緣；果近圓形，兩側壓扁狀，具 5 肋。

▲臺灣天胡荽的盾狀葉片深裂成 3 裂片，裂片先端具數缺刻。

▲淺色的小花與青澀的果實聚生成精緻的球狀。

乞食碗

Hydrocotyle nepalensis Hook.

科名 | 五加科 Araliaceae

別名 | 紅馬蹄花、尼泊爾天胡荽

花期 | 1 2 **3** **4** **5** **6** 7 8 9 10 11 12

分布於非洲、澳洲、南亞、東南亞與東亞；臺灣全島中、低海拔分布。乞食碗的葉片圓腎形，邊緣具有若干裂片，看起來與古時候乞食用的破碗類似，隨著時代的改變，這樣的想像越來越脫離現實生活，因此在中國或香港稱為「紅馬蹄花、尼泊爾天胡荽」。不同於同屬的其他成員，乞食碗的嫩莖會斜倚狀地離地生長，把腋生的繖形花序舉向空中，加上嫩葉與莖上疏被毛，可與都會內可見的相似物種區分。

| 形態特徵 |

多年生草本，莖纖細，匍匐狀，節上生根，葉片少數，嫩莖斜倚，表面疏被毛；葉片圓腎形，長 1.5 ～ 5 cm，寬 2 ～ 7 cm，裂片楔形，脈上被鉤毛，基生葉葉柄 7 ～ 15 cm 長，表面密被毛，托葉心形，膜質，寬約 3 mm；繖形花序單生或簇生，具短柄或無柄，近圓形，果具短柄，花柱短。

▲乞食碗是潮溼都會野地可見的匍匐草本，葉緣具有淺裂片。

▲花序成對生長時，同時具有無柄和短柄的繖形花序。

天胡荽

Hydrocotyle sibthorpioides Lam.

科名 | 五加科 Araliaceae

別名 | 地光錢草、遍地錦、破銅錢、天胡荽

英文名 | pennywort

花期 | 1 2 3 4 5 6 7 8 9 10 11 12

　　天胡荽分布於熱帶及暖溫帶亞洲；在臺灣分布於全島低海拔遮蔭處。和臺灣天胡荽一樣，天胡荽也是匍匐於地表的小型草本，只是天胡荽趴得更低，葉片更貼近地表，想要觀察它可得多花點心思。它的花也如臺灣天胡荽般，集生在腋生的繖形花序上，好在天胡荽的葉片淺裂，可輕易與臺灣天胡荽區隔。

| 形態特徵 |

　　多年生匍匐草本，表面光滑，節處生根；葉具纖細葉柄，近圓形，淺5～7裂，裂片圓齒狀，表面光滑，質薄；繖形花序具5～10朵花，常短於葉柄；花綠色，近無柄，花瓣全緣，卵形，瓣裂；果近圓形壓扁狀，花柱纖細而短。

▲天胡荽藉著長走莖擴展族群。

▲天胡荽常成片生長於潮溼的地表。

野天胡荽

Hydrocotyle vulgaris L.

科名| 五加科 Araliaceae

別名| 香菇草、銅錢草

英文名| marsh pennywort

花期| 1 2 3 4 5 6 7 8 9 10 11 12

　　野天胡荽原產北非及歐洲，現歸化於亞洲及非洲；野天胡荽起初被引進供水草缸及園藝造景用，後於 1987 年歸化於日本；在臺灣，野天胡荽也以香菇草、銅錢草等名稱販售，常見於各處的水生生態池，並局部逸出歸化於河濱公園、潮溼草地等地。由於水生植物極易隨著水流散布種實，許多種類尚具有不定芽，或是如野天胡荽具有節處生根的能力，只要一小段匍匐莖，就能繁衍出族群，因此引進並管理水生植物時宜多加留意。

| 形態特徵 |

　　多年生草本，莖匍匐，葉互生，葉柄長約 3 ～ 20 cm，葉片圓形，盾狀著生，葉緣淺齒裂，下表面疏被毛；腋生輪生聚繖花序，總花梗長 1 ～ 3 cm，疏生少數白色或淺綠色花，果扁圓形。

▲野天胡荽的花序自盾狀葉腋伸出，白色的花朵輪生聚繖般排列。

▶單就外形來看，「野天胡荽」的稱呼不如「香菇草」來得貼切。

67

沼生金鈕扣

Acmella uliginosa（Swartz）Cass.

科名｜ 菊科 Asteraceae（Compositae）　　花期｜ 1 2 3 4 5 6 7 8 9 10 11 12

　　沼生金鈕扣原產非洲、美洲及亞洲熱帶地區，現歸化太平洋諸島、沖繩群島、菲律賓、香港及中國大陸南部等地，生長於溼地時可匍匐並於莖上長出不定根，對溼地具入侵性。2007 年報導歸化於臺北盆地一帶河濱公園溼地，現已常見於北部潮溼地，並於南部地區偶見。金鈕扣屬成員為民間用藥，由於瘦果含於口中具有局部麻醉效果，因此以往被用來緩解牙痛症狀；臺灣原產 1 種並引進 4 種金鈕扣屬植物，沼生金鈕扣為臺灣 5 種金鈕扣屬植物中頭狀花序較小型者。

| 形態特徵 |

　　一年生草本，直立至斜倚莖綠至紅色；葉片常為披針形、窄卵形或卵形，葉基漸狹，先端銳尖至漸尖，葉柄具窄翼；頭花總花梗表面疏被長柔毛，常具舌狀花，總花托角錐狀先端漸尖；窄至廣卵形草質總苞 5～6 枚，先端圓或銳尖，單列；舌狀花 4～7 枚，花冠筒黃或橘黃色，管狀花花冠黃色；瘦果略為扁平，瘦果邊緣不具木栓質，先端具 2～4 枚疣突。

▲ 數以百計的深色管狀花，多了 5 枚鮮黃色舌狀花陪襯就魅力倍增。

▲沼生金鈕扣已成功占領北部都會區的潮溼草坪。

短舌花金鈕扣

植株直立至斜倚，常具不定根；頭花草黃色，高 6～13 mm，具舌狀花；瘦果邊緣密被長纖毛，不具木栓質。

▲短舌花金鈕扣（*A. brachyglossa*）的舌狀花 10 枚，管狀花叢明顯較長。

天文草

植株匍匐，具不定根；頭花橘色至橘黃色，高 7～10 mm，具舌狀花；瘦果邊緣被短纖毛，具木栓質。

▲ 天 文 草（*A. ciliata*）的橙色頭花在金鈕扣屬較為少見。

金鈕扣

植株直立，不具不定根；頭花橙黃色，高 5～8 mm，常不具舌狀花；瘦果被長纖毛及木栓質。

▲金鈕扣（*A. panicalata*）的頭花嬌小，是原生於臺灣淺山的矮小草本。

印度金鈕扣

植株直立，不具不定根；頭花黃或略帶紫色，高 10～20 mm，不具舌狀花；瘦果被短纖毛及微具木栓質。

▲印度金鈕扣（*A. oleracea*）是引進栽培的藥用植物，頭花不具舌狀花。

澤假藿香薊

Ageratina riparia（Regel）R.M. King & H. Rob.

外來種

科名 | 菊科 Asteraceae（Compositae）　　花期 | 1 2 3 4 5 6 7 8 9 10 11 12

英文名 | spreading snakeroot

　　假藿香薊屬約有 290 種，分布於美洲地區；澤假藿香薊原生於墨西哥，後被引入至太平洋諸島，包括澳洲、夏威夷及紐西蘭等地；由於開花性佳，澤假藿香薊被引進臺灣供園藝觀賞用，近日歸化於臺灣北部及中部地區。同屬的假藿香薊（*A. adenophora*）已被報導歸化於臺灣南部 900 ～ 1,500 公尺山區。假藿香薊及澤假藿香薊皆為惡名在亞洲的雜草；兩者間可藉由葉形加以區隔：假藿香薊葉片為三角形至卵形，而澤假藿香薊葉片為橢圓形。

| 形態特徵 |

　　直立草本或灌叢，莖表面被氈毛，葉對生，葉片橢圓形，先端漸尖，葉基漸狹，邊緣鋸齒緣；頭花管狀，全由管狀花組成，排列成疏鬆聚繖狀圓錐花序，總苞苞片線形至披針形，先端銳尖，邊緣具纖毛；冠毛著生於透明質環之上；花冠先端 5 裂，白色，裂片邊緣具纖毛，花柱外露；瘦果具 5 肋，肋上被剛毛。

▲頭花全由淺色管狀花組成。

▲澤假藿香薊植株略為攀緣，是引進的觀賞植栽。

藿香薊

Ageratum conyzoides L.

科名 | 菊科 Asteraceae（Compositae）　花期 | 1 2 3 4 5 6 7 8 9 10 11 12

別名 | 白花藿香薊、柳仔黃、鹹蝦花、勝紅薊、毛麝香、一枝香、南風草、蝶子草

英文名 | billygoat-weed, goatweed, whiteweed

　　藿香薊原產熱帶美洲，現為泛熱帶分布的野草，臺灣全島低至中海拔荒地及田野可見。藿香薊具有菊科的頭狀花序，只是頭花邊緣不具舌狀花，全由白色的管狀花組成，偶爾可在戶外找到頭花花冠帶有淺紫色的藿香薊，不免讓人懷疑它與生育地相似、同為全年開花的同屬植物 —— 紫花藿香薊是否有天然雜交的現象？然而，天然雜交的類型頗多，其證實方法也極複雜，有待學者們進一步研究。

| 形態特徵 |

　　一年生直立草本，多少具香味，莖表面被剛毛，具分支；葉具柄，卵形，先端銳尖，葉基截形至圓形，偶具心形葉基，邊緣鋸齒緣；頭花全由管狀花組成，聚生成密生頂生聚繖花序；總苞鐘形，總苞苞片 2 ～ 3 列，線形；小花淺藍色或白色；花冠筒先端 5 裂；黑色瘦果線狀長橢圓形，冠毛為 5 枚短鱗片，基部多鋸齒緣，先端具長芒。

▲頭花全由白色管狀花組成，伸出明顯的細長花柱。

▲藿香薊是全臺都會至平地田野十分常見的菊科植物。

紫花藿香薊

Ageratum houstonianum Mill.

外來種

科名｜　菊科 Asteraceae（Compositae）　花期｜ 1 2 3 4 5 6 7 8 9 10 11 12

別名｜　熊耳菊、紫花毛麝香、墨西哥藍薊、勝紅薊、臭草仔、斷血草

英文名｜　bluemink, flossflower

　　紫花藿香薊原產熱帶美洲，現已歸化全球溫暖地區；以往在臺灣曾栽培供觀賞之用，卻因旺盛的生命力及繁殖力，逸出後成為中、低海拔常見雜草；在溫帶地區，本種可是用於花藝的素材之一。紫花藿香薊的頭花稍大於藿香薊者，葉基常為心形，不若藿香薊葉基常為截形至圓形；在野外偶爾可見到開出白花的紫花藿香薊，因此花色並不是區分這兩種植物的最佳方法。

| 形態特徵 |

　　一年生直立草本，全株表面明顯被毛，偶具分支；葉對生，葉片卵形至三角形，質厚，先端銳尖，葉基常心形，邊緣鋸齒緣，具葉柄；頭花全由管狀花組成，總苞苞片楔形至線狀披針形，先端漸尖，邊緣全緣被纖毛，花冠筒藍色；瘦果先端具 5 枚鱗片狀冠毛，冠毛先端具纖細長芒，長於冠毛本身。

▲長長的絲狀物是每一朵小花的雌蕊，別錯認成花瓣喔！

◀紫花藿香薊又名熊耳菊，有著卵狀心形的葉片。

雞兒腸

Aster indicus L.

科名 | 菊科 Asteraceae（Compositae）　　花期 | 1 2 3 4 5 6 7 8 9 10 11 12

　　廣泛分布於東南亞、中國大陸中部及南部、南韓、日本、中南半島及印度；臺灣海濱至低海拔潮溼地可見。雞兒腸常被栽培為觀賞花卉，在許多花圃及公園內都可見到，據老一輩表示，日治時期雞兒腸曾被推廣作為景觀植物，加上菊科物種多有旺盛的生命力，或許就這麼逸出，成為臺灣植物成員之一。雞兒腸的頭花具有典型菊科的外冠，頭花外圍由藍紫色舌狀花環繞，中央由黃色管狀花聚集，加上頭花大小適中，不失為觀察菊科植物的好材料。

| 形態特徵 |

　　多年生直立亞灌木或草本，基生葉於開花時枯萎；莖生葉橢圓形至倒披針形，薄紙質，先端銳尖，葉基漸狹，近無柄，先端疏被齒緣，上部葉者較小，披針形全緣；頭花聚生成聚繖花序，總苞苞片 3 ～ 4 列，舌狀花 15 ～ 20 枚，1 ～ 2 列，舌狀花冠藍紫色；管狀花黃色花冠 5 裂；冠毛少數，瘦果深褐色，倒卵狀長橢圓形，壓扁狀。

▲和中央黃色管狀花相比，外圍的淡紫色舌狀花顯得修長而典雅。

▲雞兒腸自日治時期便開始推廣種植。

73

大花咸豐草

Bidens pilosa L. var. *radiata* Sch. Bip.

外來種

科名 | 菊科 Asteraceae（Compositae）

花期 | 1 2 3 4 5 6 7 8 9 10 11 12

別名 | 大白花鬼針、蝦公夾、恰查某、大花婆婆針、同治草、黏人草

　　大花咸豐草可能原產於美國，現為南北美洲、北非及南亞一帶廣泛分布的雜草；在臺灣全島低海拔地區相當常見；由於瘦果先端冠毛 2～3 枚，近觀有如蝦子的長螯，故本種的客語稱為「蝦公夾」；又因瘦果冠毛表面具有許多短鉤毛，易沾附於衣物及動物體表，故臺語稱為「恰查某」。大花咸豐草引進臺灣的途徑眾說紛云，有可能因其為良好的蜜源植物，廣為養蜂人家種植，蜜蜂前來採蜜的同時，也替大花咸豐草傳粉，加上菊科植物的頭花可結出大量瘦果，瘦果又易沾附於人畜體表，加速了它傳播的速度。各地的大花咸豐草中，偶爾可見舌狀花花冠略帶紫色的個體，此一類型曾被部分分類學家視為一新種，然而就筆者觀察，此一類型的頭花應只是個體間的變異，甚至同一花序內可開出純白或帶紫色紋路的頭花。

| 形態特徵 |

　　莖直立，近 4 稜，上部表面近被柔毛；中段葉片對生，具三葉或羽裂，側裂片卵形，先端銳尖，葉基漸狹至短柄狀，頂小葉卵形至卵狀長橢圓形，葉基漸狹或線狀披針形；頭花總苞苞片匙狀，外圍者長橢圓形，內層者較長；白色舌狀花 5 或 6 枚，偶於少數脈上粉紅色；管狀花花冠筒狀；瘦果 50～70 枚，線形，表面被短鉤毛；冠毛具芒 3～4 枚。

▲偶見舌狀花帶淺粉紅色的頭花。

▲瘦果先端宿存萼片特化為刺狀，如蝦螯般沾附於衣物表面。

▶大花咸豐草全年開花，為良好的蜜源植物。

金腰箭舅

Calyptocarpus vialis Less.

外來種

科名 | 菊科 Asteraceae （Compositae）

別名 | 小墨點歸

英文名 | straggler daisy

花期 | 1 2 3 4 5 6 7 8 9 10 11 12

　　金腰箭舅分布於美國東南部、墨西哥東部及古巴，歸化於夏威夷；在臺灣北部被栽培於安全島或路旁，並逸出成路旁常見雜草，一年四季都可見到成片綠油油的葉片中，有著金黃色的頭花探出頭來，為合適的綠化及園藝植物。金腰箭舅與金腰箭（*Synedrella nodiflora*）的花形相似，但金腰箭舅的植株匍匐，且舌狀花與管狀花所結成的瘦果皆為扁平倒卵形，先端具 2 明顯尖突；金腰箭在臺灣全島可見，為南部尤其旺盛的直立草本，舌狀花與管狀花所結成的瘦果異型，可供區隔。

| 形態特徵 |

　　多年生匍匐草本；節處生根，莖具多數基生分支；葉卵形至廣卵形，兩面密被糙伏毛，先端銳尖，葉基鑲合成窄翼；頭花腋生，常無柄，總苞窄長橢圓狀倒披針形，舌狀花花冠黃色；黑褐色瘦果倒卵形扁平狀，具側生翼狀突起，冠毛常為 2 枚斜生芒突；黃色管狀花花冠內側密被突起；瘦果較舌狀花者為小，常較窄而厚，偶具 3 稜。

▲金腰箭舅花期甚長，結實後總梗延伸。

◀金腰箭舅是北部都會區引進的匍匐地被，花形與金腰箭頗為神似。

75

石胡荽

Centipeda minima（L.）A. Br. & Asch.

科名｜ 菊科 Asteraceae（Compositae）　　花期｜ 1 2 3 4 5 6 7 8 9 10 11 12

別名｜ 吐金菊、吐金草、球仔草、蝶仔草、滿天星、鵝不食草、雞腸草、野園荽、小石胡荽

英文名｜ spreading sneezeweed

　　石胡荽在熱帶亞洲、阿富汗地區、澳洲及太平洋諸島熱帶及亞熱帶廣布，在臺灣不僅常見於低海拔田野、路旁或荒地，只要是花圃、安全島、盆栽內較為潮溼的地方，都有機會發現它的蹤跡，算是廣義的水生植物。只不過它嬌小的植株及全由管狀花組成的頭花不太明顯，常被人們忽略或視而不見。

| 形態特徵 |

　　一年生，莖基部多分支，分支斜倚；葉片匙狀，先端鈍，中段至末端邊緣具齒裂數枚，葉基楔形，葉兩面疏被網狀毛或漸無毛；扁球形頭花疏生於葉腋，頭花近無柄，全由管狀花組成；長橢圓形總苞苞片 2 列，邊花花冠筒微小，綠色；心花兩性，花冠筒紫色，具狹窄裂片 4 枚；瘦果 5 稜，表面被剛毛。

▲頭花外圍的管狀花可見黃色的花藥；中央的管狀花花冠色深。

▲石胡荽為平鋪於地表的矮小草本，想觀察它得格外仔細。

◀頭花結實後全為綠色瘦果所填滿。

香澤蘭

Chromolaena odorata（L.）R. M. King & H. Rob.

科名 | 菊科 Asteraceae（Compositae）

花期 | 1 2 3 4 5 6 7 8 9 10 11 12

別名 | 飛機草、民國草、五色草、五雷丹

英文名 | Jack in the bush

　　香澤蘭原產熱帶美洲，逸出並歸化於亞洲；臺灣早期引入供草藥用，後逸出並入侵於南部都會區平原及低海拔山區；十幾年前在南橫公路沿線認識植物，從南化到桃源間的路旁邊坡，即可見到大片的香澤蘭以攀緣、覆蓋方式，開出紫色的頭花，壓覆著原生的小花小樹們，形成濃密的蔓叢；與全島可見、惡名昭顯的「小花蔓澤蘭（*Mikania micrantha*）」相比，可說有過之而無不及；近年來不僅於南部海濱可見，更往北蔓延至新竹、苗栗一帶山區。香澤蘭的入侵，不只影響原生植被組成及景觀，全株有毒的它將對誤食的人造成威脅。

| 形態特徵 |

　　多年生草本，高可達 2 m；葉對生，葉片卵形至近三角形，先端銳尖至漸尖，葉基鈍至廣楔形或截形，具 3 脈，邊緣疏齒緣；疏鬆聚繖花序頂生，頭花全由管狀花組成；總苞圓筒狀，苞片 3～4 列，具 3 脈，外圍者卵形至卵狀長橢圓形，內層者窄長橢圓形；管狀花瘦果黑色稜柱狀，表面具橫隔紋及 5 縱向肋稜，肋上偶被腺毛。

▲香澤蘭早已肆虐臺灣南部低海拔山區，目前已現蹤於平野都會草坪。

▶長長的柱頭不僅有助於授粉，也讓香澤蘭更引人注目。

77

美洲假蓬

Conyza bonariensis（L.）Cronq.

外來種

| 科名 | 菊科 Asteraceae （Compositae） | 花期 | 1 2 3 4 5 6 7 8 9 10 11 12 |

別名｜ 香絲草、野地黃菊、蓑衣草、野塘蒿

英文名｜ asthmaweed

　　美洲假蓬原產南美洲，臺灣海濱及低地可見；美洲假蓬外觀與同屬的加拿大蓬（*C. canadensis*）及野茼蒿（*C. sumatrensis*）相似，但美洲假蓬開花時，圓錐花序基部的側枝發達，可長於花序本身；此外，美洲假蓬的頭花較加拿大蓬及野茼蒿圓，直徑也較兩者寬大，可供區隔。生長在海濱的美洲假蓬不僅頭花基部膨大，基部葉片也常出現裂片。

| 形態特徵 |

　　一年生或越年生直立草本；莖上部具側枝，側枝高於開花主莖；葉密集排列，基部葉片常於開花時枯萎，線狀披針形；頭花 5 ～ 7 mm 寬，形成頂生總狀圓錐花序；總苞壺狀，總苞苞片線狀披針形；邊花花冠白色細管狀，舌狀花冠不明顯；心花花冠上半部窄管狀，黃色；瘦果倒長橢圓形至倒披針形壓扁狀，淺褐色；冠毛 1 列，基部癒合成環狀。

▲結實的美洲假蓬甚至比開花時更引人注意。

▲美洲假蓬的圓錐花序下方明顯具側枝。

加拿大蓬

Conyza canadensis（L.）Cronq.

科名 | 菊科 Asteraceae（Compositae）

花期 | 1 2 3 4 5 6 7 8 9 10 11 12

別名 | 馬草、小蓬草、飛蓬、小飛蓬、小白酒草、鐵道草蓬、姬昔蓬、小燕草

英文名 | canadian horseweed

　　加拿大蓬原產北美洲；歸化於全球多處；臺灣分布於海濱至海拔 800 公尺處；加拿大蓬的頭花窄於美洲假蓬及野茼蒿者，仔細一瞧便可見加拿大蓬的頭花具微小而展開的舌狀花瓣，可與美洲假蓬（*C. bonariensis*）及野茼蒿（*C. sumatrensis*）兩者相區隔；加拿大蓬在臺灣另分布有一變種 ── 光莖飛蓬（*C. canadensis* var. *pusilla*），其莖表面光滑，但數量較少。雖然加拿大蓬的植株高約 1m，但在日照充足或人為刈草頻繁的地方，可見到較為矮小的個體。

| 形態特徵 |

　　一年生直立草本；莖偶具多數斜倚分支，基生葉於開花時枯萎；莖生葉倒披針形，線形至線狀披針形；角錐狀圓錐花序頂生，常為植株高 1/2；總花梗纖細，頭花總苞短圓筒狀，舌狀花花冠絲狀，舌狀花筒與冠毛近等長，花冠裂片白色，管狀花花冠上半部窄管狀，黃色；瘦果窄長橢圓形壓扁狀；冠毛黃褐色，1 列。

▲加拿大蓬的頭花具有微小但開展的舌狀花。

▶加拿大蓬的圓錐花序極為發達，微小的頭花有如滿天星般。

野苚蒿

Conyza sumatrensis（Retz.）Walker

外來種

科名｜ 菊科 Asteraceae（Compositae）　　花期｜ 1 2 3 4 5 6 7 8 9 10 11 12

別名｜ 野桐蒿、野塘蒿、野地黃菊、大野塘蒿

英文名｜ fleabane

　　野苚蒿原產南美洲，現為泛世界分布雜草，最早逸出於蘇門答臘；臺灣常見於低海拔至海拔 2,000 公尺開闊荒地及建地；本種頭花大小介於美洲假蓬及加拿大蓬之間，但野苚蒿莖上分支不發達，即使長出也不高過花序，頭花邊緣舌狀花冠較小而不展開，可供區隔。野苚蒿的生長範圍較美洲假蓬與加拿大蓬為寬，到了中海拔開墾地仍能看到它們的蹤影。

形態特徵

　　一年生直立草本；莖具向上分支，表面被剛毛；莖基部與中段葉片倒披針形至披針形，於開花時枯萎但宿存，線形至披針形，葉兩面被毛；頭花聚生成一大型頂生圓錐花序，頭花總苞壺狀，苞片線狀披針形，先端銳尖；舌狀花細管狀，黃色舌狀花冠微小，與冠毛近等長；管狀花黃色花冠窄管狀；瘦果長橢圓狀倒披針形壓扁狀，淺褐色；具 1 列宿存纖細冠毛。

▲生長在開闊地的野苚蒿頗為壯碩。

▲從花叢中長出的個體就纖細許多。

▲未開花時，野苚蒿的幼株模樣可愛。

▲頭花呈圓筒狀，邊花的花冠不往外展開。

南方山芫荽

Cotula australis（Sieber ex Spreng.）Hook. f.

菊科

科名｜　菊科 Asteraceae（Compositae）　　　花期｜ 1 2 3 4 5 6 7 8 9 10 11 12

英文名｜　australian waterbuttons

　　山芫荽屬（*Cotula*）主要分布於南半球，約有 50 種；其中，山芫荽（*C. hemisphaerica*）曾被記錄於臺灣地區，但鮮少被採獲；南方山芫荽原生於澳洲，後歸化於美國、智利、夏威夷、日本、墨西哥、紐西蘭、南非，甚至於挪威；它的傳播可能與澳洲的穀類有關，藉由瘦果混雜於出口的穀物內，進而傳播至部分國家，也分布於福建省的馬祖；現已歸化於新竹市區。南方山芫荽的花梗較山芫荽為長，且總苞苞片為橢圓形，外圍環繞著寬膜質邊緣；而山芫荽的總苞苞片為長橢圓形，邊緣為透明質，可供區分。

| 形態特徵 |

　　直立至斜倚草本，莖二叉分支，表面被長柔毛；葉互生，葉片倒卵形，葉基明顯抱莖，中裂、羽裂至二回羽裂，裂片線形，先端漸尖；頭花全由管狀花組成，頂生或腋生，總花梗不分支，總苞苞片橢圓形，邊花雌性，具宿存小花梗，無花冠；心花花冠管狀，淺黃色；瘦果倒卵形壓扁狀，邊花瘦果邊緣具窄膜質翼；心花瘦果無翼。

▲南方山芫荽的頭花總梗極為細長，頂著鈕扣般的頭花。

▲南方山芫荽為新近歸化於新竹都會區的野草。

大波斯菊

Cosmos bipinnatus Cav.

外來種

科名 | 菊科 Asteraceae （Compositae）

花期 | 1 2 3 4 5 6 7 8 9 10 11 12

英文名 | cosmos, garden cosmos

　　原產墨西哥，廣泛栽培於全球；臺灣廣泛栽培供觀賞用，為主要的一年生花海草本，花色多變。許多都會區的草坪、河濱公園，或是等待都市更新的用地上，都會在冬季撒上大波斯菊的種子，期待能在冬陽的照耀下，開出成片的壯觀彩色花海。大波斯菊的發芽時期需要適量的水分滋潤，一旦長出新生葉片後就必須減少水分灌注，才能盡快進入花芽分化與開花，如果過度澆灌，植株會一直保持營養狀態。因此，中南部乾燥的冬季往往能看到燦爛的大波斯菊花海。

| 形態特徵 |

　　一年生直立草本，莖單生，具有軸根，偶可見莖頂分支；葉無柄或具短柄，二回羽狀深裂，裂片線形或微管狀，先端銳尖；頭花總苞杯狀，外部總苞披針狀匙形，微短於內層苞片，內層總苞橢圓狀披針形或卵形；舌狀花白色、粉紅或紅色，花冠卵形，心花多數，黃色；瘦果線形棍棒狀或梭狀，常彎曲，冠毛2或3枚。

▲舌狀花冠顏色多變，中央的管狀花皆為黃色。

▲葉片深裂，裂片線形或微管狀。

◀頭花顏色鮮豔，極具觀賞價值。

黃花大波斯菊

Cosmos sulphureus Cav.

菊科

| 科名 | 菊科 Asteraceae（Compositae） | 花期 | 1 2 3 4 5 6 7 8 9 10 11 12 |

別名 | 黃秋英、黃波斯菊、黃花波斯菊、硫黃菊、硫磺菊、黃芙蓉

英文名 | yellow cosmos

原產墨西哥。黃花大波斯菊和大波斯菊一樣，是都會綠地或河濱公園偶見的花海植栽，也隨著都會自生的景觀植栽結實後逸出，成為都會區自生的野花。除了都會區外，黃花大波斯菊也會在鄉間的農會推廣下，在農田休耕期間撒播種實，營造綠意盎然的田野景觀。黃花大波斯菊的外觀與大波斯菊相似，但是葉片裂片較為寬大，不像大波斯菊者纖細如線形或微管狀，加上花色不同，因此即便混生也能輕易分辨。

| 形態特徵 |

植株表面光滑、被柔毛或剛毛，葉片具葉柄，二回至三回羽狀葉片，羽狀裂片邊緣疏被纖毛，先端具小尖頭，總苞苞片直立，長橢圓狀披針形，先端銳尖至圓鈍，舌狀花黃色或橘紅色，花冠先端截形鋸齒緣。瘦果，常具剛毛，偶光滑，先端具冠毛 2 或 3 枚或否，長芒狀。

▲葉片裂片較寬，可與相似的大波斯菊相區隔。

▲舌狀花的花冠邊緣截形且具齒緣。

◀黃花大波斯菊常在都會區內的向陽草坪上出現，或被栽培為景觀草花之用。

昭和草

Crassocephalum crepidioides（Benth.）S. Moore

科名｜　菊科 Asteraceae（Compositae）　　花期｜ 1 2 3 4 5 6 7 8 9 10 11 12

別名｜　飛機草、饑荒草、神仙菜、救荒草、山茼蒿、太子草、南洋春菊、紅花欄褸菊、安南草

英文名｜　redflower ragleaf

　　昭和草原產熱帶非洲，現已廣泛歸化於熱帶及亞熱帶地區；臺灣中、低海拔荒野及伐林地或路旁常見雜草；昭和草為日治時期傳入，與饑荒草（*Erechtites hieracifolia*）和飛機草（*E. valerianifolia*）同為救荒野菜，也因此三者的名稱常讓人混淆，其實昭和草的葉片常為橢圓形，偶為琴狀裂葉，當為琴狀裂葉時頂小葉明顯較大，且昭和草的管狀花花冠常為橘紅色，與饑荒草、飛機草明顯不同。

| 形態特徵 |

　　一年生直立多汁草本，莖具少數分支；葉橢圓形、長橢圓形或卵狀橢圓形，邊緣不規則羽裂或不規則鋸齒緣；頭花全由管狀花組成，聚生成頂生聚繖花序，於開花時垂頭；總苞基部肥厚，外圍小苞片線形；花萼黃綠色，花冠裂片紅褐色或橘色，偶為黃色；瘦果深紅褐色，先端具易落冠毛。

▶下垂的頭花全由紅色管狀花組成，窄鐘狀的總苞基部肥厚，外圍具有線形小苞片多枚。

▲昭和草為全臺常見的救荒野菜。

◀昭和草的瘦果先端具有潔白的冠毛。

蘄艾

Crossostephium chinensis（L.）Makino

科名 | 菊科 Asteraceae （Compositae）　　花期 | 1 2 3 4 5 6 7 8 9 10 11 12

別名 | 海芙蓉、芙蓉菊

　　分布於中國南部與琉球。蘄艾在臺灣的原生地位於北部、東部及諸多離島的岩岸地區，由於常栽培為景觀或藥用植物，野外族群以往遭到大量移植、摘取，因此本種雖為日常可見的園藝或藥用植物，臺灣本島的野外數量卻非常稀少，在臺灣維管束植物紅皮書名錄中評定為「易危（VU）」等級，原生個體僅於海濱珊瑚礁岩或懸崖等不易抵達的地區殘存。蘄艾全株被有銀灰色絨毛，外形獨特，常讓人忽略了它所抽出的總狀花序；其實一朵朵銀灰色的頭花，裡頭開著許多黃色小花，就隱身在葉叢中，它不像其他園藝用菊科植物，具有顯眼的舌狀花瓣，才容易讓人忽略。

| 形態特徵 |

　　莖上部分支，分支斜倚，密被銀灰色絨毛，上部密生葉片，下部裸露。葉厚，窄匙形至倒卵狀倒披針形，全緣、三裂葉或偶 3 ～ 5 羽裂，先端鈍，葉基窄，兩面被毛。頭花總狀排列於分支上；總苞半球形，表面密被絨毛，苞片 3 列，外圍者橢圓形，先端鈍或銳尖，中層者窄，內層者稍短，長橢圓形。邊花雌性，心花兩性。瘦果長橢圓形，具冠毛。

▲全株被有銀灰色絨毛，總狀花序內的頭花不甚明顯。

▲頭花內具有多數黃色花冠的小花。

◀常被栽培為景觀或藥用植物。

茯苓菜

Dichrocephala integrifolia（L. f.）Kuntze

科名 | 菊科 Asteraceae （Compositae）　花期 | 1 2 3 4 5 6 7 8 9 10 11 12

別名 | 魚眼菊

　　茯苓菜分布於熱帶與亞熱帶亞洲與非洲；在臺灣，常見於全島平地及中、低海拔黏質土區及草坪。「茯苓菜」此一名稱可能是形容它圓球形的頭花，密生許多細小的管狀花，貌似中藥材穀精草科植物聚生頭狀花序「茯苓」；茯苓菜又名「魚眼菊」，或許是因為頭花中央深色的心花花冠如同黑眼珠，外側淺色的部分有如魚眼白，才取了這樣的別名；這樣的命名由來，顯示頭狀花序的差異為辨別菊科植物的重要特徵。

| 形態特徵 |

　　一年生直立草本，偶為匍匐狀；基部與中段葉片卵形至橢圓形，先端鈍至銳尖，葉柄具翼，上部葉片琴狀裂葉，具側裂片 1～2 對；頭花由管狀花組成，排列成頂生或腋生圓錐花序；總苞苞片長橢圓形至卵形；總花托扁球形；邊花，白至黃色花冠管狀；心花約 10 朵；瘦果壓扁狀倒卵形，先端具黏液突起，冠毛闕如或具 2 枚微小鱗片。

▶穀精草的花序是中藥商口中的「茯苓」，圖為大葉穀精草。

◀白色的邊花有如眼白，中央黃色的心花是否就是魚的瞳孔呢？

▲茯苓菜為全臺可見的矮小菊科植物，北部都會的草地上極易發現。

白鱧腸

Eclipta alba Hassk.

科名｜ 菊科 Asteraceae（Compositae）　花期｜ 1 2 3 4 5 6 7 8 9 10 11 12

別名｜ 墨菜、旱蓮草、田烏菜、田烏草、金陵草、墨煙草、墨頭草、猢猻頭、豬芽草

英文名｜ false daisy

　　鱧腸廣布於全球溫暖地區；臺灣潮溼地及水田、路旁草坪常見，且常出現於近水溼地中，為廣義的水生植物；由於枝條折斷後一段時間，折斷處流出的汁液氧化而成黑色，故又名「墨菜」。這樣的情形也發生在大戟科的小喬木，也就是郊山的常見植物「血桐（*Macaranga tanarius*）」上，不過血桐流出的汁液氧化後呈紅色，就像人受傷後流出鮮紅的血液般。

｜形態特徵｜

　　莖直立、斜倚至匍匐，表面被糙柔毛，基部具分支；葉披針形，先端漸尖，葉基漸狹，無柄或具短柄，兩面被糙毛；頭花總花梗纖細，總苞圓鐘狀，並於結實時膨大，總苞 2 列，長橢圓形，先端銳尖，外圍者較長；舌狀花 2 列，花冠白色，先端二叉或全緣；管狀花多數，花冠白色，4 裂；瘦果邊緣具稜。

▲開花時是白色小花，結實後頭花聚集著青綠的瘦果等待成熟。

▶頭花由外圍白色的舌狀花與中央色深的管狀花組成。

▲白鱧腸是廣義的水生植物，也能生長在較為乾燥的草地。

◀血桐是大戟科的小喬木，也是都會中常見的植物。

窄葉鱧腸

Eclipta angustata Umemoto & H. Koyama

科名丨　菊科 Asteraceae（Compositae）　　花期丨 1 2 3 4 5 6 7 8 9 10 11 12

　　廣泛分布於東亞、東南亞、中國、南亞；於臺灣低海拔荒地、溼地或水田可見，窄葉鱧腸為 2007 年由日籍學者根據東亞與東南亞一帶的研究成果，自鱧腸屬植物中細分出來的物種，其植株表面被平伏毛，葉無柄，葉片較為窄長，葉緣平整無波浪緣，瘦果表面明顯被疣突，與臺灣已知的其他鱧腸屬植物不同。

| 形態特徵 |

　　一年生草本，具有纖細根，表面被糙毛；莖斜倚，偶直立至 60 cm 高；葉對生，單葉，披針形、披針狀橢圓形或披針狀線形，先端銳尖，葉基漸狹，邊緣淺齒緣或近全緣，兩面被伏生長柔毛，花序腋生或頂生，總花梗纖細，頭花具舌狀花，總花托扁平，具線形托片；總苞鐘狀球形，總苞苞片 2 列，外圍苞片草質或具尖突，近等長，內層苞片較窄且短；白色舌狀花 2 ～ 3 列多數，管狀花約 30 朵，兩性，先端近 4 齒；瘦果厚，先端圓，常具 3 稜。

▲總苞鐘狀球形，瘦果表面初為綠色。

▲植株表面被平伏毛，葉片較為窄長，葉緣平整無波浪緣。

毛鱧腸

Eclipta prostrata（L.）L.

科名｜ 菊科 Asteraceae（Compositae）　　花期｜ 1 2 3 4 5 6 7 8 9 10 11 12

英文名｜ false daisy

主要分布於南亞、東南亞與臺灣。

本種生長於潮溼地或水田等近水域，毛鱧腸的總花梗、莖、葉片主脈表面被長柔毛與伏毛，瘦果長橢圓形至倒卵形，表面具小疣突。1998 年第二版臺灣植物誌中記載臺灣共有 2 種鱧腸屬植物，但是在 2007 年日籍學者對於東亞一帶鱧腸屬植物進行研究後，認為以往臺灣記載的鱧腸應採用 *Eclipta alba* Hassk. 此一學名，考量其學名的種小名為白色之意，因此應稱為「白鱧腸」。以往臺灣稱為毛鱧腸的大型本屬植物，應改採用 *Eclipta prostrata* （L.）L. 此一學名。

| 形態特徵 |

直立或斜倚一年生草本，莖紅色，節上生根，表面被伏毛與直長柔毛，葉對生，橢圓狀披針形，先端窄銳尖，葉基漸窄成短柄狀，邊緣具明顯鋸齒緣，兩面被伏柔毛；花序 1 ～ 2 枚，腋生於先端葉片處，總花梗纖細；頭花具線形托片，表面被伏毛，總苞鐘狀，總苞苞片 2 列，外層者草質，表面被伏柔毛，內層苞片較窄而短；舌狀花 2 ～ 3 列，白色；管狀花白色；瘦果長橢圓形至倒卵形，中央具疣突，先端截形，表面疏被毛，冠毛鱗片狀。

▲總花梗、莖、葉片主脈表面被長柔毛與伏毛。

◀葉對生，葉片基部漸窄成短柄狀。

地膽草

Elephantopus mollis Kunth

科名	菊科 Asteraceae（Compositae）

花期｜ 1 2 3 4 5 6 7 8 9 10 11 12

別名｜ 毛蓮菜、白花燈豎杇、丁豎杇、牛舌草

英文名｜ soft elephantsfoot

　　地膽草又名毛蓮菜，原產熱帶美洲，經引入熱帶亞洲，在臺灣全島平地至低海拔地區廣泛歸化；生長於北部者花季較短。地膽草屬成員具有「複頭狀花序」，以地膽草為例，每一朵白色小花的基部被許多硬質總苞包圍，形成僅具一朵小花的頭花，再由許多頭花聚生，基部由一片綠色葉狀總苞托覆，形成複頭狀花序。在臺灣另有一同屬植物 ── 燈豎杇（*E. scaber*），然而燈豎杇的花為淺紫色至深紫色，葉片質地較厚，且植株常較地膽草矮小，可供區隔。另外，臺灣尚歸化有一菊科植物 ── 假地膽草（*Pseudelephantopus spicatus*），頭花僅具數朵小花的它，頭花外圍由革質的總苞苞片包圍，排列成長穗狀，可與地膽草輕易辨別。

| 形態特徵 |

　　莖二叉分支，葉紙質，基生葉長橢圓形至倒卵形，先端銳尖，基部擴大且密被軟粗毛，先端疏被伏毛；上部葉片漸小；頭花簇生，形成複頭狀花序，基部被心形葉狀苞片環繞；總苞長橢圓形，被糙毛，外圍4枚，披針狀長橢圓形；內層4枚，橢圓狀長橢圓形；每朵頭花內含小花4枚；瘦果冠毛5枚，基部膨大被毛。

▲地膽草植株及膝，舌狀花為白色。

相似種辨識	燈豎杇	假地膽草
	基生葉蓮座狀，線形至長橢圓形；複頭狀花序簇生，被心形葉狀苞片包圍，排列成聚繖狀；花紫色。	基生葉不發達或闕如；複頭狀花序簇生，被長橢圓形或線形葉狀苞片包圍，排列成穗狀；花白色。

▲燈豎杇植株矮小，舌狀花為淺紫色。

▲假地膽草的頭花長橢圓形，排列成穗狀，可輕易與地膽草區分。

紫背草

Emilia sonchifolia（L.）DC. var. *javanica*（Brum. f.）Mattfeld

科名｜　菊科 Asteraceae（Compositae）　　花期｜ 1 2 3 4 5 6 7 8 9 10 11 12

別名｜　一點紅、葉下紅、牛石菜

英文名｜　cupid's shaving-brush, red tassel-flower

　　紫背草廣布於太平洋南部島嶼，包括印尼至波里尼西亞東部、日本及中國大陸；臺灣常見於全島海濱、砂質地、荒地、路旁或田梗。紫背草的葉背偶帶紫色，可能為其中文名稱的由來；紫色頭花花冠與臺灣產其他同屬植物纓絨花與粉黃纓絨花不同。

▲結實後紫背草的瘦果先端具有白色冠毛。

| 形態特徵 |

　　一年生草本，莖基部葉片厚，排列緊密，琴狀裂葉，下表面綠或紫色，葉柄具翼，葉基戟狀或抱莖，邊緣全緣或不規則鋸齒緣；上部葉片線形；頭花全由管狀花組成，2 ～ 5 枚頂生，成聚繖狀排列；管狀花淺紫色，15 ～ 35 枚；總苞管狀，苞片 1 列，長橢圓狀線形，先端銳尖；瘦果冠毛白色，纖細。

▲紫背草的葉背為紫色（右）或綠色（左）。

▶紫背草的頭花排列疏鬆，全由紫紅色的管狀花組成。

纓絨花

Emilia fosbergii Nicolson

菊科

| 科名 | 菊科 Asteraceae（Compositae） | 花期 | 1 2 3 4 5 6 7 8 9 10 11 12 |

別名 | 絨纓菊、絨纓花、纓絨菊、紅背草、紅頭草、流蘇花、一點纓、一點紅、牛石花、帚鼻菊

英文名 | florida tasselflower, pualele

　　紫背草屬（*Emilia*）約有 100 種，分布於全球熱帶及亞熱帶地區，本屬最大的種源中心位於東非。紫背草屬植物的生長型及花色多變，不變的是它們全由細長管狀花組成的頭花，外圍由綠色稍肉質的單列總苞所包圍。第二版臺灣植物誌中記載紫背草屬 2 種：纓絨花及紫背草；纓絨花為一原產非洲、現已歸化並常見於臺灣中南部的外來種，為泛熱帶歸化的菊科植物；纓絨花的頭花鮮紅色，早年在臺灣部分地區栽培供觀賞用，後逸出並歸化於荒地，隨著交通便捷，現於新竹都會區平地向陽草坡皆可見到，然而熱愛溫暖的它，來到北部後約 4 ～ 10 月間開花，和中南部全年開花的盛況不同。

| 形態特徵 |

　　直立或斜倚具分支草本；莖表面常疏被長柔毛；基生葉常成蓮座狀，基生葉與下部莖生葉卵形，葉片常下延至葉柄；中段以上莖生葉長橢圓形至長橢圓狀披針形，葉基抱莖；頭花聚生成展開多分支的圓錐花序，每分支具 1 至少數頭花，頭花全由管狀花組成；總苞管狀或壺狀；管狀花於開花時露出總苞外，花冠橘紅色；瘦果深褐色，冠毛白色。

▲ 頭花內含許多管狀花，花冠橘紅色極具觀賞價值。

◀ 纓絨花是南部都會開闊地的常見野花。

粉黃纓絨花

Emilia praetermissa Milne-Redh.

外來種

科名 | 菊科 Asteraceae（Compositae）　　　花期 | 1 2 3 4 5 6 7 8 9 10 11 12

菊科

　　雖然紫背草屬（*Emilia*）的重要鑑定特徵包括生長型、粗壯或否、總苞形狀、小花花冠顏色等，可輕易於活體時觀察，但這些特徵常於乾燥、製成標本後難以辨識，造成本屬分類上的困難。粉黃纓絨花在臺灣最早於 1997 年 1 月，由 彭鏡毅博士採獲若干個體，然而這些標本乾燥後失去原有色澤，以致無法與纓絨花相區分，直到 2009 年才獲發表為臺灣新歸化種；粉黃纓絨花形態上與纓絨花十分相近，主要差異在於纓絨花具有鮮紅色頭花，而粉黃纓絨花頭花為黃色、橘色至粉白色。在臺灣全年開花及結實。

| 形態特徵 |

　　一年生直立或斜倚草本，基部葉片廣卵形，葉基近心形；莖中段葉片與基部葉片相似，但具明顯耳狀突起，耳狀突起明顯具齒緣；上部葉片無柄，葉基心形具耳狀突起；頭花單生或由至多 7 枚頭花組成開展聚繖花序，總苞苞片窄披針形，表面被長柔毛，頭花全由管狀花組成，總苞管狀，管狀花花冠先端 5 裂，黃色、橘色至粉白色花冠裂片帶紫色或橘色。

▲頭花內的粉黃色管狀花盛開時向外張開。

▲粉黃纓絨花的上部葉片葉基心形，明顯具齒緣。

◀粉黃纓絨花歸化於北部都會區與淺山一帶已有 10 餘年。

93

飛機草

Erechtites valerianifolia（Wolf ex Rchb.）DC.

科名｜ 菊科 Asteraceae （Compositae）　　花期｜ 1 2 3 4 5 6 7 8 9 10 11 12

別名｜ 敗醬葉菊芹

英文名｜ fireweed

飛機草原產南美洲，現於臺灣平地至海拔 1,700 公尺田野或路旁可見；飛機草與饑荒草、昭和草同為日治時期引進的救荒野草，傳說是用飛機撒播瘦果而引入，故皆有「飛機草」之稱。飛機草學名的種小名為 *valerianifolia*，意指葉片如纈草屬（*Valeriana*）般，具有疏齒緣的羽狀裂葉。飛機草常與同屬的饑荒草（*E. hieracifolius*）混淆，然而饑荒草的莖上部葉片基部抱莖，多為線形至線狀長橢圓形單葉，邊緣疏至密齒緣，管狀花花冠為白色或黃色，與飛機草明顯不同。

| 形態特徵 |

植物體漸無毛，莖直立；葉具長柄，長橢圓形至橢圓形，邊緣不規則齒緣至羽裂，裂片 6～8 對，披針形，先端漸尖，齒緣；圓錐花序頭花多數，直立或點頭；頭花全由管狀花組成，總苞苞片線形；雌性邊花可稔，多列；心花兩性，可稔，花冠長管狀，花淺紫色，冠毛先端帶紅紫色；瘦果窄圓柱狀，冠毛白色帶紫色。

▲飛機草相傳是搭著飛機從天而降的救荒野菜。

▲飛機草的瘦果先端具有纖細略帶淺紫色的冠毛。

▲窄管狀頭花全由淺紫色的管狀花組成。

相似種辨識

饑荒草

莖生葉單葉，葉基抱莖，常無柄；頭花疏生，花黃色或白色。

▶饑荒草的上部莖生葉抱莖，葉片多為長橢圓形，為中臺灣偶見的野花草。

白頂飛蓬

Erigeron annuus（L.）Pers.

外來種

科名 | 菊科 Asteraceae（Compositae）

別名 | 一年蓬、千層塔、治瘧草、野蒿

英文名 | annual fleabane

花期 | 1 2 3 4 5 6 7 8 9 10 11 12

　　飛蓬屬（*Erigeron*）超過 200 種的植物，廣泛分布於全球，以往廣義的飛蓬屬包括假蓬屬（*Conyza*）成員，因此閱讀一些臺灣早期分類文獻時，本屬尚包括美洲假蓬、加拿大蓬、野茼蒿等植物；第二版臺灣植物誌中記載本屬有二種，包括一歸化種：白頂飛蓬及一高山原生種：玉山飛蓬（*Erigeron morrisonensis*）〔包括兩變種：玉山飛蓬及福山氏飛蓬（*E. morrisonensis* var. *fukuyamae*）〕。白頂飛蓬原產北美洲，在臺灣歸化於北部中、低海拔地區。白頂飛蓬為直立草本，基生葉與莖生葉相似，不若臺灣中高海拔原生、植株較為低矮的福山氏飛蓬及玉山飛蓬具有發達的基生葉。

| 形態特徵 |

　　一年生或越年生直立草本，莖中部以上多分支，分支斜倚，多少開展；葉互生，基生葉蓮座狀，莖生葉匙形、披針形至長橢圓狀披針形；基生葉與下部莖生葉常於開花時枯萎；頭花聚生成頂生聚繖狀圓錐花序，總苞半球形，披針形草質苞片 3 列；舌狀花排成 2 列，白色或帶紫色花冠線形；管狀花花冠筒窄漏斗形；瘦果長橢圓形至倒披針形；管狀花冠毛淺褐色，舌狀花無冠毛。

▲白頂飛蓬為直立一年生草本，偶見於北部都會區平野。

◀頭花由淺粉色的舌狀花與黃色的管狀花組成。

類雛菊飛蓬

Erigeron bellioides DC.

科名| 菊科 Asteraceae（Compositae）

英文名| bellorita

花期| 1 2 3 4 5 6 7 8 9 10 11 12

菊科

　　類雛菊飛蓬原生於南美洲，後歸化於澳洲、夏威夷與波多黎各等地；在臺灣，類雛菊飛蓬自生於臺北市及基隆市區草地上，為近期歸化的飛蓬屬植物。「類雛菊飛蓬」此一名稱源自它的種小名「*bellioides*」，意即「類似雛菊的」，其植株矮小，由許多匙形的基生葉叢生，自葉腋伸出纖細的花梗，著生若干小頭花；雖然它的瘦果先端具有冠毛，但要利用風力越洋傳播仍屬勉強，所以類雛菊飛蓬的瘦果可能參雜於土壤基質中，藉由植栽的移動而引進臺灣北部都會區。

| 形態特徵 |

　　草本具短根莖，直立莖短，葉叢生成蓮座狀，葉片倒卵形至匙形，葉基柄狀，先端銳尖；頭花筒狀，單生，總花梗不具分支；總苞苞片線形，先端銳尖，邊緣膜質；雌性舌狀花 2 列，舌狀花冠白色至淺黃色；管狀花兩性，白至淺黃色；瘦果表面被毛；冠毛 1 列，表面具微細疣突。

◀基生葉匙形，排列成蓮座狀，從葉腋間伸出匍匐的長走莖。

▲結實後果梗延長，風一吹就四散的果實造就了遍地的它。

◀吹開結實的果序，瘦果先端有著一輪冠毛。

97

直莖鼠麴草

Gnaphalium calviceps Fernald

科名| 菊科 Asteraceae （Compositae）

英文名| narrowleaf purple everlasting

花期| 1 2 3 4 5 6 7 8 9 10 11 12

　　直莖鼠麴草原產南美洲，歸化於北美洲及日本，在臺灣北部海邊沙地及路旁公園、花圃偶見；每到春末，便可見到它細長的圓錐狀穗狀花序頂生於莖先端，莖上長著細細的線形葉片，卻不見叢生的基生葉；這就是它與臺灣產其他鼠麴草屬植物的差別。

| 形態特徵 |

　　一年生直立草本，莖基部多分支，被灰至灰綠色毛，基生葉於開花時枯萎，莖生葉互生，線形或狹橢圓形，頭狀花序排列成疏鬆穗狀花序，頂生或腋生成圓錐花序，頭花基部被絨毛，外圍總苞苞片卵形，先端短銳尖或漸尖，內側苞片披針形，先端鈍形至銳尖，邊緣撕裂狀，邊花多數，心花2～3朵，瘦果橢圓形，冠毛於基部癒合成一環狀。

▲直莖鼠麴草全株被絨毛，線形的葉片與排列成穗狀的頭花極易辨識。

◀瘦果成熟後總苞苞片展開，瘦果便四處飛散。

98

鼠麴草

Gnaphalium luteoalbum L. subsp. *affine*（D. Don）Koster

科名｜ 菊科 Asteraceae（Compositae）　　花期｜ 1 2 3 4 5 6 7 8 9 10 11 12

別名｜ 清明草、黃花艾、鼠麴、佛耳草、米麴、鼠耳、無心草、黃蒿、母子草、毛耳朵、水蟻草、金錢草

英文名｜ weedy cudweed

　　鼠麴草分布於東亞至南亞及澳洲，為臺灣海濱至 2,000 公尺荒地及農田常見雜草，鼠麴草與其承名變種絲綿草（*G. luteoalbum*）相似，然而絲綿草的頭花為淺黃色至白色，生長於中海拔至高海拔山區，可與鼠麴草鮮黃色的頭花相區隔。在臺灣平地可見的鼠麴草屬植物中，只有鼠麴草的頭花為鮮黃色，排列成聚繖狀，其餘者頭花皆為綠白色，排列成穗狀的圓錐花序，間有葉狀苞片數枚。鼠麴草與艾（*Artemisia indica*）同為草仔粿的原料之一，植株具有菊科獨特的香味。

| 形態特徵 |

　　越年生直立草本；莖表面密被白色綿絨毛；基生葉略小於中段葉片；莖生葉匙形，先端圓具小尖突，基部漸狹至無柄，葉兩面被白色綿毛；頭花密生成頂生聚繖花序，總苞圓鐘狀，苞片淺黃色，外層者較短，廣卵形，內層者長橢圓形，先端鈍；邊花多數，心花 5 ～ 10 朵；瘦果長橢圓形壓扁狀，表面被小突起。

▲鮮黃色的頭花由兩型管狀花組成，排列成聚繖狀。

▲鼠麴草除了都會草坪可見外，也有不少人栽培供草藥用。

匙葉鼠麴舅

Gnaphalium pensylvanicum Willd.

外來種

科名｜ 菊科 Asteraceae（Compositae）

花期｜ 1 2 3 4 5 6 7 8 9 10 11 12

別名｜ 擬青天白地、母子草

英文名｜ wandering cudweed

　　匙葉鼠麴舅原產美國溫暖地區，已廣泛入侵全球多處；臺灣海濱至 1,700 公尺荒野及路旁可見。匙葉鼠麴舅全株被細毛，葉片匙形，基生葉早落，因此開花時植株不見基生葉；匙葉鼠麴舅的頭花聚生成穗狀，再集生成具有葉狀苞片的圓錐狀花序，為臺灣平地非常常見的雜草。在臺灣另有一種同屬植物 —— 鼠麴舅（*G. purpureum*），其植物體於開花時尚具基生葉，較為少見。

｜形態特徵｜

　　一年生直立草本，莖基部具分支或否，表面被灰色絨毛；基生葉於開花時枯萎，莖生葉往莖頂漸小，倒披針形至匙狀，先端圓至鈍，上表面疏被綿毛，綠色，下表面灰綠色，被綿毛；頭花多數腋生，形成多少具葉片的穗狀圓錐花序；頭花下部 2/3 密被綿毛；外圍總苞苞片卵狀披針形，先端長銳尖；內層者線狀長橢圓形，先端圓或具短尖突；邊花約 100 枚，心花 2 至 3 枚；橢圓形瘦果褐色，冠毛白色，基部癒合成環狀。

◀匙葉鼠麴舅是全臺灣平地極為常見的菊科植物。

▲排列成穗狀的頭花間，有許多匙狀的葉片相襯。

裏白鼠麴草

Gnaphalium spicatum Lam.

科名| 菊科 Asteraceae（Compositae）

英文名| shiny cudweed

花期| 1 2 3 4 5 6 7 8 9 10 11 12

裏白鼠麴草原產南美洲，現已廣泛歸化於全球多處，裏白鼠麴草原先歸化於臺北市市區及周圍淺山，現已歸化於臺灣北部中、低海拔山區及平地。裏白鼠麴草的葉片下表面密被白色氈毛，與深綠色的葉面相比隔外分明，因此被稱為「裏白鼠麴草」。藉由亮白色的葉背、排列成圓錐狀的穗狀花序及具金屬光澤的頭花總苞，可與其他臺灣產鼠麴草屬植物相區隔。

| 形態特徵 |

多年生直立草本，莖銀綠色，單生或自基部伸出若干匍匐開花分支，被灰色氈毛，基生葉蓮座狀，莖生葉往莖頂則逐漸變小；葉上表面綠色，近乎無毛，下表面密被白色氈毛；頭狀花序聚生成穗狀花序排列，頭花表面光滑，外層總苞苞片卵狀橢圓形，內層苞片線狀長橢圓形，邊花 50～60 朵，心花淺紫色，瘦果長橢圓狀橢圓形，冠毛白色早落。

◀ 葉背密被白色絨毛，為它贏得「裏白」的頭銜。

▲ 裏白鼠麴草是冬末春初北部都會區常見的野花。

線球菊

Grangea maderaspatana（L.）Poir.

科名｜	菊科 Asteraceae（Compositae）
別名｜	田基黃
英文名｜	madras carpet

花期｜ 1 2 3 4 5 6 7 8 9 10 11 12

　　分布於非洲、印度、中南半島、爪哇。臺灣南部常見雜草，生長於荒地、水田與潮溼地。線球菊是臺灣南部常見的小菊花，渾身毛絨絨地，具有小而精緻的裂葉；每年 11 月至隔年 6 月，在南臺灣的豔陽下開出扁平的黃色頭花，不禁令人驚嘆它耐旱的生命力。奇怪的是，只要一離開南部，線球菊就消聲匿跡，彷彿只有大太陽下，才能孕育出一顆顆田邊的小太陽。或許就是它常生長在田邊作物的腳下，又有人稱它作「田基黃」。以往線球菊被誤認為是另一種田間小巧的菊科植物鵝不食草（*Epaltes australis*），不過兩相比較，線球菊植株直立至斜倚，表面明顯被毛，頭花頂生於枝條先端，開出黃色的花朵；與植株匍匐、表面近光滑、頭花腋生、開出綠色花朵的鵝不食草大不相同。

| 形態特徵 |

　　一年生草本：莖直立或斜倚，基部分支，形成圓形的群落。葉互生，兩面明顯被毛，倒卵形至匙形，葉基漸狹，偶具耳狀基部，葉片羽裂或裂葉，無柄或偶具翼柄。頭花球形，與葉片對生，頂生於枝條先端；總苞淺碗形，苞片 2 列，先端鈍至圓，邊緣具不規則鋸齒，表面密被毛與緣毛；邊花 5 ～ 6 列，花冠白色，窄管狀，具多數腺點。瘦果淺褐色，壓扁狀長橢圓形；冠毛宿存。

▲頭花開花時為黃色，枯萎後轉為褐色。

相似種辨識

鵝不食草

匍匐草本，全株光滑或疏被毛；花綠色。

▲鵝不食草為匍匐草本，開出綠色的腋生頭花。

◀不畏南臺灣的烈日，線球菊開出小太陽般的頭花。

光冠水菊

Gymnocoronis spilanthoides（Hooker & Arnott）DC.

科名	菊科 Asteraceae（Compositae）	花期	1 2 3 4 5 6 7 8 9 10 11 12

別名｜ 光葉水菊、裸白菊、柳葉菊、空心菜菊

英文名｜ senegal tea plant

　　光冠水菊為引進供造景及蜜源植物之用，隨後報導其歸化於宜蘭、南投及屏東低海拔水域。根據美國密蘇里植物園 W3TROPICOS 資料庫的記載，光冠水菊原產於南美洲。光冠水菊在南太平洋地區及北美洲為具有威脅性的外來植物，它在臺灣的動態值得密切注意。由於光冠水菊生命力強，植株翠綠且花冠白色而醒目，加上花蜜能夠提供斑蝶食用，作為雄蝶生成性費洛蒙的前驅物之用，因此時常作為水生生態池或蝴蝶生態園植栽使用。

| 形態特徵 |

　　多年生水生或溼生，莖斜倚至直立，內部空心，節間易生不定根。基部葉片對生，莖先端葉片互生或近互生，葉片窄卵形，鈍齒緣，葉尖鈍；聚繖花序頂生或近頂生，總苞苞片線形，分內外兩層，外層總苞苞片先端鈍形，內層總苞苞片先端銳尖；頭狀花序全由管狀花組成，頂生，花部疏生黏毛，子房白色帶淺紅色，花萼退化，花冠筒基部白色，中段淺紅色，頂端裂片淺綠色，花絲頂端膨大，柱頭伸出花冠筒外，白色而醒目。

▶ 頭狀花序內的管狀花花冠筒基部白色，中段淺紅色，頂端裂片淺綠色。

▲時常被栽植於水生生態池或蝴蝶生態園內使用。

◀頭狀花序內小花的白色柱頭伸出花冠筒外，相當醒目。

▶ 光冠水菊的花蜜內含紫斑蝶類性費洛蒙的前驅物。

瓜葉向日葵

外來種

Helianthus debilis Nuttall subsp. *cucumerifolius*（Torrey & A. Gray）Heiser

科名｜ 菊科 Asteraceae（Compositae）　　花期｜ 1 2 3 4 5 6 7 8 **9 10 11 12**

英文名｜ cucumberleaf dune sunflower

　　瓜葉向日葵原產北美洲，現已歸化於日本；在臺灣最早發現於 1999 年，現已歸化於中部海濱或田野開闊地。向日葵是非常具有代表性的菊科植物，除了大規模栽培於農場外，近年來風行的景觀花海也時常在季節適合的情況下進行栽培。瓜葉向日葵是向日葵的近親，植株與頭花較小，但是花色較為亮眼，加上生命力強，因此除了在海濱向陽開闊地外，也由內陸居民栽培於民居周邊或平野花圃旁。

| 形態特徵 |

　　莖直立，表面光滑或漸無毛；葉多數莖生，互生，葉片三角狀卵形、披針狀卵形或卵形，基部心形、截形或廣楔形，邊緣近全緣或齒緣，葉背光滑至被剛毛；頭花總苞半圓形，總苞苞片 20～30 枚，披針狀卵形，先端銳尖至長漸狹，背側光滑或被剛毛，小花基部具托片先端具三齒；舌狀花黃色，管狀花花冠裂片常紅色偶帶黃色，花藥深褐色，先端附屬物深褐色；瘦果表面光滑或疏被毛，冠毛披針形或披針狀線形，具芒。

▲頭花外圍的舌狀花黃色，中央的管狀花花冠裂片常紅色偶帶黃色，花藥先端附屬物深褐色。

▲頭花總苞苞片披針狀卵形，表面光滑或被剛毛。

◀原產北美洲，現已歸化於臺灣中部海濱或田野開闊地。

泥胡菜

Hemistepta lyrata（Bunge）Bunge

科名｜ 菊科 Asteraceae（Compositae）　　花期｜ 1 2 3 4 5 6 7 8 9 10 11 12

　　分布於印度、東南亞、澳洲、韓國、日本與中國。臺灣春季一年生，廣泛分布於海濱至海拔 800 公尺間荒地、路旁、田埂或耕地。泥胡菜是春季限定的直立菊科植物，在等待春耕的農地或是隆冬方盡的公園綠地內，可見到直立的紫色花朵隨著春風搖曳生姿，加上莖稈直立且質地較硬，只要不受外力，就會直挺挺地站在滿是綠意的草地上。由於瘦果先端具有長而纖細的冠毛，春末就會展開滿是白絮的果序，隨風傳播它細小的瘦果，等待來年春天再次迅速地完成不知寒暑的生活史。

| 形態特徵 |

　　莖高 40 ～ 100 cm，表面具溝稜與棉毛，常具多數分支；葉背被白絨毛，基部葉片廣倒披針形，琴狀羽裂，中段莖生葉長橢圓形，漸尖，琴狀裂葉，上方葉片較少，線狀披針形或線形，頭花多數，總苞球形，苞片 8 列，先端背側具尖附屬物，外側苞片卵狀三角形，先端銳尖，中段苞片長橢圓形，內層苞片線狀披針形，花冠紫色；瘦果長橢圓形，褐色，具 15 肋紋，頂端具冠毛。

▲頭花外圍具有多數窄披針形總苞苞片，頭花內皆為紫色小花。

◀葉片多數為琴狀裂葉。

▲瘦果先端具有長而纖細的冠毛，藉由風力傳播。

白花貓耳菊

Hypochaeris microcephala（Sch. Bip.）Cabrera var. *albiflora*（Kuntze）Cabrer

外來種

科名｜ 菊科 Asteraceae（Compositae）　　花期｜ 1 2 **3** **4** **5** 6 7 8 9 10 11 12

英文名｜ smallhead cat's ear

　　貓耳菊屬（*Hypochaeris*）約有 60 種，分布於澳洲、歐亞大陸、南美洲及北美洲；白花貓耳菊原產南美洲，現已歸化澳洲及北美洲；本屬在臺灣歸化 3 種，僅有白花貓耳菊的頭花為白色，其餘皆為黃色。近日，白花貓耳菊歸化於臺灣北部都會區公園草地、路旁或校園內。由於為多年生草本，且結實率甚高，此一外來種植物未來可能於北臺灣成為雜草，其族群動態值得持續注意。雖然是同一葉片，表面構造也會有細微差異，同一葉片的毛在葉背較葉面來得緻密，而葉面邊緣者又較中央者為密，這些微小的構造肉眼不易觀察，得藉由放大鏡協助才能一窺奧祕。

| 形態特徵 |

　　多年生草本，基生蓮座葉長橢圓形，單葉至裂葉，先端鈍至銳尖，邊緣全緣，光滑至疏被毛，葉片兩面光滑或疏被毛，葉片裂片線形至披針形，表面疏被毛，葉背毛被物較葉面者緻密；莖生葉線形單葉至裂葉；頭花聚生呈聚繖狀，全由舌狀花組成，總苞苞片披針形，先端鈍，邊緣膜質；花冠白色；瘦果橢圓體，先端具長喙，冠毛疏生羽狀分支。

▲頭花約 5 元硬幣大小，全由白色舌狀花組成。

▲瘦果先端具長喙，再頂著白色的羽狀冠毛。

◀蓮座狀的基生葉葉形多變，單葉至羽裂兼具。

光貓耳菊

Hypochaeris glabra L.

科名 | 菊科 Asteraceae （Compositae）　　花期 | 1 2 **3 4 5** 6 7 8 9 10 11 12

英文名 | cosmos, garden cosmos

　　原產歐洲，歸化於日本、北美洲及墨西哥。貓耳菊屬植物的瘦果先端多具有纖細的長喙，頂端具有羽狀冠毛。光貓耳菊的瘦果兩型：它的心花瘦果成熟時具長喙，但是最外圍的邊花瘦果成熟時先端截形，不具有延長的喙，極具特色。在臺灣，光貓耳菊歸化於臺中港區及臺灣中部海濱向陽路旁、荒地及公園內，不過它的花期較短，加上延長成葶狀的花莖纖細，花期結束後就迅速結實後飛播，因此是花期較為集中，觀察難度較高的都會野花。

| 形態特徵 |

　　一年生或多年生草本，具單一直立主莖，莖直立，基生葉倒披針形，齒緣，表面光滑至被剛毛；聚繖花序由許多頭花頂生於分支，總花托瓣狀，舌狀花黃色，總苞苞片披針形，先端銳尖至漸尖，邊緣膜質，表面光滑；托片線形，先端漸尖，膜質；瘦果橢圓形，表面具16條縱向肋，肋上粗糙，邊花瘦果先端不具喙，心花瘦果具喙或否，冠毛羽狀。

▲頭花全由黃色舌狀花組成。

▲果序內可見二型瘦果，邊花結出的瘦果先端截形，心花者則具有長喙。

相似種辨識

貓耳菊

基生葉倒披針形至倒卵形，琴狀裂葉，明顯被毛；莖生葉闕如，頭花黃色；瘦果全具喙。

▲貓耳菊（*H. radicata*）為臺灣中海拔山區常見的外來種菊科植物，偶見於北部都會區，成片生長時頗為壯觀。

兔仔菜

Ixeris chinensis（Thunb.）Nakai

科名｜ 菊科 Asteraceae（Compositae）　**花期｜** 1 2 3 4 5 6 7 8 9 10 11 12

別名｜ 兔兒菜、鵝仔菜、苦麻兒、苦菜、粗毛兔子菜、山苦英、鵝兒菜、小金英、蒲公英

　　兔仔菜分布於東南亞、韓國、日本及中國大陸；臺灣全島廣布；兔仔菜的葉形與花序變化甚大，基生葉片自線形至倒披針形，花序的高度更是隨生育環境而有所不同；兔仔菜的外觀與同屬植物細葉剪刀股（*I. debilis*）及多頭苦菜（野剪刀股，*I. polycephala*）相似，然細葉剪刀股具有發達的橫走根莖，葉片自根莖伸出；而多頭苦菜的頭花展開時直徑小於 1cm，兔仔菜與細葉剪刀股的頭花展開時約 2cm 寬；多頭苦菜的莖直立，葉基明顯具 2 枚尖突，細葉剪刀股及兔仔菜則不同。細葉剪刀股常出現於濱海地區，而多頭苦菜於中北部田野間可見。

| 形態特徵 |

　　多年生草本，莖直立不具走莖；下部莖生葉倒披針形，先端銳尖至鈍；中段莖生葉披針形，先端漸尖，不規則裂至羽裂；上部葉片苞片狀；頭花全由舌狀花組成，聚生成疏鬆聚繖花序；總苞管狀，外圍苞片卵形副萼狀，先端鈍，邊緣白色，內層總苞長橢圓狀披針形，先端鈍；舌狀花花冠黃色；瘦果表面具 10 淺翼，喙纖細。

▶頭花展開後約 5 元硬幣大小，由一圈黃色舌狀花組成，中央可見黑褐色雄蕊。

▲兔仔菜的花序葶狀，遠遠高過葉叢。

多頭苦菜	細葉剪刀股
基生葉闕如，莖直立；頭花疏生於莖頂或上部葉腋，頭花直徑小於 1 cm。	基生葉散生，具匍匐走莖，頭花疏生於莖頂，頭花直徑 2～2.5 cm。

▲多頭苦菜是田間偶見的直立草本，頭花展開後小於 1 元硬幣。

▲細葉剪刀股是北部海濱的匍匐草本，頭花展開後大於 50 元硬幣。

刺萵苣

Lactuca serriola L.

外來種

科名 | 菊科 Asteraceae（Compositae）

花期 | 1 2 3 4 5 6 7 8 9 10 11 12

英文名 | prickly lettuce

　　萵苣屬（*Lactuca*）約有 100 種，分布於地中海、歐洲、中亞與東亞。在第一版臺灣植物誌中有 4 種萵苣屬植物被記載，但其中 3 種於第二版臺灣植物誌中被處理為翅果菊屬（*Pterocypsela*），1 種被轉移至山萵苣屬（*Pareparenanthes*）。萵苣屬以往在臺灣僅有一栽培種 ── 萵苣（*L. sativa*），近日同屬的另一成員 ── 刺萵苣被發現於臺灣中部公園或開闊地與澎湖。本屬成員的圓錐花序各分支的基部，常具卵圓形的綠色苞片 1 枚，頗具特色。刺萵苣被認為源自歐洲地中海地區，於 1980 年代引入北美洲，隨後分布於非洲與亞洲，並廣泛歸化於溫帶地區；除了花序分支的綠色苞片外，其葉背中肋上具有硬質的細刺，除了是鑑別重點外，也得留意別被它刺傷了。

| 形態特徵 |

　　一年生或越年生直立草本，莖近光滑，基生葉常羽狀齒裂或裂葉，裂片 2 ～ 4 對，邊緣齒緣，先端銳尖至漸尖，莖生葉不裂或羽裂，上部莖生葉漸小且心形抱莖，中脈常具棘刺。花序窄圓筒狀圓錐花序；頭花總苞圓筒狀，苞片光滑；舌狀花花冠黃或淺黃色。瘦果扁平橢圓形，深褐色至黑色，兩面具少數脈，喙先端具冠毛白色。

▶ 葉背中肋上疏生若干細小的硬刺。

▲圓錐花序各分支基部具有一枚卵圓形苞片。

▲刺萵苣是近年來出現在臺灣中部都會的歸化植物。

方莖鹵地菊

Melanthera nivea（L.）Small

外來種

科名| 菊科 Asteraceae（Compositae）　花期| 1 2 3 4 5 6 7 8 9 **10** **11** 12

英文名| pineland squarestem, snow squarestem

　　方莖鹵地菊原產美國東南部、墨西哥、西印度群島至中南美洲，目前被發現歸化於臺灣南部路旁，生育地為受人為干擾且全日照之荒廢地。鹵地菊屬為臺灣的新紀錄屬植物，狹隘定義下本屬為白色花冠、花藥黑色且無舌狀花的菊科植物。方莖鹵地菊具特殊氣味，且本屬植物可供藥用及具生物活性成分，推測臺灣現有族群可能是人為引入種植逸出。

| 形態特徵 |

　　多年生亞灌木，植株直立或斜升。莖 4 稜形且具增厚邊角，常具硬毛且漸光滑。莖生葉對生，葉身三角形或稀披針狀橢圓形，常三出脈；葉基截形或圓形，葉先端銳或漸尖，葉緣不規則鈍鋸齒，葉正反面具直毛或硬剛毛，枝條先端葉片逐漸縮小，近卵形。頭狀花序單一頂生或腋生於枝條末端葉腋，總苞半球形，苞片寬卵形到披針形，先端尖。頭狀花序內管狀花花冠白色，花藥黑色。瘦果 3 或 4 稜，表面具瘤狀突出與細毛，冠毛 6 ～ 8 剛毛組成，易落。

▲莖生葉對生，葉身三角形且常具三出脈。

▲頭花總苞半球形，苞片寬卵形到披針形，表面被毛。

▲總苞內的托片宿存，瘦果先端平截且被細毛。

◀方莖鹵地菊為臺灣南部可見的多年生直立亞灌木。

小花蔓澤蘭

Mikania micrantha Kunth

外來種

| 科名 | 菊科 Asteraceae（Compositae） | 花期 | 1 2 3 4 5 6 7 8 9 10 11 12 |

別名 | 山瑞香、肺炎草、薇甘菊

英文名 | bittervine, chinese creeper, climbing hempweed, mikania-vine, mile-a-minute, mile-a-minute weed

　　原產熱帶美洲，近年來歸化並入侵東亞、東南亞、南亞與大洋洲一帶；臺灣中南部、東南部林緣與平野干擾地可見。由於小花蔓澤蘭的攀緣莖具纏繞性，莖節上常有不定根且頭花結實率甚高，如此旺盛的生命力使得原產於熱帶美洲的小花蔓澤蘭，大面積生長於臺灣中南部低海拔開墾地及林緣。雖然小花蔓澤蘭的莖具纏繞性，頭花長 4 ～ 6mm，總苞長 2 ～ 4mm，瘦果長 1.5 ～ 2mm，瘦果冠毛長 2 ～ 3mm；皆與臺灣原生的同屬植物 —— 蔓澤蘭不同（莖僅具攀緣性，頭花長 6 ～ 9mm，總苞長 5 ～ 6mm，瘦果長 2 ～ 3mm，瘦果冠毛長 3 ～ 4mm），然而這些細微的特徵在野外實難觀察，加上兩者植株亦能大面積攀緣或覆蓋於樹木或裸露地表，以至於增加分辨上的困難度。

| 形態特徵 |

　　攀緣具纏繞性草本，莖上具肋，節上常具不定根；莖生葉對生，卵形至窄三角狀卵形，先端銳尖至漸尖，葉基戟形，裂片銳尖，邊緣鈍齒緣或不規則疏齒緣。頭花多朵聚生成圓錐狀聚繖花序，頂生於側枝先端；總苞苞片 4 列，長橢圓形；頭花內含 3 ～ 6 朵管狀花，花冠筒疏被腺毛。瘦果線狀長橢圓形，先端具冠毛多數。

◀ 小花蔓澤蘭的攀緣莖具纏繞性，常成片生長並覆蓋許多喬木樹冠。

◀莖生葉卵形至窄三角狀卵形,先端銳尖至漸尖,葉基戟形。

◀頭花內含 3 ～ 6 朵管狀花,柱頭伸至花冠筒外。

相似種辨識

蔓澤蘭

頭花長 6 ～ 9 mm,總苞長 5 ～ 6 mm,瘦果長 2 ～ 3 mm,冠毛長 3 ～ 4 mm。

▲蔓澤蘭原生於都會區周邊山區。

▲白色頭花多數聚生成圓錐狀聚繖花序。

113

銀膠菊

Parthenium hysterophorus L.

| 科名 | 菊科 Asteraceae（Compositae） | 花期 | 1 2 3 4 5 6 7 8 9 10 11 12 |

別名 | 假芹、野益母艾、解熱銀膠菊、銀色橡膠菊

英文名 | parthenium weed, whitetop weed

　　銀膠菊屬（*Parthenium*）原產北美洲及南美洲北部、西印度群島一帶，共約 16 種。銀膠菊原產於北美洲南部、西印度群島及南美洲，現已廣泛分布於歐亞大陸亞熱帶地區；自 1988 年獲報導歸化於臺灣海濱及低海拔低地後持續地散布，目前已分布於臺灣全島低海拔干擾地、蘭嶼及金門。由於繁殖力驚人、植物體表面細毛易引發過敏，且植株具毒性，因此銀膠菊入侵臺灣格外引人注意。銀膠菊的頭花中僅有花冠舌狀的 5 枚邊花為兩性花，其餘管狀花者皆為雄花，邊花的瘦果成熟時，會與 1 枚內層總苞苞片、2 朵相鄰心花及 2～4 枚托片癒合，形成瘦果複合體（achene complex）。

| 形態特徵 |

　　一年生直立草本，植株莖基部不分支，上部多分支，表面被腺毛；基生葉蓮座狀，一回至二回羽狀裂葉，莖生葉較基生者小，披針形至二回羽狀裂葉；頭花含舌狀花 5 枚及多數管狀花，聚生成頂生或腋生聚繖花序；邊花（舌狀花）5 枚，白色花冠舌狀，先端截形，心花（管狀花）多數，其一側具 1 枚倒披針形托片包圍心花，瘦果黑色，窄倒卵形，表面具腺體。

▲銀膠菊葉片二至三回裂葉，是中南部地區強勢的外來種有毒植物。

▲莖頂長出白色的小巧頭花。

伏生香檬菊

Pectis prostrata Cavanilles

科名｜ 菊科 Asteraceae （Compositae）

英文名｜ spreading chinchweed

花期｜ 1 2 3 4 5 6 7 8 9 10 11 12

　　香檬菊屬（*Pectis*）原產熱帶美洲與夏威夷，本屬所有成員的葉背具有油點，葉緣大多具多對直毛，是極具辨識度的菊科屬別。伏生香檬菊原產於熱帶美洲，如美國東南部、墨西哥、西印度群島與中美洲。在南臺灣，本種已於高屏地區建立族群並歸化。在野外，可根據葉背顯而易見的油腺以及葉緣成對的直毛鑑別此一伏生的菊科植物。

| 形態特徵 |

　　一年生，斜生至斜倚，分支被有2列毛。葉線形至窄倒披針形，基部邊緣被緣毛與直毛，葉面光滑，葉背被纖毛與圓形油點。頭花單生或2～3枚簇生，具有葉狀杯狀襯葉。總苞圓柱鐘狀、橢圓體至卵形。總苞苞片5～6枚排列成單列，長橢圓形至倒卵形，革質，表面光滑，具1脊，先端截形且具凹刻，上部驟縮。舌狀花5朵，雌性，冠毛2枚，花冠黃色。管狀花兩性；冠毛5枚，花冠黃色。瘦果倒披針形，成熟時黑色，表面具有突起，具2脊，邊緣被有2～4列毛，上部被毛；冠毛披針形，膜質，邊緣疏鋸齒緣。

▲一年生斜生至斜倚草本，可見於高屏都會區的向陽草地。

▲葉線形至窄倒披針形，基部邊緣被緣毛與直毛。

◀總苞苞片5～6枚排成單列、近筒狀；黃色舌狀花5朵。

115

美洲闊苞菊

Pluchea carolinensis（Jacq.）G. Don

科名｜　菊科 Asteraceae（Compositae）

花期｜ 1 2 3 4 5 6 7 8 9 10 11 12

英文名｜　sourbush, cure for all

　　闊苞菊屬（*Pluchea*）的頭花邊花為雌性，不具可稔雄蕊；心花雖然具有雌蕊及子房，卻無法接受花粉產生成熟的瘦果，因此功能上為雄性，僅有散布花粉的功能。美洲闊苞菊原產新世界及西非熱帶地區；在臺灣歸化於南部低海拔干擾荒地，常出現於惡地邊坡及路旁栽培灌叢，已於南部地區擴散。它灌叢般的外觀及聚繖花序，貌似民間產後婦女用來淨身的草藥艾納香（*Blumea balsamifera*），然而艾納香的葉柄多少具翼狀小突起，頭花花冠為黃色，可與葉柄無翼、頭花帶粉紅色的美洲闊苞菊相區隔。

| 形態特徵 |

　　多年生直立草本或灌叢；葉長橢圓狀卵形至橢圓形，葉兩面被薄絨毛及腺毛；上表面綠色，下表面灰色；頭花全由管狀花組成，聚生成頂生及腋生聚繖花序；總苞卵形至鐘形，苞片外圍者廣橢圓形至廣卵形，表面被絨毛；總花托平坦且光滑；邊花淺綠白色花冠細管狀，先端帶粉紅色；心花花冠白色先端帶粉紅色。

▲美洲闊苞菊為矮小灌木，是南部常見的野花。

▶頭花周圍為雌性的管狀花，中央僅具幾朵帶有花藥的雄性花。

翼莖闊苞菊

Pluchea sagittalis（Lam.）Cabera

外來種

科名 | 菊科 Asteraceae（Compositae）　　花期 | 1 2 3 4 5 6 7 8 9 10 11 12

別名 | 牛屎菊、臭靈丹

英文名 | wingstem camphorweed

　　翼莖闊苞菊原產南美洲，現已入侵美國海濱溼地；在臺灣，翼莖闊苞菊入侵中北部平地及低海拔潮溼地、農田旁，由於頭花開花時為粉紅色至白色，結實後轉為褐色，故在桃竹苗一帶，客家語稱為「牛屎菊」。和美洲闊苞菊一樣，翼莖闊苞菊的頭花邊花為雌性，心花具有散布花粉的功能，為本屬植物的重要特徵。翼莖闊苞菊的莖上具翼，寬約 1 cm 的頭花扁橢圓形，常頂生成聚繖花序，可輕易與其他菊科植物相區隔。

| 形態特徵 |

　　多年生直立草本，具香氣，莖分支表面密被絨毛，莖明顯具葉片下延而成的翼；葉片披針形至廣披針形，兩面被薄絨毛具腺點，先端漸尖，葉基漸狹；頭花聚生成複頂生或腋生聚繖花序；總苞半圓形，苞片綠褐色；總花托平坦而光滑；邊花多數，雌性，花冠白色，瘦果褐色，圓柱狀，具 5 條淺肋紋；心花雄性可稔，白色花冠先端帶紫色。

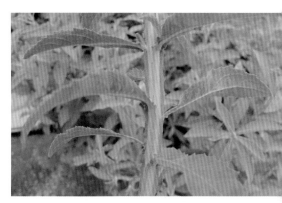

▲翼莖闊苞菊的莖上具翼，與葉基相連。

▲扁球狀的頭花初為粉紅色，結實後轉為暗沉的褐色。

◀翼莖闊苞菊進駐臺灣北部都會與鄉間潮溼地，已有 20 餘年。

117

貓腥草

Praxelis clematidea（Griseb.）R. M. King & H. Rob.

外來種

| 科名 | 菊科 Asteraceae（Compositae） |

花期 | 1 2 3 4 5 6 7 8 9 10 11 12

| 別名 | 假臭草、巴西草 |

| 英文名 | praxelis |

　　貓腥草又名「假臭草」，近期歸化於苗栗濱海及平原地區，現已廣泛生長於臺灣西半部，並於新竹、苗栗、臺中及恆春半島一帶大量繁殖，成為田間與都會地區害草；除臺灣外，尚於金門地區廣泛分布。貓腥草原產於南美洲，後歸化澳洲，因鑑定錯誤，造成確認時已入侵東南亞及中國大陸南部地區；其外觀與「紫花藿香薊」類似，然而紫花藿香薊的葉基截形至心形，葉尖鈍形至圓形，葉面密被毛，頭花總苞苞片草質，表面被毛，先端鈍形，瘦果頂端被 5 枚長鱗片狀冠毛，與貓腥草有所不同。雖然在一般人眼中，它常生長在較為乾燥的向陽坡地，但是極易耗盡土壤肥力，因此為農民心中的害草，加上結實率甚高，難以自都會草坪或花圃中刈除，若是大舉入侵將造成農業上極大的損失。

| 形態特徵 |

　　多年生直立草本，葉對生，葉片卵形，葉基楔形，葉尖銳尖，葉面光滑至疏被毛，葉短於 5 cm；頭花疏生成稀疏的聚繖或圓錐花序；頭花全由管狀花組成，總苞草質，表面光滑，總苞外層苞片先端漸尖，內層苞片先端鈍形，管狀花冠紫色，先端 5 裂；瘦果黑色，微具 4 稜，頂端被纖細冠毛多數。

▲貓腥草從中部都會區現蹤後，已往南北擴散。

◀貓腥草的總苞苞片近革質，先端銳尖至漸尖。

◀瘦果成熟時先端有纖細的冠毛多數。

毛假蓬舅

Pseudoconyza viscosa（Miller）D'Arcy

科名 | 菊科 Asteraceae（Compositae）　　花期 | 1 2 3 4 5 6 7 8 9 10 11 12

英文名 | sticky blumea

　　廣布於全球熱帶及亞熱帶，在臺灣生長於南部低海拔路旁及荒地。毛假蓬舅的植株外觀與臺灣產的闊苞菊屬（*Pluchea*）或假蓬屬（*Conyza*）植物神似。然而毛假蓬舅的小花為淺紫色，偶為白色，加上葉片多為琴狀裂葉，也就是具有大型頂生裂片，葉片基部兩側具有多數小型裂片，可與其他相似者加以區分。本種被單獨列為一屬：假蓬舅屬（*Pseudoconyza*），近來部分學者建議改納入艾納香（*Blumea*）中，成為臺灣都會區少見的艾納香屬成員。

| 形態特徵 |

　　直立草本，常分支於莖上半部，全株表面被絨毛及腺毛，葉片披針卵形至倒卵形，先端圓至銳尖，邊緣鋸齒緣至重鋸齒緣；頭花排列成疏鬆聚繖花序或聚繖狀圓錐花序頂生或腋生，花序分支具小葉片，頭花總花托隆起，表面光滑；總苞苞片 4 列，先端漸尖，邊緣管狀花雌性可稔；中央管狀花兩性可稔，花冠管狀，白至淺紫色。

▲毛假蓬舅的頭花有時排列成頂生聚繖狀圓錐花序。

▲頭花總苞苞片先端漸尖，全由白至淺紫色管狀花組成。

▶瘦果先端冠毛白色，直而不具分歧。

119

鵝仔草

Pterocypsela indica（L.）C. Shih

科名 | 菊科 Asteraceae（Compositae）　　花期 | 1 2 3 4 5 6 7 8 9 10 11 12

別名 | 山萵苣、馬尾絲、山鵝菜、英仔草、蒲公英

　　鵝仔草分布於馬來西亞、印度、西伯利亞東部、菲律賓、日本、中國大陸南部；臺灣中、低海拔向陽坡地或路旁常見，鵝仔草的外觀變異極大，與同屬的臺灣山苦蕒（*P. formosana*）相似，然而鵝仔草極為常見，葉片或裂片邊緣光滑或僅具齒突，不似臺灣山苦蕒葉緣具規律鋸齒緣，可供區分。鵝仔草為翅果菊屬成員，由於瘦果成熟時邊緣具有寬廣的扁翅而得名；和其他僅具舌狀花的種類一樣，全株具有白色而濃稠的乳汁，然而千萬別為了觀察乳汁，就把它的枝條攔腰折斷喔。

| 形態特徵 |

　　一年生或越年生草本，莖直立，表面光滑，基部莖生葉光滑，長橢圓形至披針形，邊緣全緣、齒緣或羽狀裂葉，葉兩面光滑；中段莖生葉線形至披針形；頭花全由舌狀花組成，聚生成圓筒狀圓錐花序，頭花圓筒狀，總苞苞片光滑，綠色帶少數紫色斑紋，舌狀花花冠黃色；瘦果扁橢圓形，周圍具扁翼，黑色，冠毛白色。

▲成熟的瘦果扁且具翼，先端具纖細的白色冠毛，為本屬植物的特色。

◀鵝仔草的葉形多變，從單葉至羽狀裂葉兼具。

▲頭花全由黃色的舌狀花組成，排列成圓錐花序。

臺灣山苦蕒

葉片橢圓形，邊緣規則齒緣，常呈琴狀裂葉。

▲臺灣山苦蕒的葉片與裂片邊緣具明顯規律鋸齒緣。

◀臺灣山苦蕒分布於北部海濱至中海拔山區，外觀與鵝仔草相似。

大蒲公英舅

Pyrrhopappus carolinianus（Walter）DC.

外來種

科名｜ 菊科 Asteraceae（Compositae）　　**花期｜** 1 2 3 **4** **5** 6 7 8 9 10 11 12

英文名｜ carolina desert-chicory, texas dandelion

　　菊科植物中頭花全由舌狀花組成的植物多具有乳汁，其中原產美洲地區蒲公英舅屬（*Pyrrhopappus*）具有蓮座狀基生葉、直立花莖、較大型的頭花、具5條明顯縱稜的瘦果、延長的喙與具微小疣突的冠毛，明顯與臺灣已知的相似類群不同。大蒲公英舅常見於美國東南部與西部海岸，在北臺灣歸化於全日照向陽草地，與兔仔菜、苦苣菜、黃鵪菜等相似的菊科成員共域生長。它的開花時間極為專一，僅於花季間上午 7 時至 9 時間開花，在原產地甚至有專一的傳粉者於特定時間替它傳粉；雖然在臺灣並未進行相關傳粉者的觀察，但是其結實率甚高，加上能用風力進行種實傳播，其在臺灣的族群動態值得持續觀察。

| 形態特徵 |

　　一年生或越年生蓮座狀草本，基生葉橢圓形至披針形，表面光滑或於上表面被大型疏生毛，基部漸狹，先端銳尖，邊緣齒緣至裂片，疏具長齒突，或裂葉，中肋明顯；花序葶狀，總苞外圍者披針形，先端銳尖至漸尖，帶紫色或否；頭花由 3 ～ 4 列舌狀花組成，開花時直徑 2.5 ～ 3 cm 寬，花冠黃色，先端齒緣；瘦果長梭狀，表面具突起，具 4 ～ 5 溝，先端具纖細長喙，冠毛直而不分叉，具纖細柔毛。

▲大蒲公英舅具有蓮座狀基生葉、直立花莖與較大型的頭花。

▶總苞內層苞片先端具突起，苞片於開花時平展。

◀瘦果表面具深溝紋，長喙平滑，冠毛多數且展開。

窄葉黃菀

Senecio inaequidens DC.

科名｜　菊科 Asteraceae（Compositae）　　　花期｜　1 2 3 4 5 6 7 8 9 10 11 12

英文名｜　burchell senecio, canary weed, molteno disease senecio, narrow-leaved ragwort

　　原產南非、歐洲、南美洲；在臺灣歸化於中海拔山區與平地綠地內。

　　臺灣產黃菀屬（*Senecio*）共 10 種及 1 變種，其中含 7 種特有種及 2 種歸化種。窄葉黃菀原產於非洲南部，後經引種並歸化於歐洲；以往窄葉黃菀歸化於臺灣中南部中海拔山區後，現已在諸多都會區荒地或草坪上可見。窄葉黃菀的葉片線形，葉緣具齒緣至淺裂，葉寬小於 1cm，在臺灣已紀錄的黃菀屬植物中，與中高海拔地區可見的歐洲黃菀最為相近，然而歐洲黃菀的頭狀花序全由管狀花組成，而窄葉黃菀的頭花內含管狀花與舌狀花，可以此區別。

| 形態特徵 |

　　莖基部木質，斜倚且具不定根後直立，高約 50 cm；葉互生，基生葉單葉，並於開花時枯萎，莖生葉線形，單葉偶裂葉，葉基抱莖或楔形，葉緣齒緣，葉尖銳尖，兩面光滑，具有中脈；頭花頂生或腋生聚繖花序，總苞圓筒狀，外圍苞片線形，表面光滑，先端具紫色，先端鈍；內層苞片長橢圓形，表面光滑，先端鈍且帶紫色；舌狀花雌性，冠毛白色，花冠黃色；管狀花兩性，花冠黃色。瘦果橢圓體，表面具 10 肋，肋上被毛，冠毛白色，具細微疣突。

▲葉片線形，葉緣具齒緣至淺裂。

相似種辨識

歐洲黃菀

▲生長於中海拔山區，莖生葉常為中裂，頭花僅具管狀花。

▲窄葉黃菀的頭花兼具管狀花與舌狀花。

123

豨薟

Sigesbeckia orientalis L.

科名	菊科 Asteraceae（Compositae）	花期	1 2 3 4 5 6 7 8 9 10 11 12

別名	苦草、豬屎菜、黏糊菜、蓮葉寄生、豨薟草

英文名	small yellow crown beard

　　豨薟分布於東南亞、印度至非洲、日本、中國大陸；在臺灣低海拔荒地廣布，由於豨薟總苞及瘦果先端具黏毛，於瘦果成熟時常黏附於動物及衣物表面，有助於其瘦果傳播。豨薟的葉形多變，從葉緣光滑至具齒緣皆有，不變的是它全株密被腺毛，二叉生長的枝條及黃色的頭花。

| 形態特徵 |

　　一年生直立草本，莖先端假二叉分支；莖生葉卵狀長橢圓形至三角狀卵形，先端短漸尖至銳尖，葉基截形、楔形至漸狹成葉柄上翼，邊緣不規則鈍齒緣，3 出脈；上部葉片漸窄小；頭花由 5 枚舌狀花及多數管狀花組成；總苞苞片 5 枚，展開，具棍棒狀長柔腺毛；黃色舌狀花冠 5 枚，先端具凹陷，管狀花冠黃色；黑色瘦果彎曲，先端具黏質冠毛。

▲豨薟是都會偶見的小草本。

◀枝條常呈二叉生長，黃色的頭花外圍有 5 枚密被腺毛的苞片。

假吐金菊

Soliva anthemifolia（Juss.）R. Br. ex Less.

科名｜　菊科 Asteraceae（Compositae）

花期｜ 1 2 3 4 5 6 7 8 9 10 11 12

別名｜　芫荽草、鵝仔草、山芫荽

　　假吐金菊原產南美洲，已歸化臺灣平野至中海拔花圃、草地、荒地及耕地多年。臺灣隨處可見的假吐金菊，總是帶著精緻的羽狀裂葉，叢生在地表，讓人誤以為要抽出花莖，才會開出菊科的頭花。其實它的頭花約有 1 cm 寬，腋生於葉片基部，加上花冠為白色至淺綠色，不引人注目外，常被茂密的羽狀裂葉遮蔽，才會讓人忘記它的存在。

| 形態特徵 |

　　無明顯主莖，互生匙形葉片聚生成蓮座狀，兩面被白色柔軟長柔毛，不規則二至三回羽裂，裂片先端銳尖，基部截形，不規則齒裂，葉柄基部漸寬；頭花無柄，腋生於基部節上，全由管狀花組成；總苞半圓形，總苞苞片覆瓦狀排列；邊花多數，無花冠與雄蕊；白色心花花冠先端 3 裂；黃褐色瘦果楔形，花柱宿存成一長矛狀突起。

▲開花時頭花較小，可見黃色的雄蕊；結實後有如貓咪玩耍的毛線球般，可見瘦果頂端細長的芒突。

▲假吐金菊的葉片二至三回羽裂，環簇中央精緻的綠色頭花。

翅果假吐金菊

Soliva pterosperma（Juss.）Less.

外來種

科名 | 菊科 Asteraceae（Compositae）　　花期 | 1 2 3 4 5 6 7 8 9 10 11 12

英文名 | field burrweed

　　翅果假吐金菊原產南美洲，現已廣泛歸化臺灣北部大學院校校園及公園；此一草本瘦果具尖硬刺突，對喜歡在草地上野餐、遊戲的民眾來說，它會刺穿衣物、布料等，因此被視為草地上的害草。然而這也是它們的生存之道，當動物或人們痛得把它的瘦果拔下，用力丟回草地上時，就達成了它傳播子孫的目的。翅果假吐金菊的植株較小，頭花腋生於斜倚莖上，單生於葉片基部，頭花較小，瘦果先端尖突較硬，邊緣具寬大的翼狀突起 2 對；與植株較大，頭花腋生，簇生於葉片基部，頭花較為寬大，瘦果先端長矛狀突較軟，瘦果邊緣無寬大翼狀突起的假吐金菊不同。

| 形態特徵 |

　　小型一年生草本，莖斜生多斜倚分支，分支表面被長柔毛；葉互生，三回羽裂至複葉，兩面被長柔毛，葉柄於近頭花處漸寬；頭花無柄，單生於莖上葉腋，全由管狀花組成；總苞半圓形，總苞苞片 2 列，邊緣具纖毛；邊花與心花花冠綠色；瘦果兩側具薄翼，具大型裂片及小型裂片各一對；花柱於結果時硬化，宿存成刺狀。

▲翅果假吐金菊的頭花隱身於羽狀裂葉叢中。

鬼苦苣菜

Sonchus asper（L.）Hill

科名｜　菊科 Asteraceae（Compositae）

英文名｜　spiny sowthistle

花期｜ 1 2 3 4 5 6 7 8 9 10 11 12

　　鬼苦苣菜為一原產歐洲的廣布種，歸化於臺灣中海拔荒地、北部平野及都會區；本屬臺灣分布有3種，其中苦苣菜（*Sonchus arvensis*）的總苞表面具頂端膨大的頭狀毛，而鬼苦苣菜與苦滇菜的總苞表面光滑或被肉質疣毛，可與鬼苦苣菜及苦滇菜相區隔。鬼苦苣菜的莖葉具光澤，葉緣具硬質且扎人的小尖突齒緣，頭花於花序分支上排列成錐狀，可與苦滇菜相區分。

形態特徵

　　一年生或越年生草本，直立莖粗壯，表面光滑具光澤；基生葉多少具翼柄，莖生葉無柄，基部莖生葉片倒卵形至倒披針形，或裂片三角形的羽狀裂葉，葉基耳狀抱莖，耳突具硬質小尖突齒緣，莖上部葉片卵形至披針形；頭花全由舌狀花組成，成角錐狀排列於花序分支上，組成疏鬆聚繖花序；舌狀花黃色，外圍者花冠基部帶紫色。

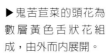

▶鬼苦苣菜的頭花為數層黃色舌狀花組成，由外而內展開。

▲葉基心形抱莖外，葉片邊緣明顯的棘刺令人生畏，故曰「鬼苦苣菜」。

▶鬼苦苣菜的基生葉倒披針形，簇生成蓮座狀。

127

苦滇菜
Sonchus oleraceus L.

科名｜ 菊科 Asteraceae（Compositae）

別名｜ 苦菜、滇苦菜

英文名｜ common sowthistle

花期｜ 1 2 3 4 5 6 7 8 9 10 11 12

　　苦滇菜分布於歐亞大陸，在臺灣中、低海拔及平野荒地或路旁常見；苦滇菜又名苦菜，為苦苣菜屬（*Sonchus*）的成員，植株及葉片具黯淡的光澤，葉多呈齒裂或羽裂，葉緣雖有鋸齒緣，卻柔軟而不刺人，頭花排列成繖形或聚繖狀，同屬成員除了鬼苦苣菜之外，尚有全臺淺山可見的苦苣菜（*S. arvensis*），苦苣菜的莖生葉呈線狀長橢圓形，不具裂片，加上頭花表面具有先端膨大的直毛多數，不易混淆。藉由葉片與頭花的特徵，我們可以輕易地區分苦滇菜與同屬的苦苣菜及鬼苦苣菜。

｜形態特徵｜

　　一年生至越年生，莖常分支，基部莖生葉葉柄具翼，羽裂或深裂，裂片長橢圓形至三角形，3 至 4 對，不規則齒緣；中段葉片葉基耳狀抱莖，耳突銳尖或分裂，裂片 2 或 3 對，不規則齒裂；頭花基部較先端寬大，排列成繖形或聚繖狀，全由黃色舌狀花組成；瘦果窄長橢圓形，白色冠毛纖細。

▲苦滇菜的莖生葉多抱莖，葉片較為柔軟，頭花總苞表面較光滑。

▲頭花全由多圈的黃色舌狀花組成。

▲苦滇菜的總苞苞片疏
被肉質疣突或腺毛。

▲苦滇菜的葉形多變，全緣至羽狀裂葉兼具。

苦苣菜　　莖生葉呈線狀長橢圓形，不具裂片；
頭花表面具先端膨大的直毛多數。

▲苦苣菜的頭花總苞表面密被頂端膨大的
直毛，與苦滇菜不同。

▲苦苣菜是臺灣淺山地區常見的野花。

外來種

南美蟛蜞菊

Sphagneticola trilobata（L.）Pruski

科名｜ 菊科 Asteraceae（Compositae）　　**花期｜** 1 2 3 4 5 6 7 8 9 10 11 12

別名｜ 三裂葉蟛蜞菊、穿地龍、地錦花、田黃菊、路邊菊、馬蘭草、龍舌草、鹿舌草、滷地菊、黃花曲草、黃花墨菜、維多利亞菊、美洲蟛蜞菊　　**英文名｜** wedelia

　　南美蟛蜞菊原產新世界熱帶地區，在許多國家廣泛栽培為地被並逸出；在臺灣都會區及遊樂區、道路旁邊坡為常見栽培地被植物，且已廣泛歸化於海濱至低海拔路旁斜坡。臺灣原產不少名稱內帶有「蟛蜞菊」的植物，像是海邊常見的大型蔓藤如雙花蟛蜞菊，小型平鋪草本如蟛蜞菊等，但作為地被及護坡之用，功效都不若外來種南美蟛蜞菊合適，畢竟它匍匐的莖及大而厚的葉片極能克服酷熱、乾燥的都會路旁，讓有它生長的地方，總是鋪滿成片綠意，點綴著黃色頭花。

｜形態特徵｜

　　多年生匍匐草本，莖粗壯，表面光滑或被毛；葉對生，橢圓形至披針形，具三角形裂片與明顯鋸齒緣，表面光滑或疏被毛，偶被糙毛；頭花單生於延長花梗頂端；總苞綠色，總苞苞片披針形，邊緣具纖毛，明顯具脈紋；黃色舌狀花花冠先端具 3～4 枚齒裂；管狀花黃色；瘦果先端鱗片狀冠毛癒合成冠狀。

▲葉片兩側常有 2 枚裂片，又名「三裂葉蟛蜞菊」。

◀南美蟛蜞菊的頭花外圍一輪鮮明的舌狀花，包圍中央微小的管狀花。

相似種辨識

蟛蜞菊

葉長橢圓形至線形，單葉，全緣，葉基鈍。

▲蟛蜞菊為疏生的蔓性匍匐草本，葉片線狀披針形。

雙花蟛蜞菊

葉卵至心形，單葉，葉緣鋸齒緣，葉基截形至心形。

▲雙花蟛蜞菊為大型的蔓性草本，常見於海濱地區。

天蓬草舅

葉卵形至橢圓形，單葉，葉緣鋸齒緣，葉基鈍。

▶天蓬草舅是海濱沙質地的矮小菊科植物，葉片厚而具光澤。

菊科

澤掃帚菊

Symphyotrichum subulatum（Michx.）G.L. Nesom

科名｜ 菊科 Asteraceae（Compositae）　　花期｜ 1 2 3 4 5 6 7 8 9 10 11 12

別名｜ 帚馬蘭

英文名｜ annual saltmarsh aster, eastern annual saltmarsh aster

　　原產夏威夷，臺灣全島平地或荒地可見。在自然狀況下，澤掃帚菊生長在河床或溼地、水田旁的潮溼向陽環境，植株高度與大小多變，直到開花時會長出開展的圓錐狀花序；隨著都會公園的草皮鋪設、植栽移植或基質搬運，加上都會區公園內往往會有充足的水分供應、日照充足，因此澤掃帚菊也能在都市中順利開花結果。都會中的澤掃帚菊往往植株較小，能夠盡早結出具有冠毛的瘦果，隨著風力直接或間接傳播到周邊。

| 形態特徵 |

　　一年生直立光滑草本，偶越年生，具主根，莖圓柱狀，高 30 ～ 120 cm；葉灰綠色，線形至披針形，寬0.8～2.5 cm，葉片中段最寬，葉片全數近等寬，葉全緣。頭花排列成稀疏總狀花序，簇生或單生於斜生分支或小分支，組成大型圓錐花序；總苞近圓柱狀，總苞 4 ～ 5 列，苞片線狀披針形至楔形，先端銳尖，內層苞片漸長，草質；邊花雌性，花冠白色或淺紫色，心花黃色。瘦果圓柱狀，疏被倒伏短毛，淺褐色，冠毛柔而細。

▲葉片窄長而全緣，全株光滑。

◀常見於潮溼的河床或休耕水田，以及都會草坪或河濱公園內。

▲頭花邊花白色或淺紫色，心花黃色。

◀瘦果淺褐色且先端具細柔冠毛。

金腰箭

Synedrella nodiflora（L.）Gaert.

科名｜ 菊科 Asteraceae（Compositae）　花期｜ 1 2 3 4 5 6 7 8 9 10 11 12

別名｜ 墨點歸、節節菊、萬花鬼菊、苞殼菊

英文名｜ cinderella weed

　　金腰箭為熱帶低地常見雜草；臺灣全島廣布，但較常見於南部地區，亦為都會公園綠地常見的野花。金腰箭頭花與金腰箭舅相似，但植株直立、雄蕊為聚藥雄蕊、舌狀花與管狀花瘦果異型，舌狀花瘦果倒披針形，先端具 2 長芒突，瘦果邊緣無翼及疣突，管狀花瘦果橢圓形，先端具 2 枚長疣突，邊緣具翼及疣突，與金腰箭舅不同。

▶ 金腰箭是中南部都會極為常見的直立野花，近日已擴張至新竹一帶。

| 形態特徵 |

　　金腰箭為熱帶低地常見雜草；臺灣全島廣布，但較常見於南部地區，亦為都會公園綠地常見的野花。金腰箭頭花與金腰箭舅相似，但植株直立、雄蕊為聚藥雄蕊、舌狀花與管狀花瘦果異型，舌狀花瘦果倒披針形，先端具 2 長芒突，瘦果邊緣無翼及疣突，管狀花瘦果橢圓形，先端具 2 枚長疣突，邊緣具翼及疣突，與金腰箭舅不同。

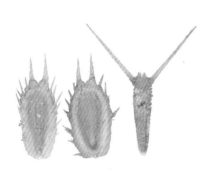

▲ 金腰箭具有二型瘦果，得用放大鏡才能一探究竟。

▲ 黃色的頭花簇生於葉腋，隨著枝條的延長，瘦果也日漸成熟。

133

西洋蒲公英

Taraxacum officinale Weber in Wiggers

外來種

科名｜ 菊科 Asteraceae（Compositae）　花期｜ 1 2 3 4 5 6 7 8 9 10 11 12

別名｜ 蒲公英、蒲公草、藥用蒲公英、食用蒲公英

英文名｜ common dandelion

　　原產歐亞大陸，現為全球溫帶地區雜草。本種首見於臺北市路旁及安全島，現已廣泛分布於北部都會區及中南部中海拔山區；在北部，本種偶與原生種同屬植物臺灣蒲公英（*T. formosanum*）混生，然而臺灣蒲公英的總苞先端外表具明顯卵形隆突，而西洋蒲公英的總苞先端外表無角突，且先端具一歪斜小尖頭，可供區隔。西洋蒲公英具有無融合生殖的能力，故在鄰近的日本，西洋蒲公英與日本當地特有種蒲公英屬植物有間滲雜交的現象，使日本特有種的遺傳組成逐漸流失；臺灣雖然缺乏這一部分的研究，但是在戶外，有越來越多西洋蒲公英與臺灣蒲公英的中間型，因此臺灣是否也有這樣的雜交現象，有待進一步研究。

| 形態特徵 |

　　葉叢生於粗壯地下直立莖先端，倒披針形，多少向下鋸齒羽裂，頂生裂片常較大；頭花單生，全由舌狀花組成；總苞內層苞片起初直立，結實時反捲，成熟瘦果及冠毛展開形成顯眼圓球狀；黃色舌狀花兩性，先端截形，5 裂；瘦果淺褐色或草色，先端或偶於基部多刺突，具長喙，約 2.5 ～ 4 倍瘦果長。

◀西洋蒲公英的頭花由多輪黃色舌狀花組成，單生於粗短直立根莖先端。

▲西洋蒲公英毛茸茸的結實果序，令人印象深刻。

▲西洋蒲公英外層總苞苞片於開花時反捲，先端平坦無隆起。

▲風一吹，半數頂著冠毛的瘦果隨風而逝。

相似種辨識

臺灣蒲公英　頭花總苞近先端外側具卵形隆突，先端鈍；瘦果成熟時總苞展開。

▲臺灣蒲公英的外觀與西洋蒲公英極為相似。

▲臺灣蒲公英外層總苞苞片於開花時平直，先端明顯具卵形隆突。

135

金毛菊

Thymophylla tenuiloba（DC）Small

外來種

科名｜　菊科 Asteraceae（Compositae）　　花期｜ 1 2 3 4 5 6 7 8 9 10 11 12

英文名｜　bristleleaf pricklyleaf, dahlberg daisy, golden fleece, shooting star, small bristleleaf pricklyleaf

　　菊科孔雀菊族成員以墨西哥為中心廣布於全球，其葉片具有亮油室（pellucid gland），雖然若干簇生與複合式頭花排列亦存在，多數成員具有單生的具總梗頭花，頭花皆為盤狀或輻射狀，且花冠常為黃色或橘色。金毛菊為臺灣新紀錄屬的歸化種，原產美國南部與墨西哥北部，引進西印度群島、亞洲與非洲。由於本種被引進為觀賞植栽，常被栽植於都市公園與私人花園中，種子易受風傳播而逸出，便於臺灣中南部向陽開闊地或荒地自生。

| 形態特徵 |

　　一年生草本，莖斜倚至直立，高約 30 cm，全株具有橘色油腺，具香味；葉單生，互生，櫛齒狀；頭花頂生，苞片多數，披針形，總苞單列倒錐狀，表面光滑；舌狀花雌性，花冠黃色，花柱二叉；管狀花兩性，黃色，子房深褐色，長 3 ～ 4 mm，表面被毛；瘦果深褐色，表面被毛。

▲瘦果先端平截且具冠毛多數。

◀為臺灣中南部栽培後逸出的歸化植物，極具觀賞價值。

長柄菊

Tridax procumbens L.

科名 | 菊科 Asteraceae （Compositae）

花期 | 1 2 3 4 5 6 7 8 9 10 11 12

別名 | 金再鉤、燈籠草、肺炎草、羽芒菊、衣扣菊、翠達草、頂天草

英文名 | coatbuttons

　　長柄菊原產熱帶美洲，大量歸化並常見於臺灣中、南部低地，近年來已於北部現蹤，特別是向陽開闊且乾燥路旁、荒地或草地。長柄菊的葉片對生於植株基部，莖頂抽出長長的花梗，頂端開出一朵黃色頭花，因此稱為「長柄菊」。不僅如此，結果時瘦果與托片聚成圓球狀，一陣風吹起，花梗迎風搖曳，也讓頂端具有冠毛的瘦果吹落，另一段新生命將萌芽、茁壯。

| 形態特徵 |

　　多年生斜倚草本，具延長且柔軟莖，基部分支；葉具短柄，卵形至卵狀披針形，先端銳尖至漸尖，邊緣不規則深鋸齒，鋸齒對稱排列；頭花單生，由舌狀花及管狀花組成；總苞近鐘形，總苞苞片被剛毛；白色或淺黃色舌狀花 4～5 枚，先端常 2 裂；管狀花黃色；長橢圓形瘦果褐色，冠毛羽狀。

▲頭花具有淺黃色舌狀花 5 枚。

▲長柄菊的總花梗甚長，從茂密的匍匐葉叢中挺出。

一枝香

Vernonia cinerea（L.）Less.

| 科名 | 菊科 Asteraceae（Compositae） | 花期 | 1 2 3 4 5 6 7 8 9 10 11 12 |

別名 | 生枝香、假鹹蝦、紫野菊、傷寒草、四時春、夜仔草

英文名 | sahadevi

　　一枝香原產熱帶亞洲；臺灣全島路旁、花園及草地常見雜草。若說紫紅色的頭花像是點燃的線香般閃爍著點點火光，那它聚集成聚繖花序的植株，應該改稱為「一把香」比較貼切。一枝香常見於中北部平地至山區，在都會草地的個體比較矮小，生長在淺山區的個體能抽長到 1 m 高，植株外觀與葉形變化極大。

| 形態特徵 |

　　多年生直立草本，莖表面被灰毛，先端多分支；基部莖生葉卵狀菱形至卵形，先端銳尖至鈍，葉柄常具翼，上部葉片漸小；聚繖或圓錐花序頂生，頭花具短花梗，全由紅紫色管狀花組成；鐘形總苞表面被毛及腺點；管狀花紫色；瘦果圓柱狀，表面密被短剛毛與腺點；冠毛白色，宿存。

▲ 偶爾可見的簇葉病個體。

▲瘦果先端具冠毛，藉由風力吹拂協助傳播。

◀一枝香的花莖頂端分支成聚繖狀，頭花有如點燃的香火。

黃鵪菜

Youngia japonica（L.）DC.

科名 | 菊科 Asteraceae（Compositae）　　花期 | 1 2 3 4 5 6 7 8 9 10 11 12

別名 | 山根龍、罩壁黃、黃瓜菜、山菠薐

英文名 | oriental false hawksbeard

　　黃鵪菜廣布於東南亞至澳洲；臺灣路旁、荒地及農田常見，算是相當易見的野草，也是許多園藝工作者頭痛的雜草。黃鵪菜的頭花全由黃色舌狀花組成，全株具有白色乳汁，但是瘦果先端不具延長的喙，可與都市常見、同樣開出黃色舌狀花的兔兒菜、鵝仔草、西洋蒲公英等物種相區隔。黃鵪菜的頭花綻放時，頭花直徑變化極大，寬度自 0.7 ～ 1 cm 都有。

| 形態特徵 |

　　越年生被毛直立草本，基生葉蓮座狀，葉片倒披針形，先端銳尖，葉基常為琴狀羽裂，三角狀卵形，先端常圓，側裂片漸小；頭花全由舌狀花組成，聚生成頂生聚繖狀圓錐花序；總苞外圍苞片卵形，內層者披針形，先端鈍；黃色舌狀花 17 ～ 19 枚；褐色瘦果長橢圓形，白色冠毛宿存。

▶ 頭花僅由一圈黃色舌狀花組成。

◀瘦果先端無延長的喙，被有單純不分叉的冠毛。

▲ 黃鵪菜的花莖自葉叢中伸出，開出朵朵鮮黃的頭花。

非洲鳳仙花

Impatiens walleriana Hook. f.

科名	鳳仙花科 Balsaminaceae

花期｜ 1 2 3 4 5 6 7 8 9 10 11 12

別名	矮鳳仙、指甲花、勿碰我

英文名	african touch-me-not、garden balsam

　　鳳仙花科植物的花朵基部多具有長距，能讓眾多訪花者中「口器長度適合」的昆蟲順利吸取花蜜，藉以讓少量的訪花者成為漸趨專一的傳粉者；非洲鳳仙花的合生雄蕊完全包覆雌蕊，直到雌蕊成熟後，便把雄蕊頂落，除了避免雄先熟的它發生自花授粉外，也降低了專一傳粉者沾附並傳遞花粉至雌蕊柱頭的困難度，使其結實率居高不下。雖然，專一的傳粉關係也增加了意外發生的風險，一旦傳粉者突然滅絕，仰賴異花授粉的物種便容易因此無法結實，不過從非洲鳳仙花在臺灣潮溼環境下廣泛分布的情形可見，其在這片土地上與傳粉者互利共生的關係極為多元而穩固。非洲鳳仙花的蒴果受到外力後，會以膨壓改變而投射的方式傳播種子，因此在許多磚牆縫隙、牆角或是都會郊山潮溼處，都能見到非洲鳳仙花的蹤影。

| 形態特徵 |

　　多年生宿根性草本植物，高 20～80 cm。葉序互生，單葉羽狀脈，葉片廣橢圓形或卵狀披針形，紙質，先端尖銳，葉基鈍，葉緣鈍齒緣。花頂生或腋生，萼片 3 枚，花瓣 5 枚，偶見重瓣者，裂片偶具波狀緣，花色多為紅、桃紅、粉紅、橘或白色，基部具長距；雄蕊癒合成筒狀，花藥頂生，早落；雌蕊子房上位，表面光滑；蒴果果皮厚，翠綠色，橢圓形，先端銳尖。

▲非洲鳳仙花的合生雄蕊完全包覆雌蕊（右），直到雌蕊成熟後，便把雄蕊頂落（左）。

▲廣泛分布於臺灣的潮溼環境內，包括都會區的林蔭內。

▲偶見雄蕊瓣化後出現的重瓣栽培品種。

◀蒴果成熟時果梗延長，果皮飽滿富含水分。

洋落葵

Anredera cordifolia（Tenore）van Steenis

科名｜ 落葵科 Basellaceae	**花期｜** 1 2 3 4 5 6 7 **8 9 10 11** 12

別名｜ 川七、落葵薯、馬德拉藤、藤三七

英文名｜ madeira-vine, mignonette vine

　　原產熱帶美洲，現已廣泛栽培於世界各地並逸出；臺灣各地栽培並偶見逸出。洋落葵為許多傳統民宅周邊栽培的農作物之一，主要採摘其肉質葉片及嫩莖食用；隨著節上旺盛生長、能行營養繁殖的珠芽時常混入介質中，藉由二次傳播而傳入都會區內民宅周邊與公園綠地，成為都會區中極為強勢的蔓生藤本。如果忽略極具侵略性的生長勢，它開花時成串的白色花序倒也算是自然界的裝置藝術，彷彿風吹過巷弄的印記。

｜形態特徵｜

　　纏勒性藤本，表面光滑，節上具多數珠芽；葉卵形或偶披針形，先端漸尖，葉基心形，葉緣波狀；總狀花序單一或偶 2～4 枚分支呈圓錐花序狀；外圍花被片淺綠色，橢圓形至圓形，內輪花被片白色，卵狀長橢圓形；雄蕊 5 枚，與花被片對生；雌蕊柱頭二叉。

▲雄蕊與外圍的 2 輪花被片相對生長，柱頭先端二叉。

▲總狀花序單一或偶 2～4 枚分支呈圓錐花序狀。

▲強勢的生長與覆蓋，讓洋落葵開花時常為成片的白色花序。

▲藤蔓上可見明顯的珠芽，為營養繁殖的關鍵。

落葵

Basella alba L.

外來種

科名 | 落葵科 Basellaceae

花期 | 1 2 3 **4** 5 6 7 8 9 **10** 11 12

別名 | 皇宮菜、紫角葉、胭脂菜、蠶菜、木耳菜、天葵、牛皮凍、蟳公菜、蟳管菜、蟳菜、軟筋菜、藤菜、藤葵、非洲菠菜、繁露、龍宮菜

英文名 | ceylon spinach, climbing spinach, malabar spinach, malibar spinach

　　泛熱帶分布，臺灣全島低海拔可見。落葵是臺灣各地常見的栽培作物，在許多都會農園中可見栽培。落葵葉片烹煮後產生的滑膩口感，不見得所有人都能接受，但若是栽培作為營造都會農園景觀的爬藤植栽，除了能夠欣賞它寬大而肥厚的葉片之外，還能觀察它開著紫色與白色的成串花序，只是它的花朵不像洋落葵那樣開展，而是緊緊嵌合成壺狀，好在落葵為自花可稔的物種，因此即便花形特殊仍能順利結實。

| 形態特徵 |

　　莖長達 6 m 以上，葉卵形，先端銳尖、漸尖或鈍，葉基楔形至心形，葉柄 1 ～ 3 cm 長；穗狀花序單一，外圍花被片綠白色，橢圓形，內層花被片基部色淺，先端紫色，癒合成壺狀；果完全包覆於宿存花被片中，成熟後變為黑色，球形。

▲紫色與白色的成串花序可見緊緊嵌合成壺狀的花朵。

▲宿存的花被片在結實時會轉為黑色。

巴西秋海棠

Begonia hirtella Link

外來種

科名	秋海棠科 Begoniaceae
別名	短毛秋海棠
英文名	brazilian begonia

花期 | 1 2 3 **4 5 6 7 8 9 10 11** 12

　　原產南美洲，現已歸化於印度、夏威夷、美國，以及臺灣中北部都會區與西部低海拔淺山。巴西秋海棠剛出現在臺灣時，主要出現在都會區內的盆栽、花房牆角等較為潮溼的區域。根據世界級秋海棠科分類專家　彭鏡毅老師的說法，巴西秋海棠的雄花位置略高於雌花，因此雄花花藥釋出花粉時，容易受到重力而直接落到下方雌花的柱頭上，導致本種的結實率極高，可以產生大量可稔的微小種子，加上盆栽與介質的運輸頻繁，因此極有可能在臺灣具有入侵性。秋海棠科植物極為容易發生雜交現象，逐漸往淺山潮溼區域蔓延的巴西秋海棠，極有可能與臺灣原生的秋海棠種類發生雜交。

| 形態特徵 |

　　多年生草本，莖直立，節膨大，幼時被柔毛後漸無毛；單葉互生，卵形，葉基歪斜且帶紅點，先端鈍或銳尖，鋸齒緣且具緣毛，葉兩面被絨毛，掌狀脈，托葉卵形至卵狀披針形，約5脈，邊緣具纖毛，葉柄表面被長毛；聚繖狀花序腋生，苞片橢圓形，具緣毛；單性花白色，雄花兩側對稱或否，花瓣3～4枚，雄蕊多數，雌花輻射對稱，花瓣5枚，橢圓形；蒴果具3翼，褐色，種子多數。

▲雌花位於雄花下方，極易接到上方雄花散出的花粉。

▲棍棒狀的雄蕊聚生在柱狀的花托上。

◀結實率極高，生長在都會區的潮溼區域。

薺

Capsella bursa-pastoris（L.）Medic.

科名｜ 十字花科 Brassicaceae（Cruciferae） 花期｜ 1 2 3 4 5 6 7 8 9 10 11 12

別名｜ 地米菜、只只菜、護生草

英文名｜ shepherd's purse

　　「薺」廣泛分布於歐洲、西伯利亞、蒙古、韓國、日本及中國大陸；不僅春天時在臺灣全島都市內平地、荒地、花園及路旁可見，在中海拔的休耕田地中，也能看到較為高大的個體，抽出長長的總狀花序。薺的果實為心形短角果，成熟開裂時會從先端凹陷處裂成兩瓣，露出中央的隔板；可別為薺的心形短角果成熟，生命將劃下句點而心碎，角果的開裂能讓裡頭橢圓形的種子散出，繼續在每年春天抽出長長的白色花序，生生不息。

| 形態特徵 |

　　一年生直立草本，莖表面被毛；莖具分支；基生葉叢生，具葉柄，一回羽狀裂葉至一回羽狀複葉，具互生不等大裂片；莖生葉披針形，葉基耳狀箭形抱莖，邊緣一回齒裂；總狀花序著生許多白色花；花萼 4 枚，長橢圓形，白色花瓣倒卵形；短角果倒三角形，兩側壓扁，先端凹陷，中央具尖頭；種子橢圓形。

▲基生葉由多枚琴狀裂葉排列成蓮座狀。

▲每年春天，薺的總狀花序與心形短角果就準時地向時令報到。

焊菜

Cardamine flexuosa With.

科名｜ 十字花科 Brassicaceae（Cruciferae） 花期｜ 1 2 3 4 5 6 7 8 9 10 11 12

別名｜ 細葉碎米薺、田芥、碎米菜、小葉碎米薺、野芹菜

英文名｜ wavy bittercress

　　焊菜又稱「細葉碎米薺」，廣布於北半球溫帶地區；為臺灣全島海濱至高海拔常見雜草；焊菜的外觀變化頗大，葉形多變，生長於潮溼地時會長出不定根，為廣義的水生植物；焊菜的果為長角果，成熟時會自頂端開裂，露出裡面成排的褐色種子。

| 形態特徵 |

　　一年生或二年生草本，莖具分支，常於基部被展開長柔毛；基生葉琴狀裂葉，卵形至廣卵形，具 7 ～ 10 裂片，常全緣，頂生小葉稍大，基部具葉柄；莖生葉披針形，偶具齒緣或尖齒緣，無柄；總狀花序具 10 ～ 20 朵白色花，花瓣楔狀倒卵形，約花萼 2 倍長；長角果線形，直立，表面光滑。

▶ 花序剛抽出時，便開出白色的十字花。

▲初生的焊菜葉形為卵圓形，與開花時的羽裂葉片迥異。

▲焊菜偏好較為潮溼或偶爾積水的草坪生長，結出成串的長角果。

臭濱芥

Coronopus didymus（L.）Smith

科名｜ 十字花科 Brassicaceae（Cruciferae） 花期｜ 1 2 3 4 5 6 7 8 9 10 11 12

別名｜ 臭薺、腎果薺

英文名｜ lesser swinecress

　　臭濱芥原產歐亞大陸，於 1973 年首次報導，紀錄於臺灣海濱，現已廣泛歸化全島花園、草坪、路旁荒地或海濱砂質地。臭濱芥有強烈臭味，具匍匐而長分支的莖，表面被毛，羽狀裂葉，短角果圓球形。臭濱芥的短角果為圓形至橢圓形，每一果瓣開裂後各具種子 1 枚，與同為短角果，但先端凹陷而成心形，內含多枚種子的薺不同。

| 形態特徵 |

　　一年生斜生至匍匐草本，具強烈氣味；莖多分支，表面被長柔毛；一回羽狀裂葉、二回羽狀裂葉或複葉互生，裂片窄長橢圓形或倒披針形，基生葉蓮座狀，莖生葉無柄或近無柄；總狀花序腋生，結果時延長至 8 cm 長；橢圓形花萼 4 枚；白色花瓣微小或闕如；短角果橢圓形，果瓣近圓形至橢圓形，表面具網紋；褐色種子扁橢圓形。

▲果序頂生於分支先端。

▶臭濱芥春天時平鋪於河濱開闊草坪。

獨行菜

Lepidium virginicum L.

科名｜ 十字花科 Brassicaceae（Cruciferae） 花期｜ 1 2 3 4 5 6 7 8 9 10 11 12

別名｜ 北美獨行菜、小團扇薺

英文名｜ virginia pepperweed

　　獨行菜原產北美洲，現已歸化全球多處；首次於 1976 年紀錄於臺灣，現已廣布於全島低海拔干擾地、路旁、田野、停車場、鐵道及荒地。獨行菜具有直立多分支的莖、基生蓮座狀而深裂的葉片，頂生總狀花序具白色花，及扁圓形、邊緣具翼、先端微凹的角果；由於圓形的角果有如一把把團扇般，排列在頂生的果序上，又被稱為「小團扇薺」。在臺灣中南部濱海地區，另有歸化一原產南美洲的「南美獨行菜（*L. bonartense*）」，其莖生葉與基生蓮座葉相同，為一至三回羽狀裂葉，可與莖生葉為單葉、植株較矮小的獨行菜相區隔。

| 形態特徵 |

　　一年生直立草本，莖基部多少木質化；基生葉蓮座狀，倒卵形，具長葉柄，琴狀羽裂；莖生葉單葉互生，橢圓形或窄披針形，邊緣齒緣或羽裂；頂生總狀花序，結果時延長；花萼4枚；白色花瓣4枚，倒卵形；角果圓形，壓扁狀，微具翼，先端淺凹；褐色種子卵形，表面具疣突。

▶每一枚短角果內含種子2枚，成串的果序不知帶來多少新生命。

▲花序邊開花邊結果，結成團扇般的短角果。

相
似
種
辨
識

南美獨行菜

莖生葉一至二回羽狀裂葉。

▲南美獨行菜是大型的直立草本，有著二回的大型裂葉。

▲獨行菜自倒披針形的單葉叢中伸出花序。

廣東葶藶

Rorippa cantoniensis（Lour.）Ohwi

科名｜　十字花科 Brassicaceae（Cruciferae）　花期｜ 1 **2** 3 4 5 6 7 8 9 10 11 **12**

別名｜　風花菜

英文名｜　chinese yellowcress

　　廣東葶藶分布於中國大陸及日本；臺灣北部及東部公園潮溼地或水田梗可見。廣東葶藶的基生葉片基部具有許多小裂片，頂端有一枚較大的頂裂片，整片葉子有如一把提琴或吉他般，這種頂裂片明顯較基部裂片顯著的裂葉稱為「琴狀裂葉」；然而，廣東葶藶的莖生葉為單葉，邊緣僅有鋸齒，不若基生葉有明顯的裂片；加上它為臺灣產葶藶屬（*Rorippa*）植物中，唯一具有匍匐性、黃色花單生於葉腋的物種，在戶外極易辨識。

| 形態特徵 |

　　一年生或越年生匍匐至斜倚草本，莖光滑且具多數分支；基生葉斜生，邊緣不規則鋸齒緣，基部耳狀，半抱莖；莖生葉無柄，廣披針形，邊緣齒緣；花近無柄，單生於葉腋，花萼長橢圓形，黃色花瓣倒披針形；角果短柱狀，種子微小。

▲從隆冬到春末，廣東葶藶斜生於北部都會區的草地上。

◀莖生葉具齒緣，黃色的花朵就著生於葉腋。

小葶藶

Rorippa dubia（Pers.）Hara

科名｜ 十字花科 Brassicaceae（Cruciferae） 花期｜ 1 2 3 4 5 6 7 8 9 10 11 12

小葶藶分布於日本與臺灣，在臺灣北部、東部平野及中、低海拔地區，可見於草坪、路旁牆角或人行道縫隙中，小葶藶的植物多少帶紫色，植物體具有淡淡的「芥茉」氣味。小葶藶的花不具花瓣，僅由花萼保護內含的雄蕊與雌蕊，不像其他同屬植物具有黃色花瓣，點綴它的總狀花序。

| 形態特徵 |

一年生直立或近直立草本，莖綠色偶帶紫色；基生葉倒卵形至倒披針形，先端鈍或銳尖，葉基漸狹，具1～3枚不規則羽裂片，葉柄多少帶翼；莖生葉較小且裂片較少；頂生或腋生總狀花序；花萼4枚，長橢圓形，綠色帶紫色；無花瓣；雄蕊四強現象不明顯；角果窄圓柱狀，成熟時為褐色。

▲小葶藶的果為纖細的長角果。

▲小葶藶的琴狀裂葉排列成蓮座狀。

▲沒有鮮豔的黃色花瓣，小葶藶只有略帶紫色的花萼。

151

葶藶

Rorippa indica（L.）Hiern

科名 | 十字花科 Brassicaceae（Cruciferae） 花期 | 1 2 3 4 5 6 7 8 9 10 11 12

別名 | 山芥菜、白骨山葛菜、風花菜、麥藍菜

英文名 | variableleaf yellowcress

　　葶藶分布於中國大陸、日本、琉球、臺灣、馬來西亞；為臺灣全島路旁潮溼地及草坪常見雜草。十字花科的花朵具有 4 枚花瓣，開花時如同十字般而得名，花瓣中央具雄蕊 6 枚及雌蕊 1 枚，其中 4 枚雄蕊較長，高人一等地超越另外 2 枚雄蕊，稱為「四強雄蕊」。許多粉蝶科的蝴蝶幼蟲以十字花科植物的葉片為食，在都會區常見的臺灣紋白蝶（*Pieris canidia*）及日本紋白蝶（*P. rapae* subsp. *crucivora*），牠們青色的幼蟲常躲在葶藶的葉背，肆無忌憚地啃著葉片大餐，等待化蛹、羽化，振翅飛翔。

| 形態特徵 |

　　多年生斜倚光滑草本，具短根莖；莖基部具分支；基生葉琴狀裂葉，長橢圓狀披針形，邊緣不規則鋸齒裂；莖生葉無柄，披針形；總狀花序基部多具分支，花具梗，花萼長橢圓形，黃色花瓣匙形；角果窄線形，微彎。

▲花序先端的花苞蓄勢待發，要開出黃色的十字花。

▲黃色的十字花授粉成功後結出長長的角果。

▲開黃花的葶藶是都會常見的十字花科植物。

荷蓮豆草

Drymaria diandra Bl.

科名｜　石竹科 Caryophyllaceae

花期｜ 1 2 3 4 5 6 7 8 9 10 11 12

別名｜　菁芳草、水藍青、對葉蓮、荷蘭豆草、豌豆草、荷乳豆草

　　分布於印度、中南半島、馬來西亞、中國大陸南部及西部、琉球、非洲及澳洲；臺灣全島低海拔至 1,500 公尺路旁或樹叢常見，常成片生長於草地上。它圓腎形的葉片，像極了涼拌沙拉常用食材 —— 豌豆（荷蘭豆）的小苗；除了北部公園或潮溼地可見外，它也常出現在果園或茶園的路旁潮溼地。近日於臺灣中北部尚歸化一種同屬植物：毛荷蓮豆草（*D. villosa*），其全株被纖毛，可輕易與全株光滑的荷蓮豆草區分。

｜形態特徵｜

　　多年生匍匐草本，莖綠色，於節處生根，具多數分支，分支纖細呈展開狀，表面光滑；葉圓形或腎圓形，先端圓至具小尖頭，基部鈍至圓形；托葉膜質，先端裂成多片白色裂片；花梗表面被腺毛；綠色花萼 5 枚，長橢圓形；倒披針形花瓣 5 枚，先端二叉；蒴果卵形，內含深褐色種子 4 ～ 5 枚，表面被疣突。

▲花朵小而不明顯，默默地在春天開放。

▲荷蓮豆草就像成片的豌豆苗般，帶著翠綠的廣卵形葉片。

相似種辨識

毛荷蓮豆草

全株明顯被纖毛。

▲全株被細毛的「毛荷蓮豆草」偶見於庭園中。

153

四葉多莢草

Polycarpon tetraphyllum（L.）L.

外來種

科名| 石竹科 Caryophyllaceae

花期| 1 2 3 **4 5 6** 7 8 9 10 11 12

英文名| fourleaf allseed, fourleaf manyseed

　　四葉多莢草為近期的新歸化種，其外型與繁縷屬（*Stellaria*）植物相似，但其外表近光滑，花萼表面具有明顯且粗糙的鋸齒狀脊，可供作鑑定之用。四葉多莢草原產於歐洲，且為多莢草屬（*Polycarpon*）模式種的植物。多莢草屬共有 9 ～ 15 種，全球廣布，本屬成員全球廣布，其中分布最廣者即為本種。四葉多莢草被報導為同株異花授粉與自花授粉可稔的種類，現已歸化於臺灣北部都會區路旁。

| 形態特徵 |

　　一年生草本，莖斜倚或直立，葉對生或 4 枚輪生，具葉柄，節上具托葉 2 枚，披針形或三角狀卵形，邊緣全緣，先端漸尖或具芒尖，葉片具單一主脈，匙狀、倒披針形、卵形或橢圓形，先端鈍，葉基漸狹，草質；二叉聚繖花序頂生；花萼綠色，卵形，明顯具脊，脊上粗糙，先端銳尖，具芒突，花瓣倒披針形至長橢圓形，常早凋；蒴果卵形至球形。種子卵形至透鏡形或三角形，兩側壓扁至具棱，表面具疣突。

▲現已歸化於臺灣北部平原路旁。

▲花萼表面具有明顯且粗糙的鋸齒狀脊。

▲花瓣短於花萼且為白色，內含 3 至 5 枚雄蕊。

▲葉序對生或 4 枚輪生，先端具有二叉聚繖花序。

匙葉麥瓶草

Silene gallica L.

科名｜ 石竹科 Caryophyllaceae

花期｜ 1 2 3 4 5 6 7 8 9 10 11 12

英文名｜ common catchfly, small-flowered catchfly, windmill pink

　　廣義的蠅子草屬包含約 700 種，廣布於北半球溫帶地區與非洲，絕大多數種類分布於歐亞大陸。匙葉麥瓶草全株密被腺毛、具有總狀的聚繖花序，花序具 5 ～ 13 朵花，花瓣先端全緣或淺齒緣、蒴果壺狀等特徵，與其他已知的臺灣產同屬植物不同。匙葉麥瓶草於南歐與西亞地區為雜草，歸化於北美、澳洲、日本與中國。在北臺灣分布於開闊農地與荒地。由於匙葉麥瓶草能產生大量的微小種子，可藉由風力短距離傳播，因此能於農地或荒地間立足。

| 形態特徵 |

　　一年生草本，直立至斜倚，表面密被黏毛，偶具膨大的節。葉對生，二叉，單葉，具葉鞘，無柄或近無柄，基部葉片匙形多少具葉柄，上部葉片長橢圓形、橢圓形或倒卵形，先端銳尖或具小尖頭，基部漸狹，葉兩面被腺毛。花序聚繖狀或總狀，具 5 ～ 13 朵花，疏生於單側，花梗與花序軸密被腺毛；花序基部苞片卵形至披針形，花萼卵狀鐘形，具 10 脈，稜上被腺毛與長柔毛。花瓣 5 枚，白色或粉紅色，先端二叉，裂片倒卵形，先端淺齒裂或全緣。蒴果壺狀，具逆生三角形齒突，被花萼包圍但於成熟後外露。

▲花萼表面被腺毛與長柔毛，花瓣先端全緣或淺齒緣。

▲夏季可見壺狀蒴果殘存在果序上。

▲全株密被腺毛、具有總狀的聚繖花序。

月神蠅子草

Silene nocturna L.

| 科名 | 石竹科 Caryophyllaceae | 花期 | 1 2 **3** **4** **5** 6 7 8 9 10 11 12 |

| 英文名 | mediterranean catchfly, night-flowering catchfly |

　　月神蠅子草為近期由古訓銘先生尋獲，持續追蹤後發現已歸化於臺灣北部聚落周邊的一年生矮小草本，它分布於北美洲、澳洲、西歐、南歐、西亞與北非，和其所屬的石竹科植物習性相似，都在還帶著幾分寒意的初春夜間偷偷開花。月神蠅子草除了在夜間開花外，還具有閉鎖花的特性，目前在臺灣尋獲的個體多屬於閉鎖花者，具有極高的結實率。

| 形態特徵 |

　　直立一年生草本，莖上具有直立或分叉腺毛，葉倒卵形或長橢圓狀橢圓形，表面被伏毛，葉緣具緣毛；總狀花序頂生，花梗表面被毛，偶具腺毛；花萼長 7.5 ～ 12 mm，表面被多細胞伏毛，脈綠色；花瓣二叉，粉紅色；蒴果，圓筒狀，常具 3 齒裂，齒裂先端二叉。

　　春季夜間開花。

▲臺灣的月神蠅子草僅發現閉鎖花，極易結實。

▲莖稈纖細且常呈倒臥狀，葉對生。

▲歸化於臺灣北部都會區周邊荒地與草坪。

天蓬草

Stellaria alsine Grimm. var. *undulata*（Thunb.）Ohwi

科名｜ 石竹科 Caryophyllaceae

花期｜ 1 2 3 4 5 6 7 8 9 10 11 12

英文名｜ bog chickweed

天蓬草廣泛分布於北半球溫帶地區，包括韓國、日本、中國大陸及琉球，為臺灣全島低海拔常見雜草。只不過它的植株矮小，得要彎下腰或趴在地上才能看到它小巧精緻的白花，具有 5 片先端凹刻的花瓣；結成種子時，一顆顆褐色種子藏在宿存的蒴果裂片中。

| 形態特徵 |

一年生或越年生草本，莖纖細，基部匍匐，先端斜倚；葉對生，線形至披針形，先端鈍至具小尖突，基部漸狹或抱莖，邊緣全緣，兩面光滑；花單生或呈腋生聚繖花序排列；花萼廣披針形至披針形，白色花瓣先端 2 裂，白色裂片披針形；蒴果橢圓形，與花萼等長，質薄，3 瓣裂，黑褐色種子腎圓形。

▶ 生長於開闊地的天蓬草植株嬌小。

▲天蓬草的植株大小與葉形多變。

▲天蓬草的蒴果開裂，乘著許多褐色種子。

157

鵝兒腸

Stellaria aquatica（L.）Scop.

科名	石竹科 Caryophyllaceae
別名	雞腸草、牛繁縷、雞腸仔菜
英文名	giant chickweed

花期 | 1 2 3 4 5 6 7 8 9 10 11 12

廣泛分布於北半球溫帶地區；為臺灣全島路旁及田間常見雜草。

| 形態特徵 |

多年生叢生草本，莖延長，基部斜倚，表面帶紫色，常被腺毛；莖基部葉具長葉柄，先端葉無柄，葉片卵形至廣卵形，先端銳尖至漸尖，基部心形或近心形；白色花單生於葉腋；花萼披針形，先端銳尖；花瓣深 2 裂至近基部；蒴果廣卵形，與花萼近等長；草褐色種子橢圓形，表面被乳突。

▶具有 5 枚二叉深裂的花瓣，讓人誤以為是 10 片細長花瓣的小白花。

▲鵝兒腸為都會花圃與鄉間常見的小野花。

▲二叉的枝條上有著成對的卵形葉片。

平伏莖白花菜

Cleome rutidosperma DC.

科名	山柑科 Capparidaceae	花期	1 2 3 4 5 6 7 8 9 10 11 12

別名 | 成功白花菜、皺果白花菜、皺子白花菜

英文名 | fringed spiderflower

　　平伏莖白花菜原產非洲及澳洲北部，於 1979 年由　郭長生教授首次紀錄於臺灣，現已廣泛歸化全島，尤其是南部荒地、干擾地、路旁、停車場等。此一草本具有三出複葉、橢圓形的小葉，具長花梗呈淺紫色的花單生於葉腋，及具長梗、線狀圓柱形的蒴果。平伏莖白花菜首次紀錄於臺灣時，是在國立成功大學的圍牆上尋獲，故起初命名為「成功白花菜」；由於本種的種子表面具有「油脂體」，能吸引螞蟻搬入蟻巢中取食，待油脂食用殆盡，便搬運至遠處丟棄，也為平伏莖白花菜散播種子，因此，平伏莖白花菜常在意想不到的地方萌芽、茁壯。由於平伏莖白花菜的蒴果表面具皺紋，又名「皺果白花菜、皺子白花菜」，由此可知每個物種的別名，反映了當時命名者所要傳達的印象及意含。在中南部全年開花的它，於北部則是 5 ～ 10 月間開花。

| 形態特徵 |

　　一年生或多年生斜倚至匍匐草本；莖具脊，表面疏被毛；三出複葉，小葉橢圓形，先端鈍、銳尖至漸尖，基部漸狹至楔形，頂小葉較側生者為大，葉表面光滑但葉背被毛；花單生於葉腋，花梗纖細，結實時延長，淺紫色花瓣 4 枚，窄橢圓形；蒴果線狀圓柱形，基部具長梗；黑褐色種子近圓形。

▲常見平伏莖白花菜伏生於中南部草坪或開闊地，偶見於北部都會。

▲平伏莖白花菜的花瓣淺紫色，具有 6 枚雄蕊與 1 枚雌蕊。

向天黃

Cleome viscosa L.

科名｜ 山柑科 Capparidaceae

英文名｜ asian spiderflower

花期｜ 1 2 3 4 5 6 7 8 9 10 11 12

　　向天黃廣泛分布於全球熱帶地區；在臺灣中南部海濱、都會區及平野常見。向天黃的葉片具有許多小葉，這些小葉排列成手掌般，稱為「掌狀複葉」。向天黃全年開出黃色的花朵，即使結果時依然挺起它綠色的蒴果指向天際，顯得朝氣蓬勃。根據分子親緣的證據，向天黃與平伏莖白花菜等物種建議自成白花菜科（Cleomaceae）。

| 形態特徵 |

　　一年生直立草本，全株表面被腺毛；葉具 3 ～ 5 披針形小葉；小葉先端鈍，基部楔形；黃色花排列成總狀花序，披針形花萼早落；窄長橢圓形黃色花瓣 4 枚；雄蕊花絲與雌蕊花柱基部癒合成「合蕊柱」；蒴果長橢圓形，開裂成二瓣，表面被長皺紋及腺毛；黑色種子圓形至腎形，具皺紋狀橫隔或疣突。

▲向天黃生長在中南部的乾燥路旁或荒地。

◀向天黃的黃色花瓣 4 枚，細長的果實高舉向天。

平原菟絲子

Cuscuta campestris Yunck.

科名	旋花科 Convolvulaceae
別名	無根草、豆虎、菟絲
英文名	european dodder

花期 | 1 2 3 4 5 6 7 8 9 10 11 12

　　平原菟絲子廣泛分布於歐洲、東亞及南亞至澳洲；臺灣全島低海拔地區可見。平原菟絲子全株不具行光合作用必備的「葉綠素」，而是一絲絲黃色的藤蔓，無法自行製造養分的它，藉由莖表面的吸器吸取其他植物的養分，為常見的寄生植物。有時可見到成叢的平原菟絲子彼此寄生的情況。雖然外觀與印象中的「牽牛花」迥異，花季後的確會結出牽牛花般的蒴果，是不折不扣的「旋花科」植物。除了平原菟絲子外，近年來於臺灣中北部歸化之外來種 —— 日本菟絲子（*C. japonica*），由於枝條較粗，成片生長時極為壯觀，也造成宿主營養不良。

| 形態特徵 |

　　寄生草本，莖絲狀，黃色，纏繞於宿主植物表面；葉退化成鱗片狀；花白色具短梗，密生；花萼約與花冠筒等長，裂片 5 枚，裂片廣橢圓形，先端圓；蒴果扁球形或倒錐形，果皮薄，長於花冠，蒴果 2 室，每室含廣卵形、黃褐色種子 2 枚，種子表面光滑。

▲平原菟絲子渾圓的蒴果外露於宿存花萼外。

▲平原菟絲子是寄生性纏繞藤本，仰賴其他植物的養分開花結果。

馬蹄金

Dichondra micrantha Urban

科名	旋花科 Convolvulaceae

花期｜ **1** **2** **3** 4 5 6 7 8 9 10 11 12

別名	過牆風、葵苔
英文名	kidney weed

　　馬蹄金分布於東亞、太平洋諸島、南北美洲及加勒比海地區；臺灣低海拔草坪或潮溼地可見，平時常見到它馬蹄般平鋪地表的葉片，若不是特別留意，恐怕難以發現馬蹄金會在春天開出精緻的小花，被長絨毛的花萼，托著 5～6 枚長橢圓形花瓣裂片，就像帶著蕾絲的精緻胸章；隨後結出表面密被毛的果實。若是善加利用，應該是頗合適的小品造景植物。

| 形態特徵 |

　　小型匍匐多年生纖細草本；莖表面被短柔毛；葉近圓形至腎形，先端圓至具缺刻，葉基心形，葉兩面（特別是葉背）被伏粗毛；花微小，藏於葉片叢中，花梗多直立後於先端驟垂；花萼倒卵狀長橢圓形，表面被絨毛；黃或白色花冠表面被長柔毛，先端圓至銳尖，於結果時宿存；果表面被長柔毛，黃褐色種子球形。

▲花萼邊緣的纖毛加上清雅的白綠色花瓣，看起來頗為精緻。

◀成片生長的馬蹄金於春末開出白綠色小花。

短梗土丁桂

Evolvulus nummularius（L.）L.

科名｜ 旋花科 Convolvulaceae

英文名｜ roundleaf bindweed

花期｜ 1 2 3 4 5 6 7 8 9 10 11 12

土丁桂屬約有 100 種，大多數的種類局限分布於美洲。短梗土丁桂為泛熱帶分布的雜草，原產北美洲南部、中美洲及南美洲，後歸化於非洲、馬達加斯加、南亞、東南亞與中國南部；在南臺灣都會區草叢或干擾地、路旁、安全島、停車場及荒地等開闊向陽砂質地可見到其身影。短梗土丁桂全年開花，其具有倒伏的莖及兩列排列的葉片，與臺灣低海拔地區潮溼地常見的雜草馬蹄金神似，然而馬蹄金的莖上缺乏明顯的褐色毛，以及直立具長柄的葉，且馬蹄金的花瓣直徑短於 2 mm、花萼裂片近等長，可與短梗土丁桂相區隔。

| 形態特徵 |

多年生草本，莖倒伏狀，表面被褐色長柔毛，節處生根；葉互生，二縱列排列，葉片長橢圓狀卵形至圓形，全緣，葉基心形且具 2 枚圓形裂片，先端具凹刻，葉背脈上疏被毛，葉柄表面被褐色長柔毛；花單生，腋生於葉間，花梗結果時延長並反捲，表面被褐色長柔毛；花萼 5 枚，直立；花冠白色，5 裂，裂片倒卵形，先端邊緣具凹痕；蒴果球形，表面稍帶紫色，乾燥後呈亮褐色；種子角錐狀，表面草色帶有紫斑。

▲多年生草本，莖倒伏狀且節處生根。

▲花梗表面被褐色長柔毛；花萼 5 枚直立。

▲花冠白色，裂片先端邊緣具凹痕。

白花牽牛

Ipomoea biflora（L.）Persoon

科名丨　旋花科 Convolvulaceae

花期丨 `1` `2` `3` `4` `5` `6` `7` `8` `9` `10` `11` `12`

　　白花牽牛分布於印度、中國大陸南部、菲律賓、馬來西亞至澳洲昆士蘭；臺灣全島低海拔，尤以中南部平地常見。牽牛花由於花冠呈喇叭狀，常被戲稱為「喇叭花」，其實花瓣癒合成喇叭狀花冠的植物種類不少，也不盡然是旋花科植物成員，不過只有它們平易近人地生長在都會或郊區，自然成為人們口中「喇叭花」的首選。白花牽牛的花冠較小，約莫 1 元硬幣大小，白色的花冠中央可見粉紅色柱頭，帶有幾分淡雅。

| 形態特徵 |

　　纖細草質纏繞或匍匐藤本，全株被展開或逆向毛，葉卵形，葉基心形，兩面疏被糙伏毛；花序具 1 ～ 3 朵花，腋生；花萼表面被毛，外圍 2 枚長線狀披針形，基部淺心形至截形，內側者較窄；白色花冠管狀至漏斗狀，瓣狀皺褶先端被長柔毛；蒴果廣卵形至球形；種子表面被褐色或灰色短絨毛。

▲白花牽牛全株被毛，為中南部常見的蔓性草本植物。

▲雖然花朵約 1 元硬幣大小，卻有著典型的旋花科花冠。

◀披針狀卵形的花萼表面被長柔毛。

番仔藤

Ipomoea cairica（L.）Sweet

科名｜ 旋花科 Convolvulaceae

花期｜ 1 2 3 4 5 6 7 8 9 10 11 12

別名｜ 槭葉牽牛、楓葉牽牛、掌葉牽牛、五爪金龍、五爪龍、上竹龍、牽牛藤、黑牽牛、假土瓜藤

英文名｜ coast morning glory, mile-a-minute vine

　　番仔藤原產並歸化於熱帶地區，經引進栽培後歸化於臺灣平地；由於 5～7 裂的掌狀裂葉，使得番仔藤又名「槭葉牽牛」或「楓葉牽牛」，這些別名甚至比中文名更令人熟悉。與其他臺灣有紀錄的牽牛屬植物相比，本種的分布最廣，為最常見的「牽牛花」。雖然它的紫色花冠在綠色掌狀複葉中十分顯眼，極具觀賞價值，且生長快速而旺盛，非常適合栽培成蔭棚，然而它的名稱暗示著其外來種的身分，利用時需要格外留意。

形態特徵

　　光滑纖細藤本，具塊根；葉卵形至圓形，具 5～7 枚披針形、卵形至橢圓形裂片，裂片基部與先端漸尖，常具小型葉片腋生而成的假托葉；聚繖花序 1～數朵，卵形花萼先端具小尖突；紫色花冠漏斗狀；雄蕊與花柱包含於花冠內，子房光滑；蒴果球形，種子 1～2 枚，表面被毛。

▲雖然又名「槭葉牽牛」，番仔藤的掌狀複葉與「槭」的掌狀裂葉明顯不同。

▲番仔藤的蒴果較小，表面光滑且具宿存的反捲花萼。

▲迎著朝陽，番仔藤與都會人們一同迎接嶄新一天的到來。

銳葉牽牛
Ipomoea indica（Burm. f.）Merr.

科名｜　旋花科 Convolvulaceae

花期｜ 1 2 3 4 5 6 7 8 9 10 11 12

別名｜　碗公花、蕃薯舅

英文名｜　oceanblue morning-glory

　　銳葉牽牛泛熱帶分布；臺灣全島低至中海拔地區可見，銳葉牽牛與牽牛花（*I. nil*）、碗仔花（*I. hederacea*）等，屬於牽牛花複合群（*I. nil complex*）。不僅臺灣本島，銳葉牽牛也分布於基隆嶼、蘭嶼等外島。

| 形態特徵 |

　　草質纏繞藤本，少數匍匐，莖多少被長柔毛；葉廣卵形或近圓形，少數 3 裂，葉基心形，先端銳尖至漸尖，兩面被長柔毛或僅於葉背被長柔毛；繖狀聚繖花序腋生，苞片線形；草質花萼具軟伏毛或近光滑，先端漸狹；花冠漏斗狀，表面光滑，藍紫色至紅色；蒴果球形。

▲花冠基部的花萼披針形，先端延長且略帶紫色。

▲銳葉牽牛成片占據了原本單調的水泥牆。

▲銳葉牽牛葉片多為廣卵形，少數具 3 裂。

樹牽牛

Ipomoea carnea Jacq. subsp. *fistulosa* （Mart. ex Choisy） D. Austin

科名 | 旋花科 Convolvulaceae

花期 | 1 2 3 4 5 6 7 8 9 10 11 12

別名 | 印度旋花

英文名 | bush morning glory, pink morning glory

　　原產熱帶美洲，在臺灣許多都會區栽培為觀賞植栽後逸出。樹牽牛的生長方式與許多人印象中的「牽牛花」明顯不同，臺灣都會區中可見的旋花科成員多為纏繞性藤本，即使藤蔓會木質化，也不至於成灌木狀生長。樹牽牛是開著「喇叭花」的灌木，從園丁的角度來看，具有旋花科的花葉外觀，卻像灌木一樣容易管理，能透過適當的修剪管理植株高度和外貌。

| 形態特徵 |

　　直立或斜倚灌木，葉卵形或卵狀長橢圓形，8 ～ 15 cm 長，6 ～ 12 cm 寬，先端漸尖，葉基心形，葉兩面漸無毛，葉背基部具2枚微小花外蜜腺，側脈6～9對，葉柄纖細，聚繖花序具多朵花，花萼先端具腺體，圓形，先端寬大，漸無毛；花冠粉紅色，內側多為深紫色，花絲被毛，基部膨大，子房與花柱基部漸無毛，蒴果卵狀球形，種子表面被褐色棉毛。

▲樹牽牛是都會區栽植的景觀灌木，由於容易扦插，極易栽植。

▲花萼圓形，基部具有蜜腺，時常吸引螞蟻前來取食。

擬紅花野牽牛

Ipomoea leucantha Jacq.

科名｜　旋花科 Convolvulaceae

英文名｜　whitestar morning-glory

花期｜ 1 2 3 4 5 6 7 8 9 10 11 12

　　擬紅花野牽牛原產於美國東南部地區，拓展至中美洲及南美洲後成為知名的雜草。擬紅花野牽牛與紅花野牽牛（*I. triloba*）十分相似；紅花野牽牛主要產於熱帶地區，花萼為長橢圓形，先端銳形，長 5～6 mm，果實直徑 5～6 mm；擬紅花野牽牛主要產於溫帶及亞熱帶地區，其花萼披針形，先端漸尖形，長 10～13 mm，果實直徑 6～9 mm。擬紅花野牽牛僅發現於低海拔開闊的農地或都會區的諸多荒野地。

| 形態特徵 |

　　藤本，全株具白色乳汁，主莖纏繞右旋，幼莖具長柔毛。葉互生，心形，全緣或常 3 深裂，葉面被短柔毛，葉背近光滑，葉先端漸尖形，葉基心形，掌狀脈。繖形狀聚繖花序一至數朵簇生於總梗先端，表面密布疣點；苞片與小苞片線形；花萼 5 枚，披針形，表面光滑，先端漸尖或尾狀，外萼片邊緣具有纖毛；花冠粉紅色或淡紫色，漏斗形，冠檐鈍形 5 裂。蒴果近球形，密布短柔毛。種子咖啡色，光滑，卵形。

▲繖形狀聚繖花序一至數朵簇生於總梗先端。

▲蒴果近球形，表面密布短柔毛。

▲擬紅花野牽牛與紅花野牽牛十分相似，為極為近緣的複合群。

▲花萼披針形，表面光滑，先端漸尖或尾狀。

牽牛花

Ipomoea nil（L.）Roth.

科名 | 旋花科 Convolvulaceae

英文名 | ivy morning glory, Japanese morning glory, picotee morning glory

旋花科

原產熱帶美洲，偶見於都會區草地、路旁及田邊圍籬。此一藤本植物在臺灣以往被誤認為碗仔花（*I. hederacea* Jacp.），早在 1896 年即被記錄於臺灣北部與西部；牽牛花則於 16 世紀由葡萄牙人引進亞洲，1972 年呂福原教授認為臺灣產的本種植物應為牽牛花，因此牽牛花與碗仔花被認為是難以區分的種類。2014 年隨著國外學者的研究成果，認為牽牛花原產熱帶美洲，花萼先端具一漸尖突起且直立或略外展；碗仔花則喜好溫帶地區，花萼先端急尖且反捲。根據臺灣的氣候條件以及現地植株的形態特徵，臺灣都會區內可見的此類旋花科植物應為牽牛花。

| 形態特徵 |

纏繞藤本，表面被毛；莖綠色帶紫色；葉先端銳尖至漸尖，葉基心形，3 裂；苞片 2 枚，線形，著生於花梗基部，花萼 5 枚，卵形，先端具一漸尖突起且直立或略外展，表面被剛毛，花冠漏斗狀，白色、淺藍色、粉紅色至粉紅紫色；蒴果卵形，表面光滑，具宿存花柱；種子 4 枚，三角錐形，黑色。

▲花萼卵形，先端具一漸尖突起且直立或略外展，表面被剛毛。

▲蒴果成熟時花萼宿存，仍保持直立或略為外展。

▶葉先端銳尖至漸尖，葉基心形，常 3 裂。

169

野牽牛

Ipomoea obscura（L.）Ker-Gawl.

| 科名 | 旋花科 Convolvulaceae | 花期 | 1 2 3 4 5 6 7 8 9 10 11 12 |

別名｜ 白花野牽牛、姬牽牛、小心葉薯、紫心牽牛、小紅薯、白牽牛、網仔藤、貓牽牛

英文名｜ obscure morning glory

　　野牽牛分布於熱帶亞洲、非洲、太平洋諸島、澳洲北部；臺灣低海拔廣泛分布，尤以南部最為常見。野牽牛與紅花野牽牛（*I. triloba*）為南部最常見的旋花科植物；兩者除了花色有異之外，野牽牛的花綻放時較大、為漏斗狀，與窄漏斗狀、花明顯較小的紅花野牽牛明顯不同。在南部的校園或公園內，野牽牛開出 10 元硬幣大小的花朵外，它的結實率很高，常常可見到它褐色的蒴果成串，灑出一粒粒角錐狀具稜的種子，若是撿起它的種子及蒴果，可將 4 枚種子合成一顆圓球，放入開裂的蒴果中。

| 形態特徵 |

　　纏綿性纖細草本，表面光滑或被毛；葉廣卵形，先端漸尖，葉基心形，凹陷處圓，全緣，葉兩面光滑或疏被毛；花序軸纖細，卵形花萼革質，先端鈍，黃白色花冠漏斗狀，花冠中心紫色，花絲不等長，基部被毛，子房光滑；蒴果卵形，黑色種子表面被灰色毛。

▲漏斗狀花冠基部的花萼先端鈍。

▲野牽牛是中南部都會區的常見野花，漏斗狀的花冠映著淡淡的黃色。

◀野牽牛的蒴果表面光滑，果梗先端膨大且下垂。

九爪藤

Ipomoea pes-tigridis L.

科名｜ 旋花科 Convolvulaceae

英文名｜ tiger foot morning glory

花期｜ 1 2 3 4 5 6 7 8 9 10 11 12

　　九爪藤分布於熱帶東非、澳洲、太平洋諸島及亞洲；臺灣南部低海拔草坪、原野及海濱灌叢常見，在其他生育地內卻難得一見；九爪藤的花朵外圍具有綠色苞片多枚，包裹成一團綠色的小球，反倒是它的花冠較為少見，被一旁陪襯的苞片搶走了風朵。九爪藤是夜間開花的物種，因此想觀察它得打著手電筒於草坪中探尋。九爪藤的全株明顯被糙毛，花序具有顯眼的苞片多枚，可輕易與臺灣產其他牽牛花相區隔。

| 形態特徵 |

　　一年生攀緣或纏繞草本，表面被糙伏毛；葉圓至腎形，掌狀裂葉具 3 ～ 7 枚裂片，裂片橢圓狀長橢圓形，先端鑷尖或稍漸尖，基部心形，缺刻圓；花腋生成頭狀；外圍苞片長橢圓形至線狀長橢圓形，內層者較小，花萼披針形；白或粉紅色花冠漏斗狀；蒴果卵形，種子 4 枚，表面被灰色絨毛。

▲九爪藤全株被粗毛，尤以蒴果表面最為明顯。

▲葉片掌狀深裂，在夜間開出白花。

▶九爪藤的花序基部具苞葉，外觀與葉片極為相似。

變葉立牽牛

Ipomoea polymorpha Roem. & Schult.

科名 | 旋花科 Convolvulaceae

花期 | 1 2 3 4 5 6 7 8 9 10 11 12

別名 | 羽葉薯

　　廣泛分布於熱帶亞洲，非洲至澳洲東北部；在臺灣中南部與澎湖海濱草地及路旁可見。變葉立牽牛在臺灣產的旋花科植物中，是少數以平鋪姿態生長的種類，由於生育環境與人為活動干擾頻繁的西南部向陽開闊地重疊，因此容易受到人為開發或農耕行為的影響，加上種子發芽與成長期仰賴水分，成株喜好全日照環境，在頻繁的人類干擾、刻意的綠美化與都市營造的遮蔭環境下，許多仰賴臺灣西南部乾溼季明顯、生長季日照充足等條件的物種在原生地的族群量日漸下滑，因此變葉立牽牛被臺灣維管束植物紅皮書名錄列為「易危（VU）」等級。只要環境適合，且沒有其他強勢的旋花科植物進駐的話，在都市公園或綠地內仍有機會看到它成片地生長。不過，由於它的葉形多變，加上植株較矮，容易被其他陽性物種遮蔽，加上花冠較小，需要彎下腰來仔細尋找。

| 形態特徵 |

　　一年生直立草本，幼枝表面被長柔毛；葉多變，窄橢圓形、倒卵形或倒披針形，兩端常漸狹，全緣、波狀緣、不規則羽裂或基部裂片三角形之琴狀裂葉，表面光滑或疏被長柔毛；花單生，近無柄，苞片線形，表面被毛；花萼卵狀披針形，先端漸尖，全緣或具 1～2 枚齒緣；花冠筒紅色，光滑；蒴果球形，種子表面被褐色或灰黑色毛。

▲在臺灣中南部與澎湖海濱草地及路旁可見，以平鋪姿態生長。

▲葉形多變，兩端常漸狹，邊緣全緣至不規則羽裂、或基部裂片三角形之琴狀裂葉。

▲葉片與花萼表面光滑或疏被長柔毛。

蔦蘿

Ipomoea quamoclit L.

    外來種

旋花科

科名| 旋花科 Convolvulaceae　　　花期| 1 2 3 4 5 6 7 8 9 10 11 12

英文名| cypress vine, cypressvine morning glory, cardinal creeper, cardinal climber, cardinal vine, star glory, hummingbird vine

　　本種分布於熱帶美洲，被廣泛引進作為景觀植栽後逸出歸化。在臺灣許多都會區住家或民宅周邊，蔦蘿常常生長在人為搭造的小棚架，作為圍籬或鄰牆美化之用；然而旋花科植物強大的繁殖能力能讓許多種子順利結實，得以往周邊的公園綠地與安全島上傳播、繁殖。蔦蘿是臺灣已知旋花科植物中唯一一種羽狀全裂葉的種類，加上鮮豔的紅色花冠以及窄長的花冠筒，極易與相似類群相區隔。

| 形態特徵 |

　　一年生草本，莖纏繞，纖細，綠色或基部帶有紫色，表面光滑或先端漸無毛；葉片橢圓形，葉緣羽狀全裂，葉基截形，裂片線形，先端鈍，表面光滑或漸無毛；葉柄短，表面光滑或具刺；花腋生，2～3朵成聚繖花序或單生，苞片2枚，著生於花梗基部，花冠漏斗狀，紅至橘紅色，表面光滑。

▲葉片橢圓形，羽狀全裂，裂片線形，表面光滑或漸無毛。

▲紅色花朵花冠漏斗狀，2～3朵成聚繖花序或單生。

紅花野牽牛

Ipomoea triloba L.

科名	旋花科 Convolvulaceae

花期｜ 1 2 3 4 5 6 7 8 9 10 11 12

別名	星牽牛花、三裂葉牽牛

英文名	aiea morning glory, littlebell

　　紅花野牽牛原產熱帶美洲，現已廣泛分布全球熱帶地區，在臺灣首次於 1972 年被發現，現已成為全島常見雜草，常攀附於其他植物體上。本種可根據小而卵形、全緣或 3 裂的葉片、紫或粉紅色而小、漏斗狀的花冠加以區分。紅花野牽牛的葉形常為 3 裂，這也是它種小名 *triloba* 的意含；偶為心形不帶裂片，易與另一臺灣常見的旋花科植物 —— 野牽牛混淆，但是開出花後，便可用它漏斗狀、邊緣具 5 枚銳角的粉紅色花冠，輕易認出它來。

| 形態特徵 |

　　多年生纏繞草本，表面被密毛；葉互生，葉片卵形，全緣或 3 裂，先端銳尖，葉基心形，表面疏被粗毛，葉柄表面疏被粗毛；花腋生，1 ～ 6 朵花單生於花梗上或排列成聚繖花序，倒披針形花萼 5 枚，紫或粉紅色花冠漏斗狀；蒴果近球形；黑褐色種子 4 枚，三角錐狀，表面光滑。

▶ 漏斗狀的花冠基部有漸尖的花萼數枚。

▲ 紅花野牽牛的蒴果表面被糙毛。

▲與心形的葉片相比，紅花野牽牛的花朵顯得嬌小許多。

▲紅花野牽牛的花冠為淺紫色，簷部淺裂。

174

槭葉小牽牛

Ipomoea wrightii A. Gray

科名 | 旋花科 Convolvulaceae

英文名 | wright's morning-glory

花期 | 1 2 **3** **4** **5** **6** **7** **8** **9** **10** 11 12

　　槭葉小牽牛原產熱帶美洲，1987 年首次紀錄於臺灣；雖然零星生長在臺灣東部與南部乾燥荒地、路旁、海濱等，但是槭葉小牽牛長而纖細的葉柄、掌狀複葉及單生於長花梗上的紫色漏斗狀花冠，與其他臺灣的藤本旋花科植物不同，在野外見著它一定能一眼認出來。

| 形態特徵 |

　　多年生纏繞草本；莖纖細，表面光滑或疏被毛；葉互生，葉片具 5 枚掌狀複葉，小葉長橢圓形，先端銳尖至漸尖，基部楔形，中裂片較大；花序單生，腋生，總花梗基部具一對小苞片；花冠漏斗狀，花冠紫紅色；雌蕊白色，柱頭 2 裂，子房 1.5 mm 長；蒴果球形，種子 4 枚，黑褐色，表面被絨毛。

▲零星生長在臺灣東部與南部都會區乾燥荒地、路旁。

▲蒴果球形，成熟後果梗下垂，先端膨大。

▲葉柄長而纖細，具有掌狀複葉及單生於長花梗上的紫色花朵。

175

長梗毛娥房藤

Jacquemontia tamnifolia（L.）Griseb.

科名 | 旋花科 Convolvulaceae

花期 | 1 2 3 4 5 6 **7 8 9 10 11** 12

英文名 | hairy clustervine

　　原產熱帶美洲，在臺灣歸化於人為干擾地。第一眼看到長梗毛娥房藤的人，往往是被它頭狀密生的聚繖花序苞片所吸引，雖然苞片有如葉片般翠綠，但是長梗毛娥房藤的苞片表面被有紅色或褐色毛，在陽光的照耀下反而顯得耀眼，湊近一看才發現它只開放半天的藍色或白色小花。加上這球苞片會宿存到蒴果開裂為止，反而成為許多人認識它的第一印象。

| 形態特徵 |

　　草質藤本，全株被毛，纏繞；葉卵形至廣卵形，葉基心形，先端銳尖至驟尖突，漸無毛；花排列為頭狀密生聚繖花序，花多數，苞片密被紅色或褐色毛，花萼披針形，先端漸尖，具黃褐色毛，花冠藍色或白色，表面光滑；蒴果被宿存萼片與近葉狀苞片包圍，球形，淺褐色，表面光滑；種子橘褐色，表面光滑。

◀蒴果被宿存萼片與近葉狀苞片包圍。

▲頭狀聚繖花序的苞片宿存，成為辨別長梗毛娥房藤的重點之一。

▲頭狀密生聚繖花序內具有藍色花多數。

蔓生菜欒藤

Merremia cissoids（Lam.）Hallier f.

科名｜　旋花科 Convolvulaceae

花期｜ 1 2 3 4 5 6 7 **8 9 10 11** 12

英文名｜　roadside woodrose

　　菜欒藤屬（*Merremia*）全球約有 80 種，為泛熱帶分布的類群，常常具有黃色或白色的鐘狀花冠。蔓生菜欒藤原產熱帶美洲，後歸化於西非、南亞與東南亞，在臺灣歸化於中臺灣都市近郊道路旁。蔓生菜欒藤的掌狀複葉小葉葉緣具有細小的鋸齒緣，小葉葉脈具明顯刻紋，不僅與其他臺灣已知的菜欒藤屬植物明顯不同，也迥異於其他臺灣產旋花科植物，因此極易辨識。

｜形態特徵｜

　　草質纏繞藤本，莖圓柱狀纖細，全株表面密被短腺毛與白色絨毛，葉互生，具長葉柄，掌狀複葉具有 5 枚小葉片，小葉無柄，橢圓形、卵形至卵狀披針形，邊緣鋸齒緣，先端銳尖至漸尖，葉基漸狹；花序腋生，單生或具有 2 至少數花的聚繖花序，總花梗長度多變，苞片線形至線狀披針形，花萼 5 枚不等長，外圍 2 枚較大；花冠白色鐘狀，雄蕊花藥淺紫色或白色，子房光滑；蒴果扁球形，麥稈色，具宿存萼片，種子深褐色至黑色，表面被灰色絨毛。

▲掌狀複葉葉緣具鋸齒緣，小葉葉脈具明顯刻紋。

▲花冠白色鐘狀，雄蕊花藥淺紫色或白色。

▲蒴果扁球形，表面光滑呈麥稈色，周圍具有宿存萼片。

▶苞片與花萼線形至線狀披針形，表面被有長柔毛。

七爪菜欒藤

Merremia dissecta（Jacquin）H. Hallier

科名｜　旋花科 Convolvulaceae

花期｜ 1 2 3 4 **5 6 7 8 9 10 11** 12

英文名｜　cut-leaf morningglory, noyau vine

　　七爪菜欒藤原產熱帶美洲，在全球各地常因栽培作為觀賞植物而逸出後歸化：非洲、南亞、東南亞與澳大利亞。1926 年島田彌市先生曾於新竹縣新豐一帶採到它，可能在日治時期即已引進臺灣栽培作為庭園觀賞植物，1972 年間再次引入臺灣栽種於臺北植物園和中興大學作為觀賞之用。近日在南臺灣住家周邊零星栽培並逸出後自生於荒廢地。七爪菜欒藤的葉片為掌狀 5 ～ 7 枚深裂，裂片邊緣具粗齒至不規則的羽裂，花冠白色，喉部紫紅色等特徵與臺灣產的其他種類明顯不同。

| 形態特徵 |

　　纏繞性藤本，莖細長多分支，圓柱形，表面具有開展黃色硬毛，老莖基部有木質化；單葉互生，葉掌狀 5 ～ 7 深裂，裂片披針形，邊緣具粗齒至不規則的羽裂，無毛或背面脈上披毛。花腋生，花梗光滑；萼片離生，卵狀披針形，具窄乾膜質邊緣，結果時膨大，革質；花冠漏斗狀，白色且喉部紫紅色；蒴果球形，表面光滑，宿存萼片 5 枚平展張開；黑色種子表面光滑。

▲葉片為掌狀 5 ～ 7 枚深裂，裂片邊緣具粗齒至不規則的羽裂。

▲果梗成熟時下彎，蒴果被宿存萼片包圍。

▲漏斗狀的花冠白色，喉部紫紅色。

菜欒藤

Merremia gemella（Burm. F.）Hall. F.

科名｜ 旋花科 Convolvulaceae

別名｜ 金花魚黃草

花期｜ 1 2 3 4 5 6 7 8 9 10 11 12

　　分布於熱帶亞洲與澳洲，臺灣常見於中南部低海拔向陽灌叢。每年秋冬兩季是許多旋花科植物開花的季節，相較於臺灣北部常見花色以紫色與藍色系為主的旋花科植物，臺灣南部的旋花科植物卻以耀眼的黃色系為主，因為在臺灣南部分布有許多菜欒藤屬植物，其中菜欒藤便以遍布的藤蔓，在都會區周邊的綠地灌叢間綻放出一朵朵暖暖的小太陽。

| 形態特徵 |

　　纖細纏繞性藤本，表面光滑，葉卵形，4～9 cm長，先端漸尖，葉基心形，被伏毛，聚繖花序腋生，具多數花朵，花梗表面被伏毛，花萼綠色，凹陷狀，先端倒卵形至圓形，花冠黃色，約2 cm寬，漏斗狀，花絲基部具毛；蒴果卵形，乾燥時具皺紋，表面光滑，種子被毛。

▲ 花冠展開時約10元硬幣大小，裂片先端近全緣或具凹刻。

▲ 聚繖花序腋生，具有纖細而延長的總花梗。

▲ 葉卵形先端漸尖，葉基心形，葉緣全緣或淺裂。

179

卵葉菜欒藤

Merremia hederacea（Burm. F.）Hall. F.

科名｜　旋花科 Convolvulaceae

花期｜ 1 2 3 4 5 6 7 8 9 10 11 12

英文名｜ Ivy woodrose, Ivy-like Merremia

　　分布於熱帶亞洲至澳洲北部，臺灣中南部常見。除了菜欒藤之外，臺灣中南部還有另一種同為菜欒藤屬的成員 —— 卵葉菜欒藤，它的葉片與花朵較小，但是花朵卻更為密集，如果茂密的綠葉好似天幕，它點點的花朵就有如滿天星斗一樣閃耀。由於花季較長，卵葉菜欒藤反而是臺灣南部整個冬季最常見的旋花科植物。不過，英文中的卵葉菜欒藤反而稱呼它為「常春藤葉菜欒藤」，可能是它 3 裂的葉形有如溫帶地區可見的常春藤吧。

| 形態特徵 |

　　纏繞纖細草本，偶斜生且於節上生根；莖表面光滑或疏被疣突，葉卵形，2 ～ 4 cm 長，具齒緣或深 3 裂，中裂片常緊縮，葉基廣心形，葉兩面光滑或疏被毛；花序具 1 至多朵花，表面光滑或微被疣突；總花梗粗於葉柄，表面光滑；花萼長橢圓形至廣橢圓形，先端鈍，花冠黃色，鐘狀，約 1.5 cm 寬，裂片漸尖；蒴果廣錐形至扁球形，5 ～ 6 mm 寬，果瓣具橫向或網紋；種子被短毛。

▲花絲彎曲，基部被長柔毛。

▲卵葉菜欒藤的葉片卵形，花冠約 1 元硬幣大小。

姬旋花

Merremia tuberosa（L.）Rendle

外來種

科名	旋花科 Convolvulaceae
別名	木玫瑰
英文名	wood rose

花期｜ 1 2 3 4 5 6 7 8 9 **10** **11** **12**

　　原產熱帶美洲，現已廣泛栽培與逸出，臺灣栽培於平地或次生林內。雖然臺灣北部不像南臺灣，在冬季看不到成片生長的菜欒藤，但是在蕭瑟的北臺灣，卻有栽培作為觀花棚架或藤蔓，隨後逸出的菜欒藤屬植物「姬旋花」。姬旋花的花冠寬大，也帶有耀眼的黃色花冠；除了鮮豔的花冠外，姬旋花的花萼在花謝後持續膨大，在果實成熟時包裹於渾圓的蒴果外，有如寒冬凝結了含苞待放的褐色玫瑰，能夠作為乾燥花圈裝飾用，因此它也有「木玫瑰」這個浪漫的名稱。

| 形態特徵 |

　　大型木質藤本，先端草質，表面光滑；葉片圓形，長 6 ～ 16 cm，常 7 裂，偶深裂至近基部，裂片披針形至橢圓形，表面光滑；花排列成聚合狀聚繖花序，總梗長 10 ～ 20 cm，偶單生，花萼不等大，外圍者長橢圓形，長 2.5 ～ 3 cm，先端鈍形具小尖頭，先端銳尖，花冠黃色，長 5 ～ 6 cm；蒴果近球形，不規則開裂，花萼宿存並於結果時包裹在外，種子黑色，表面密被短絨毛。

▲葉片圓形，裂片披針形至橢圓形。

▲又名「木玫瑰」，蒴果外圍的宿存花萼木質化，能夠作為乾燥花圈裝飾用。

▲花萼長橢圓形至卵形，先端銳尖，開花時質地較為革質。

181

繖花菜欒藤

Merremia umbellata（L.）Hallier f.

外來種

科名	旋花科 Convolvulaceae
英文名	hogvine

花期 | 1 2 3 4 5 6 7 8 9 10 11 12

　　全球廣布種，近年歸化於高雄都會區與屏東海濱地區。繖花菜欒藤的花期和同屬的觀花藤蔓植物「姬旋花」相同，都在略為乾燥而蕭瑟的冬季開出鮮黃色的花朵，雖然相形之下，繖花菜欒藤的花朵較為嬌小，但是多數花朵聚生成繖形狀，能夠展現團結力量大的效果，觀賞價值絲毫不遜色。不過，繖花菜欒藤的蒴果與花朵大小相仿，不若姬旋花的果實大而明顯，加上蒴果極易開裂，因此無法製成乾燥花作為觀賞之用。雖然種子小型的它極有可能隨著外力或介質搬運加以傳播，卻未若姬旋花那樣廣泛栽培後逸出，僅能在南部的向陽開闊地一睹倩影。

| 形態特徵 |

　　多年生纏繞藤本，莖表面光滑，具乳汁；葉心形至長橢圓形，葉基心形至具耳突，先端漸尖，葉柄基部具有成對錐狀突起；腋生聚繖花序繖形，花萼近革質，表面光滑，黃色花冠漏斗狀，邊緣淺裂；蒴果球形，深褐色，種子4枚，深褐色，表面被毛。

▲腋生的繖形聚繖花序會開出多朵鮮黃色的嬌小花朵。

▲結實率極高，蒴果小型且易裂。

▶為攀附性極強的纏繞性藤本觀花植物。

盒果藤

Operculine turpethum（L.）S. Manso

科名	旋花科 Convolvulaceae
別名	燈籠牽牛
英文名	Turpeth

外來種

花期 | 1 2 3 4 5 6 7 8 9 10 11 12

　　盒果藤原產熱帶非洲及南亞，現已廣泛分布全球熱帶地區；在臺灣首次報導於 1972 年，生長於全島低海拔地區，常攀爬於路旁或海濱灌木和草叢，更是南部都會區公園、路旁可見的野花。盒果藤的葉心形，白色鐘形花腋生於具花少數的聚繖花序，但它最吸引人目光的，莫過於膨大的宿存萼片，包圍中央的球形蒴果，由於果皮略為透明，剝開如氣泡般的蒴果果皮，可見其中 1 ～ 4 枚表面被有絨毛的黑色種子藏身其中。

| 形態特徵 |

　　多年生纏繞草本，莖具翼，表面光滑或被毛；葉三角狀卵形至卵形，先端銳尖，葉基心形，表面被毛；苞片窄橢圓形，表面被毛；卵形花萼 5 枚，先端帶紫色，表面被毛；白色花冠鐘狀，淺 5 裂；褐色透明蒴果球形，被膨大的花萼包圍；黑色種子 4 枚，近球形。

▶寶盒般的宿存萼片內，是用氣囊細心呵護的黑色種子。

◀盒果藤的莖具纏繞性，盤據在臺灣中南部向陽開闊地。

▶白色的漏斗狀花冠自膨大的萼片中展開。

匐莖佛甲草

Sedum sarmentosum Bunge

外來種

| 科名 | 景天科 Crassulaceae |
| 別名 | 垂盆草 |

花期 | 1 2 3 4 5 **6** **7** **8** 9 10 11 12

英文名 | stringy stonecrop

原產中國，廣布於東部中、低海拔岩生地，引進栽培於美國、日本、韓國、泰國北部與許多歐洲國家。景天屬（*Sedum*）為景天科的最大屬，全球約有 470 種。匐莖佛甲草以往被用為觀賞植栽、藥用，現已廣泛栽培於歐洲、美國與日本，然而由於其具有營養繁殖與環境忍受力，已成為日本、北美洲與歐洲的入侵物種。匐莖佛甲草具有輪生葉序與扁平葉片，與其他臺灣產景天屬植物不同，由於匐莖佛甲草能以扦插繁殖，因此可以營養繁殖方式在臺灣生存，可能成為入侵物種。

| 形態特徵 |

多年生肉質草本，莖光滑，纖細，匐匐，節上生根，葉片輪生，無柄，葉片表面光滑，倒披針形至菱狀倒卵形，先端近銳尖，葉基驟狹；聚繖花序短，具 1 至多朵花，花無柄，花萼 5 枚，綠色，披針形，花瓣 5 枚，黃色，披針形，雄蕊 10 枚，微短於花瓣，雌蕊與雄蕊近等長，心皮 5 枚，離生，長橢圓形。

▲葉片輪生，葉面光滑，倒披針形至菱狀倒卵形，先端近銳尖，葉基驟狹。

▲花瓣黃色，披針形，雄蕊微短於花瓣，雌蕊心皮 5 枚，離生，長橢圓形。

▶匐莖佛甲草能以扦插繁殖，可以營養繁殖方式在臺灣生存。

垂果瓜

Melothria pendula L.

科名 | 葆蘆科 Cucurbitaceae

英文名 | creeping cucumber

花期 | 1 2 3 4 5 6 7 8 9 10 11 12

　　垂果瓜原產北美洲東部；為 2001 年由許再文博士發表，歸化於臺灣中部稻田內及路旁，現已擴散至臺灣中北部地區。垂果瓜屬（*Melothria*）約有 10 種，皆分布於新世界地區。垂果瓜的瓜果長在下垂的果梗先端，可別以為是缺乏水分或養分，而是它生性如此。葆蘆科的成員具有捲鬚，側生於葉片基部，藉由纏繞的方式讓纖細的莖葉凌空生長，爭取更多的陽光製造養分。

| 形態特徵 |

　　多年生藤本，捲鬚不分支；卵形至廣卵形單葉互生，先端具尖頭，葉基心形至戟形，具 3 ～ 7 稜角或分裂，主脈掌狀；單性花腋生，雌雄同株，雄花稍小於雌花，黃色花冠鐘狀，5 裂片先端二叉；雄花少數，常組成 6 ～ 7 朵花的總狀花序；雌花單生，具不稔雄蕊；長橢圓形漿果懸垂狀，未成熟時表面具白斑；卵形種子表面被白毛。

▲垂果瓜首先發現於中部田野，現已於全臺都會區和平野現蹤。

▲隨著四處攀緣的藤蔓，黃色的花朵也到處開放。

185

鐵莧菜

Acalypha australis L.

科名	大戟科 Euphorbiaceae
別名	海蚌生珠、榎草、人莧、金射椏、金石榴、海合珠、小耳朵草、大青草、金絲黃、編笠草
英文名	asian copperleaf

花期 | 1 2 3 4 5 6 7 8 9 10 11 12

　　分布於烏蘇里、韓國、日本、琉球、中國大陸、菲律賓，臺灣全島低海拔分布。鐵莧菜的葉形多變，從披針形、卵狀披針形或菱形皆有，常使人誤以為是其他鐵莧屬（*Acalypha*）植物；鐵莧屬植物的雌花外圍由一苞片所包圍，雄花聚生成穗狀花序，或許是雌花基部的苞片如同蚌殼般，托著雌花綠色的子房，使得鐵莧菜又名「海蚌生珠」。部分個體的雄花序先端會長出一朵雌花，這樣畸形的花序在鐵莧菜中較難發現，但在其他鐵莧屬植物實屬常見。

| 形態特徵 |

　　一年生直立草本，莖具分支，分支被毛或光滑，披針形、卵狀披針形或菱形葉膜質，先端漸尖，葉基鈍或銳尖，邊緣鈍齒緣，疏被長柔毛，基部三出脈；穗狀花序腋生，單性花，雌雄同株，雄花分布於花序軸頂端，雌花位於花序軸基部，雌花苞片腎形或卵形，先端漸尖，花萼卵形，蒴果被長柔毛。

▶偶見的異型花序，雄花序先端具少數雌花。

▲鐵莧菜是都會路旁、牆角都能見到的小野草。
◀雌花基部具心形的苞葉陪襯。

印度鐵莧

Acalypha indica L.

科名｜　大戟科 Euphorbiaceae

英文名｜　kuppaimeni

花期｜ 1 2 3 4 5 6 7 8 9 10 11 12

　　印度鐵莧分布於熱帶非洲、馬達加斯加、印度、斯里蘭卡、泰國、新加坡、爪哇、菲律賓、琉球、太平洋諸島；在臺灣生長於南部低海拔路旁或荒地。就葉子的比例而言，印度鐵莧的葉柄明顯較臺灣產其他鐵莧屬植物為長，頂端著生菱狀卵形或卵形的翠綠葉片，可供區分。

| 形態特徵 |

　　一年生直立草本，分支被絨毛；葉對生，具葉柄，菱狀卵形或卵形，先端驟銳尖，葉基楔形，邊緣鋸齒緣，葉柄表面被絨毛；穗狀花序腋生，花序苞片橢圓狀卵形，邊緣齒緣被毛；雄花微小，無苞片，花萼4枚，花苞時呈瓣狀；雌花常5朵，離生，花苞時呈覆瓦狀排列；蒴果表面被短柔毛。

▶印度鐵莧的雄花序穗狀，頂端具少數雌花。

▲雌花基部由翠綠的苞片包圍。

◀印度鐵莧的葉片呈卵菱形，植株直立。

187

裂葉巴豆

Astraea lobata（L.）Klotzsch

科名｜ 大戟科 Euphorbiaceae

英文名｜ lobed croton

花期｜ 1 2 3 4 5 6 7 8 **9** **10** **11** 12

外來種

　　原產中南美洲，現已引進至美國南部、亞洲與非洲。臺灣南部以往歸化了一種巴豆屬植物「波氏巴豆」，其植株被有星狀毛，植株先端同樣具有雌雄同株的頂生總狀花序；近年臺灣南部新歸化了另一種外觀相似，但是葉片是 3 裂葉狀、植株表面被纖毛的同屬植物 ── 裂葉巴豆。兩者都是大戟科的有毒植物，因此觀察後切記要洗淨雙手喔。

| 形態特徵 |

　　一年生草本，莖直立，表面被纖毛；單葉互生，三角狀廣卵形，綠色，基部心形，邊緣 3 裂，先端尖，側裂片歪斜狀橢圓形，頂裂片卵形至廣卵形，先端具小尖頭，網狀脈，兩面被纖毛；花序總狀頂生，雌花基生，雄花著生於先端，苞片闕如，雌花部分具纖毛；雄花花萼 5 枚，長橢圓形，表面光滑；花瓣 5 枚，長橢圓形，淺黃色，先端具紫紅色，雄蕊淺黃色；蒴果球形，表面被纖毛。

▲葉片呈三角狀廣卵形，側裂片歪斜狀橢圓形，頂裂片卵形至廣卵形，兩面被纖毛。

▲花序總狀頂生，雌花基生，雄花著生於先端。

▲種子逸出後自柏油路面的窄縫內萌芽。

飛揚草

Chamaesyce hirta（L.）Millsp.

科名｜　大戟科 Euphorbiaceae

花期｜ 1 2 3 4 5 6 7 8 9 10 11 12

別名｜　大飛揚草、乳仔草、大地錦葉、乳汁草、大本乳仔草、奶子草、大地錦草

英文名｜　hairy spurge, pillpod sandmat

　　地錦屬（*Chamaesyce*）約有 250 種，廣泛分布於全球，尤以新世界熱帶及亞熱帶地區為最。臺灣產地錦屬植物 14 種，其中包括 4 種臺灣特有種，其餘者為溫帶至熱帶廣布種。飛揚草分布於日本、琉球及熱帶地區；常見於臺灣全島平地草地、路旁、庭園、田地及海濱。匍匐在地表的飛揚草，有時莖會往上抽長，加上如翅膀般歪斜的葉片，彷彿鳥兒般，帶著飽滿的蒴果振翅高飛。

| 形態特徵 |

　　匍匐、斜倚至直立草本，莖淺綠色至紅色，表面被絲狀氈毛及黃色毛；卵狀菱形至長橢圓狀披針形的葉片綠色至紅色，中央偶被狹長紫色斑紋，先端銳尖，葉基歪基，楔形至圓形，葉兩面被絲狀氈毛；密繖花序球形，著生於每節的總花梗上，總苞鐘形，雄花 4 或 5 朵，具紅色花藥；蒴果表面被絲狀毛，紅色種子 4 稜，長橢圓狀卵形。

▲剛開花時雌花基部的瓣狀附屬物明顯而鮮豔。

▲結實後仍然可見花瓣般的腺體附屬物。

▲飛揚草是路旁極為常見的野草，基部歪斜的葉片就像翅膀般平展。

◀成團的蒴果表面均勻地布滿粗毛。

189

假紫斑大戟

Chamaesyce hypericifolia（L.）Millsp.

外來種

科名 | 大戟科 Euphorbiaceae

花期 | 1 2 3 4 5 6 7 8 9 10 11 12

英文名 | graceful sandmat

　　假紫斑大戟分布於美國南部、墨西哥、中美洲、西印度群島、南美洲，且已引入爪哇及夏威夷；為近年歸化於臺灣全島平野一帶的大戟科植物，與歸化於臺灣南部的「紫斑大戟」外觀及生育地相似。然而假紫斑大戟的蒴果（寬約 1 mm）小於紫斑大戟（寬約 1.5 ～ 2 mm）；此外，假紫斑大戟的托葉約 2 mm 長，尤其常帶紫色；較紫斑大戟者（1 mm 長，緊貼於節上）為明顯。

| 形態特徵 |

　　一年生或多年生直立或斜倚草本，紫紅色莖多分支，先端彎曲；三角形托葉展開，邊緣鋸齒緣且具緣毛；葉片綠色帶紫紅色斑紋，偶具紫色斑點，葉基歪基、截形至圓形，先端鈍形至近銳尖；大戟花序側生或頂生，花梗具 4 枚圓形綠色至褐綠色腺體，具明顯倒卵形至腎形、白色至淺粉紅色附屬物，雄花 10 ～ 15 朵，雌花 1 朵；球形蒴果表面光滑，成熟時褐色。

▲蒴果表面具 3 稜，光滑無毛。

▲大戟花序內可見明顯的白色腺體附屬物，為本種最簡明的辨識特徵。

紫斑大戟

Chamaesyce hyssopifolia（L.）Small

外來種

科名｜　大戟科 Euphorbiaceae

花期｜ 1 2 3 4 5 6 7 8 9 10 11 12

英文名｜　hyssopleaf sandmat

　　紫斑大戟廣布於新世界熱帶及亞熱帶地區，並歸化於舊世界；在臺灣歸化於中南部鐵路旁、農路、原野及剛收割完的田間，隨著植栽及客土出現於都市花圃與草坪上，外形與新近歸化的假紫斑大戟相似，除了前文所述的細部差異外，紫斑大戟的紫紅色莖較為細而堅韌，不像假紫斑大戟粗壯而易斷。

| 形態特徵 |

　　一年生斜倚至直立草本，莖表面光滑，偶於幼莖表面疏被毛；三角形托葉尖牙狀，表面光滑或內側疏被絲狀毛；長橢圓狀披針形至橢圓形葉片常具小紫斑，先端銳尖至鈍，基部歪基，邊緣鋸齒緣；大戟花序排列呈聚繖狀，具葉狀苞片，總苞表面光滑，內側被長柔毛，具黃綠色圓至橢圓形蜜腺4枚，腎形附屬物白色邊緣帶粉紅色；雄花 5 ～ 15 朵，卵形蒴果具 3 稜，表面具橫向皺紋。

▲蒴果表面光滑，大戟花序的白色腺體附屬物明顯可見。

▲紫斑大戟的枝條纖細，植株多呈倒臥狀生長。

斑地錦

Chamaesyce maculata（L.）Small

| 科名 | 大戟科 Euphorbiaceae |

花期 | 1 2 3 4 5 6 7 8 9 10 11 12

| 別名 | 小飛揚草 |

| 英文名 | spotted sandmat |

　　斑地錦廣布於極北區域的北美洲，歸化於臺灣全島，尤以中北部較為常見；生長於路旁、分隔島或人行道裂縫中。由於外觀與飛揚草相似，又被稱為「小飛揚草」，而稱飛揚草為「大飛揚草」。斑地錦與飛揚草皆匍匐於地表而生，偶爾挺起莖桿；然而斑地錦的葉片橢圓形或長橢圓形，與飛揚草略呈卵菱形的葉片明顯不同；斑地錦的植株大小也較飛揚草為小，在辨識上應無困難。大部分的斑地錦葉片都有長橢圓形的深色斑塊，偶爾也會出現沒有斑紋的葉片，千萬別因此就誤認成別的種類囉。

| 形態特徵 |

　　匍匐至斜倚草本，莖上表面被有絲狀毛；葉片橢圓形、長橢圓形至鐮形，先端銳尖至鈍形，葉基圓而歪基，葉下表面被絲狀毛，綠色中央常帶有延長狀紫色斑紋；密繖花序單生於節上，具有短而擁擠的側枝；壓扁狀倒卵形附屬物白色至紅色；雄花花藥紅色；蒴果三瓣狀卵形，外伸而略點頭狀，表面被絲狀毛。

▲斑地錦肆意地在夏日蔓延，即使長過滾燙的金屬蓋也想要跨越。

▲成熟後蒴果表面均勻地疏被纖毛。

▶成片生長的斑地錦，偶爾有個頭較魁的個體。

伏生大戟

Chamaesyce prostrata（Ait.）Small

科名｜ 大戟科 Euphorbiaceae

花期｜ 1 2 3 4 5 6 7 8 9 10 11 12

英文名｜ prostrate sandmat, prostrate spurge

　　伏生大戟泛熱帶分布，臺灣可見於全島草地、路旁、農田或海濱。由於植株微小且生育地相似，伏生大戟與同屬的匍根大戟（*C. serpens*）、千根草（*C. thymifolia*）等葉形相似的物種常被誤認；伏生大戟的蒴果3稜，且稜上被疏毛，可與另外2種相區隔。這些植株矮小、種子微細的種類，只要有人車的鞋底、輪胎凹痕內帶著土壤，很容易就挾帶著它們的種子四處旅行，所以這些矮小的地錦屬植物常出現在路旁、人行道旁或盆栽裡。

| 形態特徵 |

　　匍匐至斜倚草本，莖基部分支；三角形至線狀披針形托葉於莖上側離生，於莖下表面癒合，托葉先端二叉；葉片圓形至長橢圓形，先端銳尖至圓形，基部圓且歪基；密緻花序單生於節上，常生長於簇生的側枝，總苞鐘形，紅色橢圓形至長橢圓形腺體4枚，窄橢圓形附屬物紅色，全緣或波狀緣；雄花3～5朵；蒴果外伸，點頭狀，表面主要於稜角上被毛。

▲躲藏在葉腋間的蒴果，稜上具稀疏但明顯的柔毛。

▲伏生大戟的對生葉片疏生於纖細而延生的紫紅色枝條上。

匍根大戟

Chamaesyce serpens（H. B. & K.）Small

| 科名 | 大戟科 Euphorbiaceae |

花期｜ 1 2 3 4 5 6 7 8 9 10 11 12

| 英文名 | matted sandmat |

　　匍根大戟原產美國，近日已歸化臺灣全島；生長於路旁紅磚道及濱海地區。匍根大戟的外觀與伏生大戟（*C. protsrata*）、千根草（*C. thymifolia*）相似，然而匍根大戟的葉片先端常具凹陷，且白色三角形托葉頗為明顯，雌花基部的腺體附屬物為白色，附屬物較為窄小，可與其他 2 種同屬植物區分。

| 形態特徵 |

　　匍匐草本，節處生根，莖表面光滑；三角形托葉白色，先端牙狀；葉卵圓形至橢圓形，先端具缺刻至圓，基部歪基；大戟花序單生，鐘形總苞表面光滑，蜜腺紅色，橢圓或長橢圓形，白色附屬物腎形，邊緣全緣或近波狀緣；雄花 3～5 朵，花藥紅色；雌花子房表面光滑；蒴果表面光滑。

▲匍根大戟小面積地覆蓋向陽路旁與開闊地。

▲即使光滑的蒴果已成熟下垂，白色的腺體附屬物依然清楚可見。

▲匍根大戟的葉片卵形，先端多具小凹刻。

千根草

Chamaesyce thymifolia（Ait.）Small

科名｜ 大戟科 Euphorbiaceae

花期｜ 1 2 3 4 5 6 7 8 9 10 11 12

別名｜ 紅乳草、小飛揚、小本乳仔草、扁蓄、紅骨細本乳仔草

英文名｜ spurge

　　泛熱帶分布的千根草，在臺灣全島廣泛分布於草地、野地、田地及海濱。千根草的葉形多變，葉緣鋸齒有時明顯，有時卻不甚清楚，雖然個體常泛紅，但偶爾可見較為深綠色的個體，增加了本種與相似物種伏生大戟（*C. protsrata*）及匍根大戟（*C. serpens*）辨識的困難度。若是留意的話，許多臺灣的地錦屬（*Chamaesyce*）植物蒴果成熟後，果梗都會延長且向下彎曲，符合大戟科植物的特徵，千根草卻如淘氣的小搗蛋般，蒴果成熟後果梗長度不變，緊靠著紫紅色的腺體附屬物，加上蒴果表面疏被細毛，成為它的特色。

| 形態特徵 |

　　匍匐至斜倚草本，莖綠或紅色，上表面被絲狀毛，托葉於莖上表面一側離生，線狀披針形，表面被絲狀毛；葉綠至紅色，倒卵狀長橢圓形至長橢圓狀披針形，先端銳尖至圓，基部歪基截形、圓或近心形；大戟花序 1 至多枚密集叢生於側生分支，鐘形總苞外表被絲狀毛，淺綠色至紅色腺體 4 枚；白色至紅色附屬物壓扁狀倒卵形，雄花花藥紅色；蒴果表面被絲狀毛。

▲千根草的蒴果表面疏被毛。

▲綠色型的千根草偶爾可見，甚至混生於紅色型個體間。

▶千根草的莖與葉片常帶紅色，匍匐於地表而生。

195

波氏巴豆

Croton bonplandianus Baillon

外來種

科名 | 大戟科 Euphorbiaceae

英文名 | bonpland's croton

花期 | 1 2 3 4 5 6 7 8 9 10 11 12

　　巴豆屬（*Croton*）為大戟科中歧異的一屬，約有 800 種分布於熱帶及亞熱帶地區；主要分布於美洲，特別是南美洲及西印度群島；臺灣已有 2 種巴豆屬植物：裏白巴豆（*C. cascarilloides*）及巴豆（*C. tiglium*），兩種皆為生長於低海拔山區的小型喬木。波氏巴豆為許再文博士報導，歸化於臺南的小草本或灌木；原產南美洲，現已歸化不丹、斯里蘭卡、印度、巴基斯坦、尼泊爾、中南半島、馬來半島及非洲，成為具入侵性的外來雜草。在臺灣南部，可見於荒地、路旁、果園內沙地或沙質壤土一帶及都會區草坪；其全年開花結實，可能成為臺灣的農業害草。

| 形態特徵 |

　　直立草本或亞灌木，幼莖密被星狀毛；單葉互生於小分支先端；葉片披針形、窄至卵橢圓形或三角狀卵形，葉基鈍，具 2 腺體，先端銳尖，基部具三出脈；頂生穗狀花序具 2 ～ 8 朵雌花，雄花花萼綠色，花瓣白色；雌花表面疏被星狀毛，花梗極短，花萼 5 枚，無花瓣；綠色蒴果表面具淺溝，密至疏被毛，內含黑褐色種子 2 ～ 3 枚。

▶ 波氏巴豆於南部向陽開闊地可見。

▲花序先端的雄花。

▲花序基部為雌花，先端則開有成串雄花。

猩猩草

Euphorbia cyathophora Murr.

科名	大戟科 Euphorbiaceae
別名	火苞草、草一品紅、小聖誕紅
英文名	fire on the mountain, wild poinsettia

花期 | 1 2 3 4 5 6 7 8 9 10 11 12

　　猩猩草原生於美國東部及南部至南美洲北部、西印度群島；歸化於舊世界地區；在臺灣分布於濱海荒地或路旁。部分大戟屬（*Euphorbia*）植物的葉狀苞片具有鮮豔的色彩，每年耶誕節應景的「聖誕紅」便具有耀眼的紅色葉狀苞片，因此猩猩草也被稱為「小聖誕紅」。

| 形態特徵 |

　　多年生斜倚或直立草本至小灌木；葉卵形至卵狀披針形，先端銳尖至鈍形，葉基楔形至圓形，葉緣全緣、鋸齒緣至齒緣；大戟花序頂生於複二叉枝條上；葉狀苞片基部常為紅色，少數於葉狀苞片基部為黃色；總苞長管狀，表面光滑；黃色腺體常 1 枚，2 唇化；蒴果表面光滑；褐色或黑色種子卵狀橢圓形。

▲蒴果表面光滑。

▲猩猩草鮮豔的苞葉，容易讓人想起同屬的聖誕紅。

禾葉大戟

Euphorbia graminea Jacquin

外來種

科名 | 大戟科 Euphorbiaceae

英文名 | grassleaf spurge

花期 | 1 2 3 4 5 6 7 8 9 10 11 12

原產墨西哥南方，廣布於中美洲與南美洲北部。雖然禾葉大戟的名稱彷彿說著它的葉片與禾本科植物的葉片相似，但是就像其他大戟屬植物一樣，其實那些吸引人們目光的位置，恰恰是它花序上的葉狀苞片。禾葉大戟植株基部的葉片較為大型，葉片卵圓形至長橢圓形，先端漸尖或銳尖，葉基銳尖至鈍；植株先端的葉狀苞片線形或披針形，與人們印象中的「禾本科」植物葉片神似，成為它中文名稱的由來。禾葉大戟的生命力旺盛，2005 年首次報導出現在屏東後，現已廣泛分布於南臺灣都會公園或市郊荒地。

| 形態特徵 |

多年生草本，高 30～80 cm，具乳汁，斜倚或直立，莖具多稜，表面光滑或漸無毛，無托葉，具 1～2 枚腺體。葉互生，卵圓形至長橢圓形，先端漸尖或銳尖，葉基銳尖至鈍，全緣或具緣毛，兩面被毛。大戟花序排列成具梗的聚繖花序，葉狀苞片對生，線形或披針形，總苞管狀，花瓣狀附屬物 2～4 或 5 枚，倒心形白色，內具腺體。蒴果外露於總苞外，種子 3 枚，表面灰白色具橫皺紋，具稜角，表面具斑紋排列成縱列。

▲植株基部的葉片較為大型，葉片卵圓形至長橢圓形。

▲植株先端的葉狀苞片線形或披針形，與禾本科植物葉片神似。

▲花序排列成具梗的聚繖花序。

白苞猩猩草

Euphorbia heterophylla L.

科名	大戟科 Euphorbiaceae
別名	柳葉大戟
英文名	desert poinsettia

花期 | 1 2 3 4 5 6 7 8 9 10 11 12

　　白苞猩猩草原產美國南部至西印度群島、阿根廷等，現歸化於舊世界熱帶地區；在臺灣生長於南部及東部平野荒地、河床、步道旁。白苞猩猩草的葉狀苞片與一般的葉片相似，不像猩猩草般具鮮豔色彩，但仔細觀察，兩者的花序都是由單性花聚生在總苞中，一旁具黃色腺體。除了葉狀苞片不具顏色外，白苞猩猩草的葉片邊緣常全緣，不似猩猩草的葉片邊緣常具 1 ～ 2 枚裂片。

| 形態特徵 |

　　多年生斜倚或直立草本，莖表面疏被毛，葉卵形至披針形，先端銳尖至近漸尖，葉基鈍至圓形，葉兩面漸無毛；大戟花序著生於頂生二叉狀分支，葉狀苞片綠色或基部淺綠色；總苞長管狀，黃色腺體多為 1 枚，展開呈圓形，小苞片線形至倒披針形；雄花花藥黃色；蒴果表面漸變無毛；褐色至灰色種子卵形，先端平截。

▲白苞猩猩草苞葉與葉片同型，不具鮮豔色彩。

▲同樣由大戟花序組成的密緻花序，較猩猩草樸素許多。

▲渾圓的蒴果光滑而飽滿。

199

野老鸛草

Geranium carolinianum L.

外來種

科名 | 牻牛兒苗科 Geraniaceae

英文名 | carolina geranium

花期 | 1 2 3 4 5 6 7 8 9 10 11 12

　　野老鸛草的中文名稱 雖然有「野」字，卻是原產北美洲，歸化於臺灣中北部平地至低海拔山區的外來種植物，於新竹及林口一帶都市公園及校園可見。蒴果成熟時先端具有長長的矛突，正是這類植物最容易辨識的特徵。當受到外力碰撞，蒴果便自基部瓣裂，果瓣由基部往上反捲，將種子投射到附近，藉以繁衍後代。

| 形態特徵 |

　　直立草本，莖表面被長柔毛，偶具腺毛；葉腎圓形，深 5 裂，裂片先端銳尖；花成對簇生，卵形花萼表面被長柔毛，先端尾狀，粉紅色或白色花瓣 5 枚，與蜜腺互生，雄蕊 10 枚排列成 2 輪；蒴果先端具長矛狀尖突，成熟時由綠色轉為黑色；黑色種子橢圓形，表面被長毛。

◀野老鸛草是桃園、新竹一帶常見的野花。

▲蒴果先端有著長矛般的尖突。

▲深裂掌狀裂葉的先端各有數枚小裂片。

狗尾草

Heliotropium indicum L.

科名丨　天芹菜科 Heliotropiaceae

別名丨　耳鉤草、蟾蜍草、金耳墜、大尾搖、肺炎草

英文名丨　Indian heliotrope

花期丨 1 2 3 4 5 6 7 8 9 10 11 12

　　廣布於熱帶地區；在臺灣，狗尾草是低海拔的常見野花，尤以南部潮溼荒地常見。或許是人類最忠實的朋友 —— 狗，總是給人搖著毛茸茸尾巴、笑臉歡迎主人的討喜印象，在臺灣野外具有一串帶毛的花序或花穗，被稱為「狗尾草」的物種不勝枚舉，其外觀大多具有總狀或穗狀花序，只有天芹菜科的狗尾草具有蠍尾狀聚繖花序，白色、淺藍色至藍紫色花朵由基部向末端依序向上綻放。在南部近全年開花的它，於北部花期則集中在下半年。

| 形態特徵 |

　　一年生直立草本，莖具分支，表面被糙毛；葉卵形，先端銳尖，葉基鈍至近心形，互生或近對生，邊緣波狀緣，葉兩面被糙毛；蠍尾狀聚繖花序頂生或近頂生，1 至多枚；披針形花萼裂片表面被糙毛；白色、淺藍色至藍紫色花冠管狀；堅果狀核果 4 稜，深 2 裂，表面光滑。

▲蠍尾狀的花序有如小狗開心時搖晃的尾巴。

▲狗尾草為在向陽乾燥荒地也能開花的直立草本。

201

伏毛天芹菜

外來種

Heliotropium procumbens Mill. var. *depressum*（Cham.）H. Y. Liu

科名｜　天芹菜科 Heliotropiaceae

花期｜ 1 2 3 4 5 6 7 8 9 10 11 12

英文名｜　fourspike heliotrope, heliotrope

　　伏毛天芹菜原產中南美洲；在臺灣歸化於南部平野荒地，在稍微乾燥的公園綠地、路旁、水田及鹽田邊、魚塭旁等地，都可以見到它的身影；全株被有倒伏糙毛的它，從略顯乾燥的莖葉中伸出蠍尾狀的花序，點綴著一朵朵白中帶黃的小花；結實時一粒粒圓球般堅硬的核果單側排列在延長的果序上，讓人難以想像它開花時小巧可愛的模樣。

| 形態特徵 |

　　一年生或多年生直立草本，偶為匍匐狀；莖表面被伏毛；葉互生，線狀披針形至倒披針形，先端銳尖，葉基漸狹，葉兩面被伏毛；聚繖花序頂生，1～4枚；披針形花萼裂片深裂，表面被伏毛；花冠管狀，白色中央帶黃色；堅果狀核果表面被伏毛，內含種子1枚。

▲等不及花朵開完，基部的果實就已膨大。

▲伏毛天芹菜具多數蠍尾狀花序，頂生於植株先端。

地耳草

Hypericum japonicum Thunb. ex Murray

科名	金絲桃科 Hypericaceae
別名	小還魂
英文名	matted st. john's-wort

花期| 1 2 3 4 5 6 7 8 9 10 11 12

廣布於東亞、南亞、澳洲、紐西蘭；臺灣全島低海拔開闊溼地或乾燥地可見。臺灣原生有 14 種金絲桃屬植物，其中不乏生長於中高海拔的珍稀物種，其中地耳草是少數分布於臺灣平野的金絲桃屬植物，除了原生在許多池塘或滲水溼地外，在較為潮溼的自然或人工草坪內，也有機會自草叢間見到一朵朵地耳草的小黃花。

| 形態特徵 |

一年生草本，直立至斜倚並與基部生根，莖桿單生或分支，具有淺色腺點；葉無柄，葉片卵形至長橢圓形，葉基心狀抱莖至楔形，葉背偶蒼白，具有 1 ～ 3 條基生主脈與 1 ～ 2 條側脈但不具明顯網狀脈，無邊緣腺體，葉面具有多數淺色腺點；二叉聚繖花序或單生聚繖花序，花萼狹長橢圓形或披針形至橢圓形，全緣，具有淺色腺點或排列成線；花瓣淺黃色至橘色；蒴果圓柱狀至球形，種子具縱紋與細橫紋。

▲為少數分布於臺灣平野的金絲桃屬植物。

▲葉基心狀抱莖至楔形，蒴果圓柱狀至球形。

▲植株先端具有二叉聚繖花序或單生聚繖花序。

臺灣筋骨草

Ajuga taiwanensis Nakai ex Murata

| 科名 | 唇形科 Lamiaceae（Labiatae）
| 別名 | 散血草、筋骨草
| 英文名 | manybracteole bugle

花期 | 1 2 3 4 5 6 7 8 9 10 11 12

　　臺灣筋骨草分布於琉球、臺灣、中國大陸廣東及菲律賓；臺灣全島低地至海拔 2,000 公尺處可見。筋骨草屬（*Ajuga*）植物為民間草藥，除了在山區及平野出現外，也常被民眾栽培以供藥用，為臺灣最常見的筋骨草屬植物；除了臺灣筋骨草外，都會區內偶爾可發現罕見的原生植物：網果筋骨草（*A. dictyocarpa*）、日本筋骨草（*A. nipponensis*）與矮筋骨草（又名紫雲蔓，*A. pygmaea*）的栽培個體。

| 形態特徵 |

　　多年生直立至斜倚草本；葉螺旋狀排列，葉片窄倒卵形至倒披針形，葉基楔形，先端鈍至圓，邊緣波狀，葉兩面被粗毛；花腋生，形成穗狀般總狀花序，花序軸節上偶具卵形苞片；花無柄或具短花梗；花萼鐘狀，藍白色至粉紅色花冠二唇化；小堅果。

▲臺灣筋骨草的植株矮小而直立，偶見於草坪或潮溼牆角。

▲臺灣筋骨草的花冠下唇 3 裂，中裂片先端二叉。

日本筋骨草

直立或斜倚草本，偶具短走莖；葉叢生或近叢生；花冠約 15 mm 長，花白色。

▲日本筋骨草的白色花冠長於 1 cm，植株也較為高大。

網果筋骨草

匍匐具長走莖草本；走莖上葉片疏生；花冠約 5 mm 長，花淺紫色。

▲網果筋骨草為匍匐生長的多年生草本，葉片卵形。

矮筋骨草

具長走莖的草本植物，走莖上無葉片，葉蓮座狀；花冠約 10 mm 長，花深紫色。

▶矮筋骨草又名紫雲蔓，具有纖細的長走莖。

伏生風輪菜

Clinopodium brownei（Sw.）Kuntze

科名	唇形科 Lamiaceae（Labiatae）

花期｜ 1 2 3 4 5 6 7 8 9 10 11 12

英文名	browne's savory

　　伏生風輪菜原產於歐洲、北美與西亞，並引進臺灣作為園藝用途，以往此一匍匐生香草被誤鑑定為另一種原產西歐的香草薄荷：科西嘉薄荷（*Mentha requienii*）。然而，科西嘉薄荷具有腋生聚繖花序，2～6 朵白色或粉色花朵與微小的葉片（短於 1 cm），與具有單生白色花朵並帶有紫色斑紋，卵狀或寬卵形葉片（寬於 1 cm）的伏生風輪菜不同。根據以往的誤鑑定與歸化事實，它應為廣泛應用且溢出的園藝植物。伏生風輪菜的植株外型與臺灣原生的風輪菜屬植物相比較為纖細，花朵卻單生於葉腋，加上輕微觸碰後就能嗅到嗆鼻的香氣，讓人很難與臺灣原生的風輪菜屬植物聯想在一起；但是伏生風輪菜的花朵就像放大版的風輪菜屬植物的花一樣，反而提供了觀察的好機會。伏生風輪菜的生命力旺盛，除了全年開花結果外，也能透過營養繁殖的方式，利用匍匐莖隨水漂流，在許多都會公園中營造的水生生態池中自生。

｜形態特徵｜

　　多年生草本，具香味，匍匐後於開花時斜倚，節處生根；莖 4 稜，疏或密被毛；葉序對生，葉片卵形或廣卵形，邊緣齒緣，先端鈍至圓，葉面具腺體；花單生，腋生於先端斜倚的莖，花萼綠色，5 裂，裂片先端銳尖花萼筒具肋紋，萼筒內具有一圈毛；花冠二唇化，白色、粉紅色白色至紫色，上唇 2 裂，下唇 3 裂，中央裂片先端凹陷，雄蕊 4 枚，二體雄蕊且著生於花冠上。

▲花朵比其他臺灣產風輪菜屬植物為大。

◀葉序對生，葉片卵形或廣卵形，邊緣齒緣，先端鈍至圓。

光風輪

Clinopodium gracile（Benth.）Kuntze

科名｜ 唇形科 Lamiaceae（Labiatae）

花期｜ 1 2 3 4 5 6 7 8 9 10 11 12

別名｜ 光風輪葉、塔花

英文名｜ slender wild basil

　　光風輪分布於日本、韓國、中國大陸、馬來亞、不丹及印度；在臺灣平地至中、低海拔山區路旁及草坪可見，尤以北部平地較為常見。雖然名為「光風輪」，表面卻偶爾疏被毛，不過跟另一種北部常見、全株被毛的同屬植物風輪菜（*C. chinensis*）相比，光風輪的確光滑不少。

| 形態特徵 |

　　小型多年生叢生草本，莖於基部節處生根；葉柄表面被毛，葉片廣卵形，先端近銳尖，葉基圓或廣截形，邊緣銳齒至鋸齒緣，葉兩面光滑；花少數排列成輪狀聚繖花序；花萼管狀二唇化，脈上被粗毛，上側齒裂反捲，下側二齒裂具小尖突，花冠二唇化，花冠筒直；橢圓形上唇 2 裂，下唇 3 裂，裂片廣卵形；小堅果圓形。

▶光風輪的花冠雖小，仍可見到明顯的二唇化花冠。

▲光風輪常成片平鋪地表，開出成串的唇形小花。

相似種辨識

風輪菜

斜倚草本，植株常高於 30 cm，全株明顯被毛。

▲「風輪菜」是北部濱海與郊山的常見野花，花序的毛被物明顯比光風輪濃密。

▶結實後輪狀聚繖花序往上延長。

香苦草

Hyptis suaveolens（L.）Poir.

科名｜　唇形科 Lamiaceae（Labiatae）　　　花期｜ 1 2 3 4 5 6 7 8 9 10 11 12

別名｜　山粉圓、山香、假走馬風、臭草、假藿香、毛老虎、山薄荷、藥黃草、蛇藥子、毛射香、狗骨消、臭屎婆、逼死蛇、黃黃草、大還魂、毛麝香、狗母蘇

英文名｜　pignut

　　香苦草於全球熱帶地區廣布，在臺灣南部為常見野草。香苦草的小堅果泡水後，可製成夏日清涼的飲料——山粉圓，由於製成的飲料具有飽足感，不失為想要消暑卻又怕胖的饕客的首選之一，雖然喝過它的人不在少數，然而知道它長相的人卻不多；若是搓揉香苦草的葉片，會聞到芭樂味喔。

| 形態特徵 |

　　多年生直立草本，全株表面被纖毛及腺毛，可達 1 m 高，莖具 4 鈍稜；葉片卵形至廣卵形，葉基近心形至心形，先端鈍，邊緣鋸齒緣，葉兩面被腺點；輪狀聚繖花序頂生或腋生；鐘狀花萼具 5 齒，表面被腺點，萼齒等長，花冠筒二唇化，上唇倒心形，下唇 3 裂，中裂片廣卵形舟狀，側裂片卵形；小堅果壓扁狀廣倒卵形。

▶香苦草又名山粉圓，常見於南部向陽開闊地或平野。

▲上唇較為寬大明顯的唇形花在唇形科中較為少見。

白花草

Leucas chinensis（Retz.）Smith in A. Rees

科名｜　唇形科 Lamiaceae（Labiatae）　　花期｜ 1 2 3 4 5 6 7 8 9 10 11 12

別名｜　白花仔草、虎咬廣

　　白花草分布於中國和緬甸；為臺灣濱海、平地及淺山向陽地極為常見且廣布的野花，因此各地的葉形及植株大小多少有些變化及差異。雖然野外開白花的植物種類繁多，但是白花草明顯二唇化的花冠，極易與其他物種區分。白花草雪白的下唇像極了白袍，圓盔狀的上唇，像極了斗篷的帽子，整朵花就像身穿白衣的洋娃娃。

| 形態特徵 |

　　直立或匍匐草本，達 50 cm 高，全株表面被粗毛，莖 4 稜；葉廣卵形，葉基鈍至圓，偶歪基，先端鈍，邊緣疏鋸齒緣；輪狀聚繖花序腋生，2 朵側生花常退化；花萼管狀，具 10 肋及 10 萼齒，白色花冠管狀二唇化，分裂至花冠 1/2 深處，上唇卵形至廣卵形，凹形，下唇 3 裂，中裂片橫橢圓形，先端具凹陷；小堅果具 3 稜，表面光滑。

▶白花草廣泛分布於全臺濱海與淺山，當然也分布於都會之中。

▲白色的唇形花上唇被毛，下唇 3 裂，相當可愛。

209

琴葉鼠尾草

Salvia lyrata L.

外來種

科名｜　唇形科 Lamiaceae（Labiatae）

英文名｜　lyreleaf sage

花期｜ 1 2 3 **4 5 6** 7 8 9 10 11 12

　　原產於美國東部，歸化於臺灣北部半遮蔭草地；在美國部分地區被列為雜草，結實率極高，且因其為蓮座狀生長，不易被割草機割除，未來有近一步擴張之虞。臺灣許多原生的鼠尾草屬植物分布海拔較高，平地僅有常見園藝種「一串紅」以及平野荒地自生的「節毛鼠尾草」較為常見。琴葉鼠尾草是近年歸化於臺灣北部的大型鼠尾草屬植物，是臺灣目前唯一具有琴狀裂葉的物種，加上花朵略大，可輕易與其他平地可見的鼠尾草屬植物相區隔。

| 形態特徵 |

　　多年生草本。基生葉成蓮座狀排列，倒卵狀披針形，邊緣全緣、羽狀缺刻或分裂，先端銳尖至鈍形，基部平截形，表面密披粗毛；花莖四方形，表面披粗毛，莖生葉披針形至橢圓形，節上 4～8 朵成輪繖花序排列成疏鬆穗狀；花萼二唇化，外表面披長粗毛。小堅果卵形，成熟時黑色，表面散生疣狀突起。

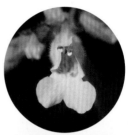
◀花冠上唇盔狀，下唇 3 裂，中裂片較大擴展，先端深凹入。

▲花冠長管狀，淡藍色或白色，二唇化。

▲琴葉鼠尾草為多年生草本。基生葉成蓮座狀排列。

▲宿存花萼二唇化，表面披長粗毛，上唇平截狀或明顯 3 齒裂，下唇 2 齒裂，其內可見小堅果。

節毛鼠尾草

Salvia plebeia R. Br.

科名｜ 唇形科 Lamiaceae （Labiatae）

別名｜ 薺薴蛤蟆草、賴斷頭草

英文名｜ australian sage

花期｜ 1 2 3 4 5 6 7 8 9 10 11 12

　　分布於日本、韓國、中國大陸、菲律賓、馬來亞、澳洲；臺灣全島低地可見。臺灣產的鼠尾草屬（*Salvia*）屬植物多生長於遠離人群的山區，即使是郊山的林蔭下，也得多走幾步山路才能一親芳澤；節毛鼠尾草是唯一在人來人往都會叢林中發現的本屬植物，不愛山林的它喜歡開闊干擾地，沒有誇張的花冠與鮮豔的色彩，就像都會中默默埋首的人們一樣，靜靜地吐芽、繁衍。

| 形態特徵 |

　　直立草本，全株表面被毛，莖4稜；葉無柄或具柄，上表面具溝，葉片卵形至長橢圓狀卵形，下表面光滑或僅於葉脈上被毛，邊緣鈍齒緣至鋸齒緣；花聚生成輪生聚繖狀，形成頂生總狀或圓錐花序；花萼下唇三角形二齒裂，先端銳尖，淺紫色花冠管狀，二唇化，上唇卵形，邊緣波狀緣下唇3裂；倒卵形小堅果表面光滑。

▲節毛鼠尾草的紫色花朵嬌小，不若綠色的花萼顯眼。

▲節毛鼠尾草的花序總狀，結實後仍可見綠色的宿存萼片。

向天盞

Scutellaria barbata D. Don

| 科名 | 唇形科 Lamiaceae （Labiatae） | 花期 | 1 2 3 4 5 6 7 8 9 10 11 12 |

別名| 狹葉韓信草、半枝蓮、並頭草、乞丐碗、昨日荷草

英文名| baikal skullcap

　　向天盞分布於中國大陸、喜馬拉雅山區，臺灣常見於中北部，南部較少；向天盞為臺灣產黃芩屬（*Scutellaria*）中常見於平野的物種；可能由於紫色的花朵皆朝一側開放，故又名「半枝蓮」；除此之外，它的葉片較其他本屬植物為狹窄，在中國又稱為「狹葉韓信草」。除了紫色帶白斑、吸引訪花昆蟲前來傳粉的開放花外，偶爾可見白色花苞狀、不開花就結果的閉鎖花；雖然減少了基因交流的機會，當環境合適時，行閉鎖花的生殖方式有助於大量產生後代，藉以擴展族群。

| 形態特徵 |

　　多年生直立草本，表面光滑，莖4稜；葉片窄卵形至卵形，基部鈍至截形，先端銳尖至鈍，基部葉片邊緣明顯鋸齒緣，上部葉片全緣；花腋生，具對生葉狀苞片，排列成頂生總狀花序；二唇化花萼管狀，先端具一盾片，表面微被毛，紫色或白色花冠長管狀，表面被毛，花冠先端二唇化，上唇盔狀，下唇紫色帶白斑，花冠筒基部直；小堅果圓形。

▲淺紫色的花朵朝單側斜倚開放。

▲花季末期可見不開花就結實的閉鎖花。

▲果實成熟後由宿存萼片包圍，有如早期的電線桿。

田野水蘇

Stachys arvensis L.

科名| 唇形科 Lamiaceae（Labiatae）

別名| 鐵尖草、毛萼刺草

英文名| staggerweed

花期| 1 2 3 4 5 6 7 8 9 10 11 12

　　田野水蘇分布於俄羅斯、歐洲、中國大陸、美洲；為臺灣北部平野荒地雜草，植株翠綠或偶泛黃，然而往南過了臺中，就得在中海拔開闊地才能尋見它的芳蹤。田野水蘇是臺灣產水蘇屬（*Stachys*）中最常見的成員，另有都會人家經常栽培的同屬植物：草石蠶（*S. sieboldii*）偶見逸出於菜圃旁。

| 形態特徵 |

　　一年生直立草本，莖與分支偶於基部叢生；葉片卵形至寬卵形，葉基圓至近心形，先端鈍至圓，邊緣鋸齒緣；腋生聚繖花序，偶形成疏鬆的頂生總狀聚繖花序；花萼鐘狀，表面被粗毛，10脈，披針狀三角形萼齒近等長，先端銳尖，花冠紅色，二唇化，上唇廣卵形，下唇3裂；小堅果卵形。

▲在北部都會平野草坪可見的田野水蘇，在中南部得到中海拔山區才能見到。

相似種辨識

草石蠶

葉狀苞片較葉片為小，莖生葉長卵形，葉狀苞片線狀長橢圓形；花冠長於 1 cm。

▲草石蠶為水蘇屬的成員，為都會栽培後偶逸出的草藥。

圓葉煉莢豆

Alysicarpus ovalifolius（Schum.）J. Leonard

科名｜　豆科 Fabaceae

英文名｜　alyce clover

花期｜ 1 2 3 4 5 6 7 8 9 10 11 12

　　分布於熱帶非洲、馬達加斯加及亞洲；臺灣常見於全島平地開闊地、向陽草地及路旁、河岸或海岸，尤其以濱海公路及道路兩旁最為常見；圓葉煉莢豆的花序纖細而延長，嬌小的蝶形花疏生點綴於花梗上，可惜它在臺灣常生長於濱海地區，植株常被無情的海風吹得零落破碎。

｜形態特徵｜

　　一年生直立或匍匐開展草本；葉常二型，植株基部具橢圓形葉片，近先端花序處葉片為長橢圓至窄披針形，上表面具白色斑紋；總狀花序頂生；蝶形花疏生於頂生總狀花序內；花萼乾膜質，裂片深裂，上側裂片常合生，花瓣橘紅色帶黃色紋路；節莢果宿存，表面被鉤狀毛，莢果常無隔但偶於先端節內具隔，節 4 ～ 6 處，每節內含種子 1 枚。

▶尚未被傳粉者造訪的蝶形花龍骨瓣尚未變形。

▲被傳粉者造訪後，龍骨瓣向下推擠，露出雄蕊與雌蕊。

▲節莢果成熟後色深，隨後一節節脫落。

煉莢豆

Alysicarpus vaginalis（L.）DC.

科名 | 豆科 Fabaceae

別名 | 山土豆、山地豆、土豆舅

英文名 | white moneywort

花期 | 1 2 3 4 5 6 7 8 9 10 11 12

煉莢豆廣泛分布於舊世界熱帶；常見於臺灣全島開闊荒地、草地及路旁。煉莢豆又名山土豆、山地豆，常從草坪中伸出斜倚的串串橘紅色總狀花序。在臺灣尚有一變種——黃花煉莢豆（*A. vaginalis* var. *taiwanensis*），其花為黃色，雖然變種名為臺灣，卻被認為是偶見的外來物種，僅於臨海地區尋獲。

| 形態特徵 |

斜倚至匍匐草本，具多數分支；托葉乾膜質；葉常二型，基部鈍，莖基部葉片橢圓形，先端微凹或圓形，先端近花序的葉片長橢圓形至長橢圓狀披針形；蝶形花疏生於頂生總狀花序；花萼乾膜質，裂片深裂，上部2枚常合生，花瓣橘色帶黃斑；節莢果圓柱狀，表面具皺紋，漸無毛，具4～8關節，每節含種子1枚。

▲煉莢豆的莢果成熟後轉為褐色，分節脫落。

相似種辨識

黃花煉莢豆

花黃色。

▲黃花煉莢豆是濱海地區偶見的歸化植物。

▲淺橘色的旗瓣和深色的龍骨瓣間，還有草綠色的狹長翼瓣。

蔓花生

Arachis duranensis Krap. & Greg.

科名｜　豆科 Fabaceae

花期｜　1 2 3 4 5 6 7 8 9 10 11 12

　　原產於印度。蔓花生是近年來風行的一種都會地被植物，由於植株平鋪於地表，有助於抵抗雨水沖刷植穴內土壤，加上抽出的花莖又不高，即使辛勤的園丁整理花圃後，依然可見成片的翠綠橢圓形小葉與迎風搖曳的黃花。它的結實率不高，不易像以往採用的地被植物如南美蟛蜞菊、馬纓丹等衍生外來種入侵問題，因此不失為值得推廣的都會植被。

| 形態特徵 |

　　一年至多年生草本，莖多分支，匍匐，長可達 1 ～ 2 m；羽狀複葉具 4 小葉，小葉橢圓形或卵狀橢圓形，黃綠色，先端圓鈍，基部圓或鈍；蝶形花旗瓣無紅色條紋，單生，黃色，雄蕊單體；開花後子房柄延伸至土中，發育成莢果；莢果長卵形，具喙。

◀旗瓣廣大，中央的翼瓣包圍著龍骨瓣。

◀黃色花瓣外圍的花萼二唇化，上唇明顯大於下唇。

▲蔓花生是近日都會大量栽培的地被景觀植物。

山珠豆

Centrosema pubescens Benth.

外來種

科名 | 豆科 Fabaceae

別名 | 距瓣豆

英文名 | flor de conchitas

花期 | 1 2 3 4 5 6 7 8 9 10 11 12

山珠豆原產南美洲；臺灣栽培後逸出並歸化於開闊路旁、荒地與河床，尤其於南部平野十分常見，分布的海拔可達 1,000 公尺。山珠豆的粉紅色蝶形花帶有些許清雅，卻會結出細長、微彎成鐮形的豆莢，內含許多圓柱狀的小種子。山珠豆的旗瓣朝下，與其他常見的蝶形花亞科物種不同。

| 形態特徵 |

多年生纏繞藤本；三出複葉，頂小葉橢圓形至長橢圓形，先端短銳尖，葉兩面光滑；粉紅色蝶形花 3～5 朵著生於腋生總狀花序；鐘形花萼 5 裂，下方裂齒稍長於其餘 4 枚，旗瓣圓形，長於翼瓣，外表面密被絲狀絨毛，倒卵狀翼瓣鐮形，龍骨瓣彎曲；扁平莢果線形，先端銳尖，兩側接縫具脊，表面光滑，內含種子 7～15 枚。

▲山珠豆的花萼裂片不等長，近翼瓣者最為狹長。

◄粉嫩的蝶形花，旗瓣與眾不同地向下開展。

◄偶見全為白色的個體。

▶山珠豆為具三出複葉的草質藤本，常見於南部荒地。

假含羞草

Chamaecrista mimosoides（L.）Green

科名 | 豆科 Fabaceae

英文名 | japanese tea, tea senna

花期 | 1 2 3 4 5 6 7 8 **9** **10** **11** **12**

　　原產印度、中國大陸南部、馬來西亞、澳洲。豆科的蘇木亞科有許多大型木本植物，常見的鳳凰木、阿勃勒等校園植物皆屬此一亞科的成員；除了小苗之外，都會草坪上可見的蘇木亞科成員並不多。假含羞草屬的葉片具有許多小葉，光看葉子易與常見的草坪植物含羞草相似，然而兩者卻是不同亞科的成員。

　　假含羞草屬成員具有 5 枚大而顯著的花瓣，花數朵簇生於葉腋，可與花多朵叢生成頭狀，具有長長花絲的含羞草屬植物相區隔。蘇木亞科假含羞草屬（*Chamaecrista*）與決明屬（*Senna*）的成員，如高大而常見的行道樹鐵刀木（*S. siamea*）、黃槐（*S. sulfurea*），或是民間用藥望江南（*S. occidentalis*）、決明（*S. tora*）等物種，黃色的花都具有 10 枚雄蕊，不同物種間的 10 枚雄蕊長短不一，排列方式與功能也有所不同；較短者常不稔，提供蜜蜂等訪花者取食之用，較長的花藥可稔，可將花粉沾附在訪花者背部，用以授粉之用。

　　假含羞草生長在臺灣全島許多開闊地，雖然具有 5 枚花瓣，卻各自離生，輻射狀展開，與都會可見其他亞科的豆科植物差距甚大；只能藉由羽狀複葉與長長的豆莢，喚起人們對它所屬類群的印象。假含羞草的葉片與「正牌」的含羞草同樣具有羽狀排列的小葉，但是假含羞草對觸覺並不敏感，只能隨日出、日落開閉小葉片，才被冠上「假含羞草」之名。

| 形態特徵 |

　　直立偶匍匐草本，具斜倚堅韌分支，多少被毛；一回羽狀複葉，小葉 30 ～ 60 對，小葉片線狀鐮形，先端具小尖頭，葉柄腺點明顯；花序具 1 ～ 3 朵花；花萼黃色，披針形，先端銳尖，花瓣倒卵形，先端鈍，雄蕊 10 枚；莢果線形，扁平，1.5 ～ 3.5 cm 長，微彎曲，內含種子 15 ～ 26 枚。

▶假含羞草開出黃色的單生花，與含羞草迥異。

▲假含羞草豆莢長而直，表面具纖毛多數。

▲阿勃勒是都會常見的景觀樹種，其花朵中央
有長短二型雄蕊。

▲大花黃槐是民間經常栽培的藥用植物。

蝶豆

Clitoria ternatea L.

科名 | 豆科 Fabaceae

花期 |

英文名 | asian pigeonwings, bluebellvine, blue pea, butterfly pea, cordofan pea, darwin pea

　　原產舊世界熱帶地區，臺灣中南部向陽草地、林緣、路旁與荒地可見。蝶豆早年引進栽培作為觀花植物，大而顯眼的花朵加上少見的花色，成為許多都會或田園花圃的熱門作物，近年來隨著蝶豆花作為食物染料的風潮，蝶豆再次獲得許多民眾的栽培，成為秀色可餐的觀花植物。

| 形態特徵 |

　　高大纏繞藤本，表面被毛。奇數羽狀複葉：小葉 5 ～ 9 枚，卵形至長橢圓形，長 3 ～ 7 cm，先端鈍；托葉小，針狀。花單生且近無柄，長 3 ～ 5 cm；花萼萼齒披針形，為圓形苞片包圍，苞片宿存；花冠淺藍色具淺色斑紋。莢果線形，扁平，先端具喙，長 5 ～ 10 cm，內含 6 ～ 10 枚種子。

▲蝶豆早年引進栽培作為觀花植物，具有大而顯眼的藍色花朵。

▲花單生且近無柄，外圍為圓形苞片包裹。

▲莢果扁平線形，先端具喙；基部的圓形苞片宿存。

◀偶爾可見白色花朵的個體。

多枝草合歡

Desmanthus pernambucanus（L.）Thell.

科名｜ 豆科 Fabaceae

花期｜ 1 2 **3** **4** **5** **6** **7** **8** **9** **10** **11** 12

英文名｜ acacia courant, acacia savane, dwarf koa, desmanto, pompon blank, prostrate bundleflower, wild tantan

　　原產新世界熱帶與亞熱帶；臺灣南部乾河床與路旁干擾地歸化。多枝草合歡其實是一種灌木，在環境適合時，能夠長出手指粗的主幹與側枝，但是在管理和刈草頻繁的都會區內，多枝草合歡時常被「砍掉重練」的結果，就是長出許多纖細的翠綠細長枝條，3～6 對羽片的二回羽狀複葉，以及白色的頭狀花序，符合中名的含意。多枝草合歡的頭狀花序外圍由雄花環繞中央的兩性花，只有中央的兩性花才能結出長長的莢果，以及褐色的菱形種子。多枝草合歡的葉軸近基部具有一個圓形突起，能夠分泌糖蜜吸引螞蟻前來取食，甚至協助抵抗若干植食性動物，間接保護了多枝草合歡，或許是它的高結實率與互利共生的策略，讓它廣泛分布在南臺灣都會區內的許多綠地與荒地。

| 形態特徵 |

　　直立灌木，莖光滑，具稜。二回羽狀複葉；羽片多 6 對；最基部一對具有葉柄腺點，長橢圓形，先端銳尖，基部歪基截形，邊緣具纖毛；托葉錐狀。花白色，聚生成腋生頭狀花序，先端為兩性花，基部者為不稔花；苞片錐狀；花萼 5 裂，花瓣 5 枚，倒披針形，雄蕊 10枚，離生；花藥背側著生；雌蕊表面光滑。莢果線形，先端具短喙；種子菱形，深褐色。

▲腋生頭狀花序具長梗，先端者為兩性花，基部者為不稔花。

▲花序先端的兩性花結實率高，可見線形莢果。

◀二回羽狀複葉的羽片對數多變，細小枝條的複葉羽片僅 2 對。

221

蠅翼草

Desmodium triflorum（L.）DC.

科名｜	豆科 Fabaceae

花期｜ 1 2 3 4 5 6 7 8 9 10 11 12

別名｜ 三點金、三耳草、四季春、珠仔草

英文名｜ threeflower ticktrefoil

　　蠅翼草又名「三點金」，分布於熱帶亞洲；臺灣全島海拔 1,800 公尺以下草地、荒地、路旁、河岸等開闊地常見。或許是它的三出複葉在草坪上特別顯眼，令人想到蒼蠅的翅膀，才取了「蠅翼草」、「三點金」這般望文生義的名稱。

| 形態特徵 |

　　小型匍匐至斜倚草本，莖表面全被毛；三出複葉，倒卵狀楔形或倒卵狀截形小葉膜質；蝶形花腋生，單生或排列成腋生或頂生假總狀花序；鐘狀花萼草質，表面被毛，紫色或粉紅色蝶形花冠展開，旗瓣寬廣，圓形至長橢圓形；節莢果扁平，具 2～5 關節，成熟時分裂成多枚具 1 種子的裂片，背側直，腹側收縮，表面被鉤毛及網脈。

▲結實的節莢果彎曲如鐮刀般。

▲成片的綠葉中開出紫色小花，好像在交換祕密。

毛木藍

Indigofera hirsuta L.

科名 | 豆科 Fabaceae

英文名 | hairy indigo

花期 | 1 2 3 4 5 6 7 **8** **9** **10** **11** **12**

　　毛木藍廣泛分布於熱帶地區；在臺灣全島及小琉球海拔 1,200 公尺以下路旁、林緣、草地及荒地等開闊地可見，尤其常見於南部地區，毛木藍全株被直立剛毛，可與臺灣產其他木藍屬（*Indigofera*）植物相區隔。

| 形態特徵 |

　　一年生或二年生直立或倒臥草本，莖表面密被褐色展開剛毛；羽狀托葉具剛毛；奇數一回羽狀複葉，倒卵形小葉 5 ～ 7 枚，表面密被伏毛。總狀花序腋生，短於葉片，橘紅色蝶形花密生於花序軸上；鐘狀花萼 5 裂，下側者較長，旗瓣卵形至倒卵形，龍骨瓣直；莢果直線形，表面密被展開毛，內含種子 6 ～ 8 枚，為假隔分開。

▶ 毛木藍的莢果平直，表面密被粗毛。

▲ 毛木藍全株被粗毛，自莖頂伸出成串橘紅色花序。

細葉木藍

Indigofera linifolia（L. f.）Retz.

科名	豆科 Fabaceae

花期｜ 1 2 3 4 **5 6 7 8 9** 10 11 12

英文名	narrow-leafed Indigo

　　木藍屬（*Indigofera*）全球共約 700 種，廣泛分布於全球與亞熱帶地區，在臺灣紀錄有 16 種。細葉木藍為匍匐後直立的一年生草本，全株被有銀色毛，其總狀花序極短，微小的紅色蝶形花與球形莢果腋生於線形單葉間，為臺灣產本屬植物中果實最微小的類群。本種廣泛分布於南亞、東南亞、中國與澳洲，在臺灣零星分布於中南部（包括琉球嶼）與東部中、低海拔開闊地、河床、路緣，在南部都市的濱海灘地或溼地可見。

| 形態特徵 |

　　一年生草本，高 15 ～ 20 cm，具有多數纖細分支，表面被有銀色毛；單葉線形，先端銳尖，兩面密被或疏被毛，托葉具有微細橫紋；總狀花序短於葉片，花紅色，莢果微小，圓形，表面被銀色毛。

▲總狀花序極短，微小的紅色蝶形花與球形莢果腋生於線形單葉間。

▲莢果球形，為臺灣產本屬植物中果實最微小者。

◀細葉木藍為匍匐後直立的一年生草本，全株被有銀色毛。

穗花木藍

Indigofera spicata Forsk.

科名 | 豆科 Fabaceae

別名 | 十一葉木藍、十一葉馬棘

英文名 | creeping indigo

花期 | 1 2 3 4 5 6 7 8 9 10 11 12

豆科

穗花木藍分布於印度、中國大陸南部、南非；臺灣全島海拔 1,200 公尺以下草原、荒地、路旁等乾燥開闊地常見，由於穗花木藍匍匐性佳、生長迅速，且開出紫紅色或粉紅色的腋生總狀花序，因此逐漸應用於花圃的地被景觀植物之用，加上原生於臺灣，如此的地被植物值得大力推廣。

| 形態特徵 |

一年生匍匐草本，莖表面被灰色伏毛；奇數一回羽狀複葉，小葉 9 ～ 11 枚互生，倒披針形至倒卵形，偶為線形，下表面被少數伏毛；總狀花序與葉片近等長；蝶形花亮紫色或粉紅色，花萼鐘狀，旗瓣倒卵形，龍骨瓣直而不呈喙狀，基部具距，二體雄蕊；莢果直線形，4 稜，表面漸無毛，內含種子 8 ～ 10 枚，為假隔分隔。

▲花季時抽出長長一串的橘紅色花序。

▶長直且光滑的莢果內含種子多枚。

雞眼草

Kummerowia striata（Thunb. ex Murray）Schindl.

科名｜ 豆科 Fabaceae

花期｜ 1 2 3 4 5 6 7 8 9 10 11 12

英文名｜ common lespedeza, japanese clover

雞眼草分布於日本、韓國、東北及中國大陸；臺灣北部海拔 500 公尺以下路旁、溼地、草地、河濱公園等開闊地可見。

| 形態特徵 |

一年生直立後匍匐草本，莖分支被逆向毛；三出複葉，小葉近膜質，長橢圓形，先端鈍或多少銳尖；粉紅色蝶形花腋生，卵形苞片 2 枚，與花萼筒近等長，先端鈍，花萼 5 裂，裂片卵形，約花萼 1/2 長，具閉鎖花，花萼與蝶形花者同型；莢果具 1 關節，無柄，扁平微球狀，表面被伏毛。

▶由外而內可見紫紅色的旗瓣、白色的翼瓣與下方的龍骨瓣。

▲紫紅色的蝶形花單生於三出複葉葉腋。

賽芻豆

Macroptilium atropurpureus（DC.）Urban

科名｜ 豆科 Fabaceae

別名｜ 紫花大翼豆

英文名｜ siratro

花期｜ 1 2 3 4 5 6 7 8 9 10 11 12

　　原產熱帶美洲；在臺灣常應用為護坡植物，隨後歸化於全島海拔 500 公尺以下開闊荒地、路旁。賽芻豆外觀與同屬的寬翼豆（*M. lathyroides*）相似，但賽芻豆為纏繞草本，小葉卵形至菱形，表面較無光澤；寬翼豆常為直立草本，小葉為窄橢圓形或窄卵形，葉表面較具光澤，可與賽芻豆相區隔。

｜形態特徵｜

　　多年生纏繞草本；三出複葉，頂小葉卵形至菱形，全緣或 3 裂狀，上表面綠色，下表面灰綠色；蝶形花深紫色轉黑紫色，聚生成總狀花序；花萼鐘狀，5 裂，旗瓣反捲且基部具 2 枚耳狀突起，翼瓣較旗瓣為長；莢果線形，先端具尾尖，近圓筒狀，開裂時反捲。

▲賽芻豆是具有纏繞性的草質藤本。

▲蝶形花最顯眼的部分是暗紅褐色的翼瓣。

◀三出複葉的小葉寬卵形，先端鈍。

寬翼豆

Macroptilium lathyroides（L.）Urban

科名｜　豆科 Fabaceae

別名｜　紫花菜豆

英文名｜　wild bushbean

花期｜ 1 2 3 4 5 6 7 8 9 10 11 12

　　原產熱帶美洲；現已歸化於臺灣全島海拔 100 公尺以下開闊荒地、路旁及草地，尤以南部較為常見；寬翼豆與同屬的外來種賽芻豆（*M. atropurpureus*）相似。賽芻豆與寬翼豆的旗瓣為淺綠色，往一側彎曲，不如紫紅色的翼瓣顯眼，紫紅色的翼瓣往一側歪斜，使得翼瓣有如雞冠般直立。

| 形態特徵 |

　　一年生直立或偶攀緣性草本；頂小葉窄橢圓形或窄卵形，先端銳尖，葉基楔形，小葉不裂，上表面光滑，下表面為被毛；蝶形花紅褐色，聚生成總狀花序；花萼鐘狀，旗瓣反捲，基部具 2 枚耳狀突起，翼瓣大於旗瓣；莢果圓筒狀線形，開裂時反捲，表面被伏毛，內含 15 ～ 30 枚種子。

▲寬翼豆是直立略攀緣的草本植物。

▲開花後，暗紅色的翼瓣擔負著招蜂引蝶的作用。

◀開花前，淺綠色的旗瓣將其他花瓣包裹。

苜蓿

Medicago polymorpha L.

科名 | 豆科 Fabaceae

英文名 | burclover

花期 | 1 2 3 4 5 6 7 8 9 10 11 12

分布於歐洲及北非；臺灣北部海拔 700 公尺以下開闊荒地及河濱公園及濱海可見。是國外常見的牧草，其幼苗也是近年來常用的健康養生食材；苜蓿與臺灣低海拔常見的雜草天藍苜蓿（*M. lupulina*）相似，然而天藍苜蓿的莢果表面光滑，不若苜蓿般具棘刺；此外，臺灣中北部平地尚偶見另一種開紫花的同屬植物紫苜蓿（*M. sativa*），其植株斜生至直立，與苜蓿及天藍苜蓿明顯不同。

| 形態特徵 |

一年生匍匐草本，莖表面光滑；三出複葉，小葉廣倒卵形，先端齒緣，葉基楔形，托葉常自中段分裂，明顯撕裂狀；黃色蝶形花 2～6 枚，排列成疏鬆近頭狀的總狀花序；花萼鐘狀，披針形萼齒與萼筒近等長，旗瓣長橢圓形至倒卵形，二體雄蕊；莢果 2～3 枚，捲曲狀，表面明顯具脈紋及 2 列棘刺。

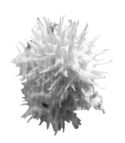

▶苜蓿的莢果表面具有許多倒鉤刺，有助於動物傳播。

▲苜蓿除了供作牧草外，也是良好的地被植物

天藍苜蓿

植株匍匐至斜倚；小葉倒卵形至圓形；花黃色，短於 5 mm；莢果表面光滑。

▶天藍苜蓿的蝶形花團結成球狀，好吸引傳粉者前來訪花。

紫苜蓿

植株直立；小葉倒披針形至長橢圓形；花紫色，長於 5 mm；莢果表面光滑。

▶紫苜蓿偶見於北部與中部都會區草坪，植株斜倚至直立。

美洲含羞草

Mimosa diplotricha C. Wright ex Sauvalle

外來種

科名｜ 豆科 Fabaceae

花期｜ 1 2 3 4 5 6 7 8 9 10 11 12

英文名｜ giant false sensitive plant

　　原產熱帶美洲；現已歸化於臺灣中南部開闊荒地。含羞草亞科成員的花聚生成頭狀，卻缺乏菊科頭花特有的總苞，當結出豆莢時，再也無法隱瞞它豆科的真實身分；美洲含羞草與含羞草一樣，小葉被碰觸時會有閉合現象，但美洲含羞草的反應卻慢半拍，得稍待一會兒才會如害羞般閉上它長橢圓形的小葉片。由於美洲含羞草的全株被倒鉤硬刺，要觀察它得多加小心。美洲含羞草於南部都會區全年可見開花，然而在冬季偏涼的中部都會，僅於夏、秋兩季可見開花，北部都會區內的個體甚少開花。

| 形態特徵 |

　　攀緣性灌木，高可達 1 m，莖草質，具 4 列倒鉤刺；二回羽狀複葉，對碰觸敏感，葉柄具倒鉤刺，每一羽片具長橢圓形小葉 10 ～ 20 對，小葉兩面被毛；單生頭花腋生或聚生成總狀；花萼不明顯，粉紅色至白色花冠窄長橢圓形，裂片 4 ～ 5 枚，多少癒合，8 枚離生雄蕊外露；莢果簇生，長橢圓形，表面具長刺。

▲結實率甚高的美洲含羞草總是帶著成簇的節莢果。

◀美洲含羞草的莖葉與花序軸密被倒鉤刺，球狀的花序成串生長。

▲美洲含羞草的葉片為二回羽狀複葉。

◀枝條與葉柄除了直纖毛外，還有明顯的倒鉤刺。

刺軸含羞木

Mimosa pigra L.

科名｜　豆科 Fabaceae

別名｜　美洲含羞木

英文名｜　giant sensitive tree

花期｜ 1 2 3 4 5 6 7 8 9 10 11 12

　　刺軸含羞木原產熱帶非洲及南美洲熱帶，現已泛熱帶分布於熱帶亞洲；在臺灣南部海拔 400 公尺以下低海拔向陽及溼地，生長於水邊、潮溼地、開闊荒地、路旁及荒廢水稻田；全年開花結果。刺軸含羞木於 1996 ～ 1999 年間，由楊勝任教授研究室成員於臺東進行調查期間發現此一入侵植物，由於交通及雨季的影響，自 1997 年起迅速在臺灣南部的屏東縣、高雄市擴張，表示此一物種生長良好並適應乾河床的環境；不僅全株具刺，有礙公共安全，刺軸含羞木入侵河床後會大量消耗水資源。在香港，它將物種豐富的溼地轉變為不可穿越的單種灌叢；在澳洲，它被認為是一種環境害草及當地溼地的一大威脅。

| 形態特徵 |

　　直立且多分支的灌木，莖上具 2 大型倒鉤及毛；二回羽狀複葉互生，羽片 5 ～ 15 對，小葉線形至線狀長橢圓形，先端銳尖，小葉基鈍，葉柄上具許多小刺。頭花 1 ～ 3 朵腋生或聚生成頂生總狀花序；花萼冠毛狀，合瓣花冠紫色，隨後轉淡為白色。扁平節莢果線狀長橢圓形，表面密被長硬毛，具橫向脫落關節，每節含種子 1 枚，莢果接縫宿存。

▲長條狀的節莢果，表面被有濃密的棕毛。

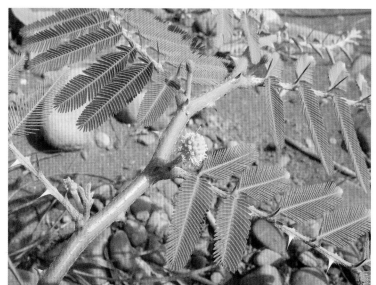

◀刺軸含羞木被有長硬尖刺，是十分兇悍的入侵植物。

231

含羞草

Mimosa pudica L.

| 科名 | 豆科 Fabaceae | 花期 | 1 2 3 4 5 6 7 8 9 10 11 12 |

別名 | 見笑草、怕癢花、懼內草、知羞草、呼喝草、怕醜草、怕羞草、愛睏草、假死草、感應草

英文名 | sensitive plant

含羞草原產熱帶美洲；在臺灣廣泛歸化於路旁及荒地。由於它受到外力碰觸，小葉及枝條便因水分流失而下垂，像極了生性害羞的人，所以被取名為「含羞草」；當草食動物出現，大量啃食的時候，這樣的本領可能讓動物誤以為乾枯而減少攝食。像這種因水分流動而閉合葉片的種類在豆科不算少數，但是像含羞草這樣對觸碰敏感且廣泛分布的物種卻不多，難怪成為教科書或科普文章中最佳的範例。

| 形態特徵 |

攀緣或近斜倚具刺小灌木，莖上具倒鉤刺及展開彎鉤刺；二回羽狀複葉，具羽狀複葉 4 枚，葉柄與葉軸不彎曲，小葉邊緣常帶紫色，具緣毛，其餘光滑；紫色頭花由許多小花簇生而成，簇生或 2～4 枚集生，總花梗表面被長疣刺；花冠紫色，雄蕊 4 枚；節莢果線形，種子間微縮成縫，表面具 2～4 根簇生剛毛。

▲經不起清晨的雨珠，羽狀排列的小葉閉合。

▲節莢果邊緣被長棘刺。

◀含羞草平鋪或斜倚於草坪表面，開出煙火般的花序。

毛水含羞

Neptunia pubescens Benth.

科名 | 豆科 Fabaceae

英文名 | tropical puff

花期 | 1 2 3 4 5 6 7 8 9 10 11 12

　　毛水含羞原產北美洲與南美洲，臺灣為毛水含羞於東半球首次歸化的地區，生長於臺灣南部與東部都市草地、季節型溼地湖岸或海濱草地。臺灣的水含羞屬（*Neptunia*）成員皆為外來種，包括一種東南亞常用的水生蔬菜 ── 水含羞草（*N. oleracea* Lour.），局限於臺灣南部地區栽培。毛水含羞為南臺灣平原與淺山尋獲，雖然名為「水含羞」，卻能在較為乾燥的公園草坪或路緣生長，加上它的結實率極高，豆莢又能隨著季節性降雨所引發的逕流漂泊，因此擴散能力極強，應為具有入侵性的外來種。

| 形態特徵 |

　　多年生草本，陸生，莖斜倚；莖4 稜，表面光滑或疏被毛；二回羽狀複葉，常具三對羽片，葉柄表面被毛至光滑，無腺體；小葉 14 ～ 43 對，長橢圓形，先端鈍或廣銳尖；花序為聚生單生穗狀花序，花 15 ～ 30 朵聚生，無柄或近無柄，基部具有一單生苞片，基部花不稔，雄蕊黃色瓣化；上部花朵兩性，基部具有綠色鐘狀花萼，花冠綠色。莢果長橢圓形，扁平狀，薄革質，表面光滑或疏被毛。

▲毛水含羞能在較為乾燥的公園草坪或路緣生長。

▲聚生單生穗狀花序，基部花不稔，雄蕊黃色瓣化；上部花朵兩性。

▲葉柄表面被毛至光滑，無腺體；莢果長橢圓形，扁平狀，薄革質，表面光滑或疏被毛。

菽草

Trifolium repens L.

外來種

| 科名 | 豆科 Fabaceae | 花期 | 1 2 3 4 5 6 7 8 9 10 11 12 |

別名 | 白花苜蓿、白三葉草、白荷蘭翹搖、白菽草

英文名 | white clover

　　菽草原產歐洲；在臺灣栽培後逸出於北部平地及中部山區開闊路旁、荒地；在北部河濱公園、校園及操場十分常見，到了中南部就只能在中海拔草坡、牧場見到它；菽草的 3 枚翠綠小葉偶帶有 V 字形白斑，偶為壓花的材料之一；在北部地區另一歸化相似物種埃及三葉草（*T. alexandrinum*），為直立的小草本，同樣具有三出複葉及頭狀的穗狀花序。

| 形態特徵 |

　　多年生匍匐草本，表面光滑；三出複葉，小葉倒心形，微具齒緣，托葉卵狀披針形，著生於葉柄；白色蝶形花具花梗，聚生於頭狀的穗狀花序；總花梗延長；花萼表面光滑，萼齒漸尖，短於花萼筒，雄蕊 10 枚，二體化，花藥同型；莢果小，線形，內含種子 3 ～ 4 枚。

▶密集排列的蝶形花，有如成群歌唱的天使。

◀花朵功成身退，靜待發育成莢果。

相似種辨識

埃及三葉草

植株直立；小葉倒披針形；花序橢圓形。

▲埃及三葉草是北部偶見的直立外來草本。

▲三出複葉上有著淺色的 V 形標誌。

長葉豇豆

Vigna luteola（Jacq.）Benth.

科名 | 豆科 Fabaceae

英文名 | hairy cowpea

花期 | 1 2 3 4 5 6 7 8 9 10 11 12

　　廣布於熱帶地區；臺灣南北兩端海拔 100 公尺以下與開闊海濱可見。豇豆屬（*Vigna*）有許多大家熟悉的作物，包括許多人國小栽植過的綠豆（*Vigna radiata*）、紅豆（*V. angularis*），或是作為蔬菜食用的豇豆（*V. unguiculata*）等；除了這些身邊常見的豆類外，長葉豇豆可能是少數都會公園內可見的豇豆屬植物，特別是北臺灣的河濱公園綠地內，偶爾能在草叢間抽出黃色的蝶形花；不過，綠豆與紅豆的蝶形花具有明顯彎曲呈喙狀的翼瓣與龍骨瓣，與長葉豇豆平直的翼瓣和龍骨瓣明顯不同。

| 形態特徵 |

　　蔓性纏繞草本；莖纖細，被展開毛。三出複葉，頂小葉披針形至卵形，長 3 ～ 5 cm，先端銳尖或漸尖；托葉披針形。花約 2 cm 長，黃色，疏生於總狀花序；花萼近光滑，萼齒披針形，與萼筒近等長。莢果線形，5 ～ 6 cm 長，約 5 mm 寬，密被毛，具 6 ～ 10 枚種子。

▲長葉豇豆為蔓性纏繞草本，三出複葉，小葉披針形至卵形。

▲蝶形花兩側對稱，龍骨瓣平直且被翼瓣覆蓋。

◀莢果線形，表面密被毛。

亞麻

Linum usitatissimum L.

| 科名 | 亞麻科 Linaceae |
| 英文名 | flax, flaxseed, linseed |

花期 | 1 2 **3 4 5 6** 7 8 9 10 11 12

外木種

　　亞麻科（Linaceae）具有 4 屬約 250 種，分布於全球，主要分布於溫帶至亞熱帶地區。亞麻為亞麻科的常見作物，原產地中海地區，廣泛栽培作為纖維來源，栽培歷史超過 3 萬年以上，現今作為一種機能食物。其屬名 *Linum* 源自希臘文「線」，英文的線（line）即源自其屬名，足見此一物種對於人類的影響。近期歸化於臺灣各地人為干擾地乾燥路旁，可能是隨著機能食品或鳥飼料的撒布而逸出，加上花色淡雅，其實頗具觀賞價值，成為點綴城市田園的美麗作物。

| 形態特徵 |

　　一年生草本，莖直立，基部木質化；單葉互生，線狀披針形或披針形，先端漸尖，邊緣全緣，表面光滑，3 或 5 基生脈，無柄；花序繖房狀，花萼 5 枚，覆瓦狀排列，表面光滑，卵形，先端尾狀或具芒突；花瓣藍或紫藍色，倒卵形，雄蕊 5 枚，花絲基部癒合，花藥紫色，緊攏雌花花柱先端；蒴果近球形，褐色，先端具小尖頭，種子 10 枚，卵狀或橢圓體，扁平狀，深褐色具光澤。

▲花序繖房狀，花瓣藍或紫藍色；蒴果近球形，先端具小尖頭。

▲雄蕊花絲基部癒合，花藥紫色，緊攏雌花花柱先端。

◀為亞麻科的常見作物，以往廣泛栽培作為纖維來源，現今作為一種機能食物。

擬櫻草

Lindernia anagallidea（Michx.）Pennell

科名｜　母草科 Linderniaceae

英文名｜　yellowseed false pimpernel

花期｜ 1 2 3 4 5 **6** **7** **8** 9 10 11 12

　　擬櫻草原產北美洲，在臺灣歸化於北部淺水域及潮溼地；矮小的植株具有纖細的枝條，對生著許多卵菱形的葉片，開花時一朵朵小白花從葉腋伸出，長長的花梗長過葉片，把花朵舉向空中；有些人將開出花朵的枝條視為花序，所以一片片翠綠的葉片，就被稱為葉狀苞片。母草屬（*Lindernia*）植物的花都具有 4 枚雄蕊，若干物種的先端 1 對雄蕊不稔，線形且先端棍棒狀，後方一對雄蕊可稔，傳粉者必須深入到花冠內，才能碰觸到可稔花藥；因此，母草屬植物的蜜腺深藏於花冠筒底部的子房基部，誘使傳粉者深入覓食。

| 形態特徵 |

　　一年生光滑斜倚草本，莖基部具多數分支；葉無柄或近無柄，卵狀菱形至披針形，先端銳尖至鈍，葉基圓至截形，掌狀脈 3 ～ 5 條，邊緣近全緣，表面光滑；單生白或淺紫色花腋生於莖先端，形成帶葉片的總狀花序，花梗長於鄰生的葉片；花萼深裂，裂片線形，花冠白或淺紫色；蒴果橢圓形，與宿存萼片近等長。

▲ 花梗纖細且長於鄰生葉片，是擬櫻草的鑑定特徵。

▲ 長卵形的葉片邊緣光滑無齒突，蒴果與花萼近等長。

心葉母草

Lindernia anagallis（Burm. F.）Pennell

科名｜ 母草科 Linderniaceae

別名｜ 定經草、心臟葉母草

英文名｜ plumeless thistle

花期｜ 1 2 3 4 5 6 7 8 9 10 11 12

　　心葉母草分布於印度、緬甸、中南半島、中國大陸南部、琉球、馬來亞、巴布亞新幾內亞及澳洲；臺灣全島低海拔溼地及草原可見，特別是中南部低海拔地區；由於中名與茜草科的定經草（*H. diffusa*）相同，時常造成混淆；相形之下，學術界採用的學名雖然以拉丁文書寫，但是名稱的發表及採用受到「國際植物命名法規」的規範，只要經過正當發表，即為「合法名」，一旦同位階內的學名重覆，較晚發表的名稱即為「後出同名」而不得採用，有利於資料檢索及鑑定工作。

| 形態特徵 |

　　一年生光滑匍匐至斜倚草本，莖多分支；葉近無柄，卵狀菱形至卵形，先端銳尖至鈍，葉基圓至心形，羽狀脈，邊緣鋸齒緣，表面光滑；紫色或粉紅色花單生，腋生，花梗長於鄰生葉；花萼裂至近基部，裂片窄披針形，表面光滑，花冠紫色或粉紅色，雄蕊4枚，全數可稔，先端花絲基部具棍棒狀距突；蒴果圓柱狀，長於宿存萼片。

▲心葉母草的葉對生，花自葉腋處伸出。

▲心葉母草的花冠明顯二唇化，可見外露的可稔雄蕊。

泥花草

Lindernia antipoda（L.）Alston

科名｜ 母草科 Linderniaceae

別名｜ 畦上菜、鋸葉定經草

英文名｜ sparrow false pimpernel

花期｜ 1 2 3 4 5 6 7 8 9 10 11 12

　　泥花草分布於尼泊爾、印度、斯里蘭卡、緬甸、中南半島、中國大陸中部及南部、日本、馬來亞、太平洋諸島、澳洲；臺灣全島低海拔河邊及溼地常見。泥花草具有 2 對雄蕊，其中一對外露於花冠筒外者不稔，稱為「假雄蕊」；成對的假雄蕊雖然無法產生花粉，卻形成一道訪花者的方向牌，引導訪花的昆蟲以適當的方位訪花，在昆蟲取蜜同時，替泥花草成功傳粉，完成終身大事。泥花草黃色的假雄蕊 2 枚外露，極具特色且易於觀察。

| 形態特徵 |

　　一年生光滑直立或斜倚草本，莖多分支；葉無柄，倒披針形至倒卵狀長橢圓形，先端銳尖，葉基漸狹，邊緣鋸齒緣；淺紫色花單生，腋生或頂生於具葉狀苞片的總狀花序；花萼裂至近基部，裂片線狀披針形，先端稍被毛，花冠淺紫色，後方雄蕊 2 枚可稔，先端黃色不稔雄蕊 2 枚，先端彎曲並露出於花冠外；蒴果圓柱狀，長於宿存花萼。

▲上唇凹形，不若下唇寬大而明顯。

▼泥花草的莖多分支，葉緣鋸齒緣，蒴果明顯長於花萼。

藍豬耳

Lindernia crustacea（L.）F. Muell.

科名｜　母草科 Linderniaceae

別名｜　百合草、瓜仔草

英文名｜　malaysian false pimpernel

花期｜ 1 2 3 4 5 6 7 8 9 10 11 12

　　分布於尼泊爾、印度、斯里蘭卡、中南半島、馬來亞、太平洋諸島、澳洲；臺灣低海拔田間及路旁草坪常見。藍豬耳的葉片與花冠大小變化極大，有些個體的葉片與花冠約 0.7 mm 寬，但有些個體的葉與花冠卻寬達 1.2 mm，這些微的差異或許就像人的高矮胖瘦一樣，只要多多觀察各地的族群，就不會因某一特殊的個體變異而大驚小怪。像藍豬耳這些母草屬植物以往被歸於玄蔘科之下，但在近期的研究中，認為其應屬於獨立的一科「母草科（Linderniaceae）」。

| 形態特徵 |

　　一年生斜倚光滑草本，莖分支被毛；葉具柄，葉片卵狀長橢圓形至卵形，先端鈍，葉基圓至近心形，羽狀脈，邊緣鋸齒緣；紫色花單生，腋生，花梗長於鄰生葉片；花萼筒狀，先端具 5 齒，脈上被毛，花冠筒紫色，內含 4 枚雄蕊，皆可稔，前方者基部具線形距；橢圓形蒴果包含於宿存萼片中。

▲花冠二唇化，下唇可見紫色斑紋。

▶藍豬耳在低海拔田間相當常見。

美洲母草

Lindernia dubia（L.）Pennell

科名	母草科 Linderniaceae		花期	1 2 3 4 **5 6 7 8 9** 10 11 12

英文名｜ false pimpernel, yellowseed false pimpernel

　　原產北美洲，首次於 1987 年紀錄於臺灣。外觀上，美洲母草與擬櫻草最為相似；然而美洲母草的植株表面光滑，葉片邊緣具稍展開疏鈍齒緣，花梗較其他臺灣產同屬者為粗，且花梗較鄰近葉片為短，可供區隔。雖然美洲母草的外觀較為粗壯、葉片邊緣具齒緣、花冠較為寬大，它的外形與擬櫻草有幾分神似，有些學者認為它與擬櫻草間極為近緣，分化的程度不及種的位階，而給予它變種的位階，不知道觀察它們倆過後您有何看法呢？

| 形態特徵 |

　　一年生直立或斜倚草本，莖 4 稜，表面光滑；葉對生，具葉柄或否，葉片卵形、卵狀橢圓形至倒披針形，先端銳尖至鈍，葉基楔形至漸狹，3 ～ 5 脈，邊緣具稍展開疏鈍齒緣；淺紫色花單生，腋生；線狀披針形花萼 5 枚，淺紫色花冠二唇化，雄蕊 4 枚，先端 1 對不稔，後方 1 對可稔；淺褐色蒴果橢圓形，內含褐色種子數枚。

▲美洲母草的花冠筒較為窄長，不稔雄蕊微微伸出花冠筒外。

▲美洲母草植株較其他同屬植物粗壯，喜好生長於靜水域中。

陌上草

Lindernia procumbens（Krock.）Borbas

科名｜ 母草科 Linderniaceae

英文名｜ prostrate false pimpernel

花期｜ 1 2 3 4 5 6 7 8 9 10 11 12

　　舊世界熱帶及亞熱帶地區；臺灣境內溼地可見。陌上草是北部田梗上常見的矮小草本，生長在略為潮溼但不會浸泡在水中的淡水泥灘上，所以在高樓林立的都市裡，就只能在河濱公園或人造溼地中發現它們了。陌上草的葉片卵狀長橢圓形至橢圓形，與擬櫻草相似，但陌上草明顯具 3 ～ 5 條掌狀脈，可與擬櫻草相區隔。

| 形態特徵 |

　　一年生直立至斜倚光滑草本；葉基生，葉片卵狀長橢圓形至橢圓形，先端銳尖至鈍，基部楔形，掌狀脈3～5 條，邊緣全緣；白或淺粉紅色花單生，腋生，花梗較鄰近葉片為長；花萼深裂至基部，裂片線狀披針形，表面光滑，花冠白或淺粉紅色，雄蕊 4 枚，全數可稔，包含於花冠內，前方花絲基部具一線形距；橢圓形蒴果與宿存花萼近等長。

▲陌上草的花梗極為細長，萼片深裂至基部。

▲花朵具有二唇化的花冠，腋生於全緣的葉片間。

圓葉母草

Lindernia rotundifolia（L.）Alston

科名｜　母草科 Linderniaceae

別名｜　瓜子草、迷你虎耳

英文名｜　baby tear

花期｜ 1 2 3 4 5 6 7 8 9 10 11 12

　　分布於模里西斯、馬達加斯加、印度西部、南部與斯里蘭卡。生長於水田及都會潮溼地。圓葉母草的中名來自它的種小名 *rotundifolia*，意即「具有圓形葉片的」；然而水族玩家稱它為「迷你虎耳」，可能也是看到它對生的翠綠葉片，有如老虎的耳朵般可愛；玩賞水草的人把它沉在水底，無緣見到它開出藍白色的花朵，其實它二唇化的花冠吐出兩根深藍色的不稔性雄蕊，模樣有如「泥花草」般俏皮，也頗具觀賞價值。

| 形態特徵 |

　　一年生草本，下部節上生根；莖匍匐多分支，上部斜生；葉寬卵形或圓形，基部截形，先端圓鈍，全緣，具 4～5 基出脈；花單生於葉腋；花萼裂片等大，先端銳尖，花冠藍白色，裂片與喉部內側具深藍色斑塊，可稔雄蕊 2，著生於花冠筒中部，退化雄蕊 2，線形，先端棒狀，彎曲並伸出花冠筒外，深藍色；蒴果卵球形，稍短於萼片或與萼片等長，光滑。

▶俯視它的花冠，可見淺 2 裂的上唇、3 裂的下唇、以及兩者間深藍色的不稔雄蕊。

▲花冠筒開口處可見深藍色的不稔雄蕊外露。

▲圓葉母草是一種水族用草，現已逸出於部分都會草地。

243

小蕊珍珠草

Micranthemum glomeratum（Champ.）Shinners.

外來種

科名｜　母草科 Linderniaceae

花期｜ 1 2 3 4 5 6 7 8 9 10 11 12

英文名｜　manatee mudflower

　　原產北美洲與中美洲，臺灣多處溼地可見。珍珠草屬（*Micranthemum*）植物約有14種，主要分布於中美洲地區，以往被納入玄參科（Scrophulariaceae）中，近年來根據親緣關係的研究成果，將母草科（Linderniaceae）植物獨立分出，也包含珍珠草屬植物。小蕊珍珠草原產於美國與古巴，由於可以沉水生長，因此被引進栽培為水族用草；加上小蕊珍珠草可以離水生長，在許多潮溼環境下都能建立族群，近年來已可在許多人類活動範圍周邊的溪流、池塘與生態池水岸尋獲，呈現小群落生長。小蕊珍珠草的營養繁殖能力極強，加上能夠利用微小的花朵結出種子，透過水流或介質遷移而四處傳播，因此實際的生長範圍可能遠多於目前所知。

| 形態特徵 |

　　匍匐形成斑塊狀植物體，半水生；葉片倒披針形至橢圓形，大小多變，可長達 1 cm，花微小，花萼裂片三角形，具 3 淺裂，花冠白色或紫色，二唇化，下唇 3 裂，下唇中裂片外彎，側裂片表面具纖毛，花絲外彎且與上唇近平行，花絲基部具突起；種子圓柱狀，表面具縱紋與細微橫向紋路，淺黃色。

▲花冠白色二唇化，下唇 3 裂，下唇中裂片外彎。

▲授粉成功後果梗延長且下彎，花萼宿存。

◀小蕊珍珠草是微小的匍匐形成斑塊狀植物，半水生於河濱地區或潮溼草坪。

克非亞草

Cuphea cartagenesis（Jacq.）Macbrids

科名｜　千屈菜科 Lythraceae

別名｜　雪茄草

花期｜ 1 2 3 4 5 6 7 8 9 10 11 12

　　克非亞草原產熱帶美洲；歸化於臺灣及沖繩；在臺灣廣泛出現於平野溼地。可別看它纖細柔弱的植株，其可是常見於臺灣全島的「食蟲植物」喔！克非亞草全株被具有黏性的腺毛，能像金錢草（*Drosera burmannii*）、長葉茅膏菜（*D.indica*）一樣，把路過的小蟲子黏在身上；不同的是，克非亞草無法如金錢草、長葉茅膏菜般，直接吸收這些小蟲的營養，當小蟲無法掙脫、筋疲力竭後，身上的營養物質得隨著雨水淋溶至土壤中，成為克非亞草生長的養分，因此克非亞草算是一種廣義的「食蟲植物」。

| 形態特徵 |

　　木質直立草本，高達 40 cm，莖圓柱狀，表面被腺毛；葉對生，少數一側葉片退化，葉橢圓形，先端銳尖，膜質，表面被糙伏毛；單生花腋生，兩側對稱，花萼筒具 8 稜，先端具 6 齒突，表面被腺毛，粉紅色花瓣 6 枚，蒴果橢圓形，內含褐色種子 5 ～ 6 枚，壓扁狀廣倒卵形。

▲黑褐色的種子成熟後被高舉。

▲克非亞草是千屈菜科的小草本，具有紫紅色的小花。

賽葵

Malvastrum coromandelianum（L.）Garcke in Bonplandia

外來種

科名	錦葵科 Malvaceae
別名	黃花草、黃花棉、苦麻賽葵
英文名	threelobe false mallow

花期｜ 1 2 3 4 5 6 7 8 9 10 11 12

　　賽葵原產熱帶及亞熱帶美洲，現已廣泛歸化全球熱帶地區；在臺灣全島低海拔可見，尤其於南部地區路旁、草坪常見。錦葵科植物的雄蕊花絲常聚生成「雄蕊筒」，包圍著中央的雌蕊；充滿馬來西亞風情的園藝植物朱槿（*Hibiscus* spp.），即具有長而明顯的雄蕊筒，頂端具有點點黃色花藥；賽葵也具有相似的雄蕊構造，只是十分微小，得用放大鏡仔細觀察才能看得到。

| 形態特徵 |

　　一年生直立草本；葉卵形至卵狀橢圓形，先端鈍，葉基鈍至圓，葉兩面被伏毛，脈上尤為清楚；單生花腋生，萼狀總苞（epicalyx）具線形裂片3枚，卵形花萼先端銳尖，表面被星狀毛，倒卵形花瓣黃色，先端圓，雄蕊聚生於雄蕊筒先端；果表面多少被毛，由8～12枚心皮裂片組成淺盤狀，每片於背側近中段具2棘刺。

▶蒴果外圍被花萼所包圍，有如精緻的荷包。

◀朱槿是都會常用的景觀灌木，有著長而明顯的雄蕊筒。

▲賽葵的5枚花瓣歪斜，雄蕊花藥聚生成雄蕊筒。

野路葵

Melochia corchorifolia L.

科名 | 錦葵科 Malvaceae

英文名 | chocolateweed

花期 | 1 2 3 4 5 **6** 7 **8** 9 **10** 11 12

　　分布於東南亞；在臺灣全島向陽或稍遮蔭的水邊、田野、開闊森林內常見，偶見於都會區草地或荒地。野路葵的花具 5 枚花瓣，花色有淺紫色與白色兩種，花瓣中央的 5 枚雄蕊基部癒合成雄蕊筒，近年的分子生物學研究成果也支持將其納入錦葵科中。野路葵的葉脈與賽葵相似，都如深刻的折痕般，兩者的花也都隨著驕陽的昇起而綻開，隨著夕陽西下而枯萎，看來要看到正燦爛的花朵，非得多流點汗了。

| 形態特徵 |

　　纖細被毛灌木；葉三角形、廣卵形至披針形，較大者微 3 裂，葉基廣楔狀圓形至截形，先端銳尖，脈上被毛；頂生或腋生花序具花多數，基部具被長柔毛的總苞；花萼表面被長柔毛，披針形萼齒 5 ～ 7 枚，花瓣紫或白色，倒卵狀匙形，基部略歪基，基部具黃色花紋，5 ～ 6 枚，雄蕊花絲癒合成雄蕊筒；褐色蒴果球形，表面被剛毛。

◀ 同一族群內可見開出白花的個體。

▶ 野路葵的狹長葉片上，有著深刻的葉脈，於日間開出淺紫色的花朵。

▶ 渾圓的蒴果表面被剛毛，轉成褐色後會一瓣瓣開裂。

戟葉孔雀葵

Pavonia hastata Cav.

科名 | 錦葵科 Malvaceae

花期 | 1 2 3 4 5 6 7 8 9 10 11 12

別名 | 高砂芙蓉

英文名 | pink pavonia, spearleaf swampmallow

　　孔雀葵屬（*Pavonia*）約有 200 種，原產南美洲，廣布至澳洲與北美洲；戟葉孔雀葵分布於北臺灣、中臺灣公園與路旁。外觀上與錦葵科的金午時花屬（*Sida*）或梵天花屬（*Urena*）植物相似，但是戟葉孔雀葵全株被絨毛，具有窄卵形的葉片，葉基心形，果實由 5 枚分果片組成，分果片無芒且具皺紋，可與其他臺灣產錦葵科植物區分。

| 形態特徵 |

　　亞灌木高達 60 cm，葉片窄卵形、卵狀心形或長橢圓狀心形，先端銳尖，基部心形，邊緣齒緣，葉背被絨毛，葉柄兩端被絨毛；花單生，腋生，花梗微短於葉柄，表面被絨毛，先端具關節，花萼卵形，先端銳尖，表面被絨毛，副萼卵形，先端銳尖，表面被絨毛，短於花萼；花瓣倒卵形，先端圓，白色帶有粉紅色，基部紅紫色；離果球形，表面疏被毛；分果片扁平卵形，表面被絨毛與糙毛，具單一種子。

▲戟葉孔雀葵的花單生，腋生且花梗微短於葉柄。

▲葉柄兩端可見略為膨大的關節，基部可見線形托葉。

◀植株為直立亞灌木，葉片窄卵形、卵狀心形或長橢圓狀心形，先端銳尖，基部心形。

草梧桐

Waltheria americana L.

科名 | 錦葵科 Malvaceae

花期 | 1 2 3 4 5 6 7 8 9 10 11 12

英文名 | sleepy morning, uhaloa, velvet leaf

　　廣泛分布全球乾燥向陽草地、耕地、水壩、沙丘、路旁的雜草。臺灣中南部平地可見。草梧桐是全株密被星狀毛的小型灌木，植株大小隨著生長環境而變，長在較為避風的路旁或林緣時，草梧桐會長成直立的矮小灌木，植株較為光滑或疏被毛，但是較少開花；長在向陽開闊地、割草頻繁的公園草坪或強風吹拂的海濱地區時，也能長成平鋪在地表的木質化草本，全株密被星狀毛，較易見到長在莖頂或葉腋的花序，以及毛茸茸苞片間微小的黃色花朵。

| 形態特徵 |

　　灌木，莖多少圓柱狀，表面密被星狀毛，較老者表面光滑；葉廣卵狀橢圓形，葉基圓至淺心形，先端鈍，多少具褶紋，葉兩面疏被星狀毛，常呈褐色；花簇生，總花梗具披針形，表面被長柔毛的苞片多枚，花萼表面密被毛，花萼裂片長披針形，短於萼筒；花瓣淺黃色；蒴果 2 瓣，被宿存枯萎花萼包圍，倒卵形，先端被長柔毛，種子亮黑色，表面光滑。

▲向陽開闊地、割草頻繁的公園草坪或強風吹拂的海濱地區，會長成平鋪在地表的木質化草本。

▲莖頂或葉腋的花序，以及毛茸茸的苞片間微小的黃色花朵。

▲草梧桐全株密被星狀毛，植株大小隨著生長環境而變。

細齒水蛇麻

Fatoua villosa（Thunb.）Nakai

科名｜ 桑科 Moraceae

英文名｜ mulberryweed

花期｜ 1 2 3 4 5 6 7 8 9 10 11 12

分布於菲律賓、摩鹿加群島、新幾內亞與臺灣；臺灣灌叢、牆邊或懸崖邊、海濱至高山皆可見。細葉水蛇麻為桑科的小型草本，除了都會或鄉村周邊的郊山林緣或是岩壁可見自然生長的個體外，也能在都會中與原生育地環境相似的街道牆角、屋角自生，雖然花朵微小，但是花朵具生成聚繖狀，就像常見的菊科植物一樣，透過聚生的花朵增加傳粉成功的機會。

| 形態特徵 |

多年生草本，莖具多數分支，表面被毛；葉膜質，卵形，主脈 3 枚，先端銳尖，葉基心形，鋸齒緣；花密生成聚繖狀，雄花花被片鐘狀，4 裂片，雄蕊 4 枚；雌花具歪斜扁球形子房，瘦果約 1 mm 寬，扁平 3 稜狀。

▶細齒水蛇麻能在都會中與原生育地環境相似的街道牆角、屋角自生。

◀花密生成聚繖狀，花序短於葉片長度。

紅花黃細心

Boerhavia coccinea Mill.

科名 | 紫茉莉科 Nyctaginaceae

英文名 | scarlet spiderling

花期 | 1 2 3 4 5 6 7 8 9 10 11 12

　　紅花黃細心原產熱帶美洲，後歸化於夏威夷島、加洲南部太平洋沿岸至東南部各洲。在臺灣歸化於乾燥或潮溼荒地、路旁、河岸及草原，雖然紅花黃細心早在 1980 年代現蹤於臺灣海濱，卻一直被誤認為黃細心（*B. diffusa*），直到 2005 年才由花蓮師範學院的陳世輝教授與吳明洲教授確認；紅花黃細心全年開花。紅花黃細心與黃細心近緣，且相關類群並未完全分化；紅花黃細心具有倒伏植株、開展的分支、斜倚的花序及淺粉紅色至深紅色的花，葉片近圓形且邊緣具長纖毛，並常與黃細心同域生長；事實上，紅花黃細心早已出現在許多圖鑑中，但被鑑定為黃細心。

| 形態特徵 |

　　多年生草本，莖具多數分支，表面被毛；葉膜質，卵形，主脈 3 枚，先端銳尖，葉基心形，鋸齒緣；花密生成聚繖狀，雄花花被片鐘狀，4 裂片，雄蕊 4 枚；雌花具歪斜扁球形子房，瘦果約 1 mm 寬，扁平 3 稜狀。

▲紅花黃細心的花色鮮豔，瘦果扁平且 3 稜狀。

◀紅花黃細心植株平鋪至斜倚，為臺灣產本屬植物中葉片最大型者。

251

翼莖水丁香

Ludwigia decurrens Walt.

外來種

科名 | 柳葉菜科 Onagraceae

花期 | 1 2 3 4 5 6 7 8 9 10 11 12

英文名 | willow primrose, wingleaf primrose-willow

　　翼莖水丁香原產美洲，引進非洲、東亞、東南亞與法國，近日生長於臺灣許多休耕水田、芋田、潮溼荒地、河岸、低海拔魚池與水庫，以及許多都會公園的河濱公園、人工溼地內，常與其他同屬植物如水丁香、細葉水丁香共存。翼莖水丁香植株叢生，具多數分支，基部偶木質化，如果生長空間足夠，能夠長成金字塔形的灌叢狀。翼莖水丁香開花時，花朵直徑與臺灣原生的水丁香相似，但是翼莖水丁香的全株光滑，莖與蒴果明顯具翼，葉基漸狹，臺灣原生的水丁香全株被纖毛，莖4稜但不具翼，葉基銳尖，加上植株常為倒伏灌叢狀，在河岸水濱發現共域生長的植株時可供比對。

| 形態特徵 |

　　直立光滑草本，高達 2 m；莖具自葉片往下延伸的翼；托葉微小，紅色；葉互生，披針形至橢圓形，先端銳尖至漸尖，基部銳尖至圓，無柄或以翼與莖相連，全緣。花單生於上部莖腋；萼片披針形，先端漸尖；花瓣4枚，圓至倒卵形，黃色；雄蕊8枚，亮黃色；子房4室，約1 cm長，銳4稜或具4翼；蒴果3～4 cm長，種子每室多列，離生，長倒卵形，淺褐色。

▶翼莖水丁香為直立光滑草本，植株外觀多呈錐狀。

▶花單生於上部莖腋，黃色花瓣4枚，圓至倒卵形。

◀莖具自葉片往下延伸的翼。

▶萼片披針形，先端漸尖；子房4室，銳4稜或具4翼。

253

柳葉菜科

美洲水丁香

Ludwigia erecta（L.）Hara

科名 | 柳葉菜科 Onagraceae

英文名 | primrose

花期 | 1 2 3 **4 5 6 7 8 9 10 11 12**

　　原產中南美洲，最早歸化於臺灣中部溼地、潮溼河灘地或海濱沙灘，近日已於臺灣中南部許多河濱溼地公園或季節性積水的草地自生。美洲水丁香為直立一年生草本，具先端銳尖的花瓣與 8 枚雄蕊；其外型與細葉水丁香相似，莖稈都具有翼狀突起，但是新歸化的美洲水丁香植株與葉片明顯較大，莖生葉葉背側脈明顯隆起且具脊，開花時花徑約 1 cm，花瓣顏色較為鵝黃，蒴果倒披針形至倒錐形，表面具 4 稜；細葉水丁香的植株較為纖細，葉片較小，莖生葉葉背側脈微隆起於葉背，開花時花徑約 7 mm，花瓣顏色較為鮮黃，蒴果圓柱狀常微彎。兩者偶於潮溼河岸或溼地公園內共域生長，兩相比較下更能加深印象。

| 形態特徵 |

　　直立光滑草本至 3 m 高；莖常為紅色，具葉基延伸 4～6 稜，托葉 2，微小；葉互生，窄披針形至橢圓形，兩端銳尖，具 15～20 對脈，全緣，葉柄與莖以下延方式相連；花單生於上部葉腋，近無柄；花萼披針形，先端漸尖；鵝黃色花瓣 4 枚，橢圓形至倒卵形，先端銳尖；雄蕊 8 枚，近等長，亮黃色；子房 4 室，4 稜，倒錐形。蒴果微 4 稜；種子多列於子房各室，離生，長卵形，褐色。

◀莖稈偶為綠色，花腋生於側枝先端。

254

▲葉互生，窄披針形至橢圓形，兩端銳尖，脈上具深刻。

▲黃色花朵直徑略小於 1 元硬幣，蒴果表面具 4 稜，倒錐形。

▲花萼先端漸尖；鵝黃色花瓣 4 枚，橢圓形至倒卵形，雄蕊近等長。

細葉水丁香

Ludwigia hyssopifolia（G. Don）Exell

科名	柳葉菜科 Onagraceae	花期	1 2 3 4 5 6 **7 8 9 10 11** 12

別名｜ 丁香蓼

英文名｜ linear leaf water primrose, water primrose, seedbox

　　泛熱帶分布低海拔潮溼處；在臺灣極為常見於許多河濱溼地或露天溝渠中，在都會區內略為積水的小型溼地或潮溼路旁，都能看到植株高度多變的細葉水丁香。雖然花朵略小，但是它耀眼的鮮黃色花瓣卻在日照充足的溼地更加耀眼，加上葉片表面具蠟質，極易在許多都會型溼地茂密的水草間發現它。

| 形態特徵 |

　　一年生草本，高 5 ～ 300 cm，常宿存或於基部木質化，幼時生長者微被毛，沉水生長時具呼吸根；葉披針形，基部窄楔形，先端漸尖，緣脈不明顯；花萼披針形，被細緻毛；花瓣鮮黃色 4 枚，橢圓形；雄蕊 8 枚，淺黃綠色，雌蕊花柱淺黃綠色；蒴果壁薄，被細毛，近圓柱狀，先端膨大；種子褐色，長橢圓形。

▲葉面較為平滑，葉脈並未凹陷於葉面。

▲花朵較其他都會區的水丁香屬植物為小，蒴果細長且表面光滑。

▲為一年生草本，沉水生長時具呼吸根。

水丁香

Ludwigia octovalvis（Jacq.）Raven

科名｜ 柳葉菜科 Onagraceae　　　　　花期｜ 1 2 3 4 **5** 6 **7** 8 **9 10** 11 12

別名｜ 水香蕉、水燈香、假黃車、水燈草、針銅射、金龍麝、草裡金釵、鎖匙筒、水仙桃、針銅草、水秧草、掃鍋草、草龍、假蕉

英文名｜ primrose willow

　　水丁香廣布全球熱帶及亞熱帶地區；臺灣全島低海拔溪流、沼澤、池塘、湖泊等溼地常見。雖然臺灣低海拔的原生溼地日漸減少，但是水丁香的蒴果能結出許多微小的種子，只要在河濱公園或水生生態池裡長出一棵，就能長成開出黃花，結出外形如香蕉般的蒴果，而後迅速擴充族群。

| 形態特徵 |

　　多分支叢生草本，基部偶木質化而成灌木狀，全株常密被纖毛；葉線形至近卵形，葉基窄或廣楔形；卵形或披針形花萼 4 枚，黃色花瓣廣倒卵形或楔形，雄蕊外圍者較短，雄蕊外露但旋向內彎曲並釋出花粉至柱頭，花盤具被白毛的膨大蜜腺，環繞於雄蕊基部；蒴果圓柱狀，表面淺褐色並具 8 肋紋；內含許多褐色圓形種子。

▶水丁香是全臺溼地常見的挺水植物，黃色的花朵非常醒目。

▶具有 4 枚黃色花瓣與 8 枚雄蕊，彎曲的蒴果先端具宿存花萼。

257

沼生水丁香

Ludwigia palustris（L.）Elliott

外來種

科名 | 柳葉菜科 Onagraceae

花期 | 1 2 3 4 5 6 7 8 9 10 11 12

英文名 | marsh seedbox

　　沼生水丁香原產歐洲、北美洲及非洲，歸化於澳洲及太平洋諸島；植株匍匐而平鋪於地表的它，曾被園藝及水族業者自北美洲引進至臺灣，供作水族造景或桌上小盆栽觀賞用；曾被報導短期逸出於臺北南港及臺中港區一帶低海拔水田或河邊；現已歸化臺北市區潮溼的路旁與公園綠地。由於節處生根，只要一小段枝條便可長成一片，加上結實率高，未來在戶外見到它的機會或許會越來越多。

| 形態特徵 |

　　多年生匍匐或斜倚的光滑草本，莖具分支，飄浮於水面，節處生根；葉對生，葉片廣橢圓形至卵形，全緣；花無柄，單生或對生於莖上部葉腋；綠色三角形花萼 4 枚，先端銳尖，花瓣闕如，雄蕊 4 枚，子房四室；蒴果為長球形，表面具 4 稜，種子離生。

▲沼生水丁香葉片對生，沒有花瓣點綴的花就孤單地生於葉腋。

▲沼生水丁香是新近歸化的水生野草，能成片沉水生長。

裂葉月見草

Oenothera laciniata J. Hill

外來種

| 科名 | 柳葉菜科 Onagraceae |

花期 | 1 2 3 4 5 6 7 8 9 10 11 12

| 別名 | 美國月見草、待宵草、小待宵草、待宵花 |

| 英文名 | cutleaf evening primrose |

　　裂葉月見草原產北美洲東部，為月見草屬（*Oenothera*）最為廣泛歸化者，已歸化於亞洲、歐洲、澳洲、太平洋諸島、南美洲及非洲南部；在臺灣常見於北部濱海及開闊低地，為自花可稔但結構上異體授粉的物種。裂葉月見草於傍晚開出 10 元硬幣大小的黃花，直到隔天清晨逐漸閉合，徒留黃色略帶橘色的花瓣；隨後結出長長的蒴果，自先端往基部逐漸縱裂，散出裡面微小的褐色種子。

| 形態特徵 |

　　一年生或多年生具軸根草本，莖直立至匍匐，多分支，表面疏或被粗毛或纖毛，上表面具腺毛；基生葉蓮座狀，莖生葉窄倒卵形至窄橢圓形，裂葉、齒緣或偶近全緣；淺黃色或黃色帶淺橘色花少數於莖先端腋生，花冠筒向遠軸微彎曲，花萼具先端尖突；蒴果圓柱狀或先端鑷合狀；種子橢圓形至近球形。

▲蒴果自頂端往基部縱向開裂。

▲裂葉月見草的黃色花於傍晚開放，隔天清晨便枯萎。

▲黎明到來，裂葉月見草的花瓣枯萎，回復日間不顯眼的模樣。

酢漿草

Oxalis corniculata L.

科名	酢漿草科 Oxalidaceae

花期 | 1 2 3 4 5 6 7 8 9 10 11 12

別名	黃花酢漿草、鹹酸草、山鹽草、三葉酸
英文名	creeping woodsorrel, yellow wood sorrel

　　酢漿草廣泛分布於全球溫帶及暖溫帶，在臺灣全島草地、路旁及花圃內常見；不同環境下其植株與葉片大小差異極大。酢漿草的圓柱狀蒴果直立於枝條頂端，成熟後對於碰觸十分敏感，只要輕輕碰觸，便會彈射出略帶黏附性的褐色種子，藉以擴充領域。

| 形態特徵 |

　　直立或匍匐草本；葉互生，具長柄，先端具小葉 3 枚，小葉扁倒心形，先端具圓裂片，托葉小但清晰；黃色花單一至多數，花梗基部具 2 枚小苞片，花萼 5 枚，倒卵形黃色花瓣 5 枚，雄蕊 10 枚，花柱 5 枚；蒴果圓柱狀，表面具 5 稜。

▶雄蕊有長短兩型，環伺中央的雌蕊。

▲不論是野地或都會，都能看到酢漿草的三出複葉與小黃花。

紫花酢漿草

Oxalis corymbosa DC.

| 科名 | 酢漿草科 Oxalidaceae | 花期 | 1 2 3 4 5 6 7 8 9 10 11 12 |

別名 | 紫酢漿草、紅花鹹酸仔草、大酸味草、銅錘草、酸味草、醋母、三葉酸、雀兒酸、幸運草

英文名 | pink wood sorrel

　　原產南美洲，全球廣泛歸化；在臺灣出現於荒地及耕地。紫花酢漿草常開出紫紅色的花朵，卻不見它結實，以往認為是因為其花粉或子房內胚珠發育不完全所致；近期檢測後發現，原來紫花酢漿草具自交不稔性，無法藉由自花授粉結實；加上紫花酢漿草具有長花柱、中花柱及短花柱型的差異，需要特定的授粉方式才能授粉成功；經近期研究結果顯示，臺灣的紫花酢漿草多為中花柱型，偶見短花柱型個體，兩者的可稔性花粉極低，導致無法結實。即使如此，藉由極易剝落及發芽的鱗莖，紫花酢漿草成為臺灣常見的野草之一。

| 形態特徵 |

　　多年生無莖草本，具軸根及多數鱗莖；葉叢生，具長葉柄，先端邊緣具橘色腺點，3 枚小葉廣倒心形；花莖與葉柄等長，纖細，花多數形成頂生繖形花序；花紫紅色，於花芽時垂頭，花萼 5 枚，先端具橘色腺點，花瓣 5 枚，倒卵形，雄蕊 10 枚，5 長 5 短。

▲臺灣產個體雄蕊明顯長於雌蕊。

▶紫花酢漿草是臺灣最常見的都會植物之一。

雙花西番蓮

Passiflora biflora Lam.

外來種

科名｜　西番蓮科 Passifloraceae

花期｜ 1 2 3 4 5 6 7 8 **9 10 11** 12

英文名｜　boomerang passion vine, two flowered passion vine , two-flowered passionflower

　　西番蓮科植物以南美洲為中心廣泛分布於熱帶地區，在臺灣已知的西番蓮屬植物多具有鮮豔的花色，花朵中心多少帶有紫色，襯托出雄蕊中央放射狀的花絲。雙花西番蓮為新近發現於臺灣北部，分布於都會區周邊開闊地與路旁，能藉由捲鬚攀爬至周邊喬木上，達到四至五米高。除了花色為樸素的白色外，雙花西番蓮有如滑翔翼般的葉片與臺灣已知的藤本植物或西番蓮科植物明顯不同，因此即便花期較短，也能從它特殊的葉形加以區隔。

| 形態特徵 |

　　草質藤本，幼莖表面具 6～8 肋紋與微毛，葉互生，廣腎形，邊緣全緣，葉基三出脈，先端具凹陷，脈眼（ocelli）4～6，兩面具微毛，葉柄表面被微毛；花成對腋生，具總梗與花梗表面被微毛，苞片披針形，花萼 5 枚，白色至黃綠色，花瓣 5～7 枚，白色，花冠筒花絲 2 輪，每一輪具有 30～35 枚花絲；漿果卵形，黑色，花與花柱宿存，種子 4～5 枚，卵形，黑褐色，表面具橫紋。

▲葉片廣腎形，邊緣全緣，先端具凹陷，葉基三出脈。

▲花成對腋生，具總梗與花梗表面被微毛。

◀花萼 5 枚，白色至黃綠色，花瓣 5～7 枚，白色，花冠筒花絲 2 輪，每一輪具有 30～35 枚花絲。

◀漿果表面黑色，懸掛於果梗與子房柄先端。

毛西番蓮

Passiflora foetida L. var. *hispida*（DC. ex Triana & Planch.）Killip

外來種

科名	西番蓮科 Passifloraceae

花期 | 1 2 3 4 5 6 7 8 9 10 11 12

別名 | 龍珠果、小時計果、野百香果、龍吞珠、蒲葫蘆、假苦瓜、香花果、天仙果、野仙桃、肉果

英文名 | love-in-a-mist, wild water lemon

　　原產南美洲；臺灣歸化於西部平原開闊地，尤以南部草地及濱海灌叢可見。「西番蓮（*P. edulis*）」就是我們常食用或添加作為甜點的「百香果」，剝開果皮後會流出甜甜的汁液及許多種子；毛西番蓮的果實也一樣，只不過模樣嬌小，外圍還被 3 至 4 回羽裂總苞狀苞片包圍；野鳥們也知道這種好滋味，所以我們發現毛西番蓮熟成的漿果時，常常已經被啄出一個洞，給鳥兒捷足先登了。

| 形態特徵 |

　　草質藤本，具香味，捲鬚腋生，莖表面密被展開毛；葉互生，表面被毛，三裂，裂片卵形至卵狀長橢圓形；花單生，花梗基部具 3 枚 3 回至 4 回羽裂總苞狀苞片，具杯狀花托，灰色萼片 5 枚，先端具短尖頭，花瓣與花萼近等大，白色，最外兩輪副花冠紫色帶白色；漿果被總苞包圍；卵狀球形，成熟時為橘色。

◀毛西番蓮的副花冠帶紫色，有如時鐘的刻度。

▶即使有宿存萼片包被，它誘人的果實仍被貪吃的鳥兒啄食。

▲子房表面光滑，周圍可見 5 枚雄蕊和多數副花冠。

▲毛西番蓮是臺灣南部平野常見的外來種藤本植物。

263

三角葉西番蓮

Passiflora suberosa Linn.

外來種

科名│ 西番蓮科 Passifloraceae

花期│ 1 2 3 4 5 6 7 8 9 10 11 12

別名│ 黑子仔藤、栓皮西番蓮、爬山藤、黑仔藤、三角西番果、姬番果、巴西西番蓮、木栓西番蓮、姬西番蓮

英文名│ corkystem passionflower

　　三角葉西番蓮原產南美洲；在臺灣歸化於低地、向陽地或灌叢。三角葉西番蓮的葉形多變，有時中裂片與側裂片近等長，有時中裂片縮短，使得葉片就像滑翔翼般懸吊在空中。葉片、花朵與果實較毛西番蓮小巧，缺乏花瓣的它花朵也不如毛西番蓮飽滿，果實成熟時為黑紫色，不若毛西番蓮者顯眼。西番蓮科植物藉由捲鬚攀附於其他植物或岩石上，其腋生的捲鬚被認為是由同樣腋生的花序特化而來，不僅增加了本身的生長空間，也讓花朵被傳粉者發現的機會大增。

│ 形態特徵 │

　　多年生攀緣草本，具腋生捲鬚，莖多少被細毛；葉互生，表面被毛，3裂，裂片卵狀三角形；花腋生，花梗具苞片及杯狀花托；花萼長橢圓狀線形，花冠闕如，外層副花冠反捲，綠色先端帶黃色，雄蕊基部癒合成管狀，環繞中央的花柱，上半離生，輻射狀展開；橢圓形漿果成熟時黑紫色。

▲果實成熟後由綠轉黑。

◀三角葉西番蓮成株葉片裂片近等大，葉腋間具捲鬚。

▲三角葉西番蓮不具花瓣，花萼為淺綠色，隱身於葉叢中不易發現。

西番蓮

Passiflora edulis Sims

外來種

科名	西番蓮科 Passifloraceae

花期｜ 1 2 3 4 5 6 7 8 9 10 11 12

別名	百香果、熱情果、雞蛋果、時鐘花

英文名	grenadelle, grenadine, passionflower, purple granadilla, passion fruit, purple passion fruit

　　原產巴西，臺灣農業區及都會區廣泛栽培，並逸出於都會區周邊淺山。西番蓮又名百香果，可是炎炎夏日消暑冷飲或冰品中常見的水果風味之一，對於都會人們而言，這個耳熟能詳的「口味」往往聯想到「橘黃色帶著黑色顆粒」的視覺印象，以及酸酸甜甜的味蕾刺激。其實西番蓮是藉由纏繞性的莖和花序基部的捲鬚攀附生長的大型藤本，花朵不僅大而顯眼，放射狀的副花冠有如時鐘上的刻度，因此又名時鐘花。

| 形態特徵 |

　　木質化纏繞藤本，莖與葉面光亮，單葉或 3 裂葉，裂片卵狀長橢圓形，鋸齒緣，葉柄先端具有 2 枚腺體，托葉線形至匙形，常早落；花單生，腋生，花梗先端具有綠色鋸齒緣的苞片，花萼 5 枚，長橢圓形，先端具小尖頭，內側白色，外表黃綠色，花瓣裂片 5 枚，長橢圓形，白色或綠白色，外側副花冠與花瓣近等長或稍長，白色且基部紫色，漿果橢圓形，成熟時深紫色，內含橘黃色假種皮，種子黑色且表面具光澤。

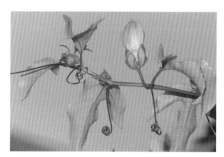

▲西番蓮的葉片單葉至三裂葉，花序基部具捲鬚。

▲宿存苞片邊緣鋸齒緣，未熟果實果皮表面具斑點。

▲西番蓮的副花冠白色或帶紫色，有如時鐘表面的刻度般放射狀排列。

黃時鐘花

Turnera ulmifolia L.

外來種

科名｜ 西番蓮科 Passifloraceae

英文名｜ west Indian holly

花期｜ 1 2 3 4 5 6 7 8 9 10 11 12

　　原產墨西哥到西印度群島一帶；臺灣都會地區栽培後逸出。黃時鐘花以往被列為時鐘花科（Turneraceae），根據近期分子親緣的分析成果，將其改列入西番蓮科中。黃時鐘花在原產地的花形多變，加上花色鮮豔，葉片油亮，因此極為適合當作園藝觀賞植物，這樣多變的外型可能是因為其具有多倍體化的現象。不過黃時鐘花的美麗花朵是半日花，只有上半天才能看到完全綻放的亮麗花朵喔！

| 形態特徵 |

　　常綠灌木或亞灌木草本植物，具香氣，葉互生，橢圓形或長卵形，先端銳尖，葉面具光澤，鋸齒緣，葉基具明顯腺體突起對生；花腋生於枝條先端，花梗與葉柄合生，苞片螺旋狀排列，3 枚，大苞片葉狀，小苞片 2 枚對生，橢圓形；花萼基部合生，裂片 5 枚，披針形，淺黃色，表面被纖毛；花冠金黃色，裂片 5 枚，倒卵形至近圓形，先端圓，邊緣具淺裂刻，雄蕊 5 枚，柱頭先端羽裂。蒴果球形，種子窄倒卵形。

▲黃時鐘花為常綠灌木或亞灌木草本植物，具香氣。

▲花梗與葉柄合生，苞片3枚，大苞片葉狀，小苞片2枚對生；花萼裂片披針形。

▶雄蕊5枚，花藥往外開展，雌蕊柱頭先端羽裂。

▲蒴果內排列整齊的種子，表面具細小皺紋。

▲蒴果乾枯後，可見果梗與葉柄合生的橢圓狀痕跡。

臺南毛西番蓮

Passiflora foetida L. var. *tainaniana* Liu & Ou

科名｜ 西番蓮科 Passifloraceae

花期｜ 1 2 3 4 5 6 7 **8** **9** **10** 11 12

　　特產臺灣西南部平原開闊地。人們對於物種的分類觀點會隨著資訊的流通與討論而改變，第二版臺灣植物誌發表時，並未將 1982 年由劉業經教授與歐辰雄教授發表的臺南毛西番蓮收錄其中，因此長期以來將這類生長在臺灣西南部的藤本植物視為毛西番蓮。2001 年特有生物保育中心編纂《臺南縣市植物資源》一書時，始將臺南毛西番蓮收錄至地方植物名錄中。臺南毛西番蓮與毛西番蓮兩種同屬植物的生育環境相似，甚至有機會共域生長，因此提供了絕佳的觀察與比較機會。

| 形態特徵 |

　　草質藤本，卷鬚腋生，莖表面密被展開毛；葉被毛，互生，葉淺裂，先端銳尖，微齒緣，托葉深裂，表面被腺毛；花單生，基部具 3 枚醒目總苞狀苞片，3 回至 4 回羽裂，末端裂片被腺點，具杯狀花托；萼片 5 枚，長橢圓形，先端具短尖頭；花瓣與花萼近等大，長橢圓形，白色，最外兩輪副花冠白色，子房表面被長毛；漿果被總苞包圍；卵狀球形，成熟時為橘色，果皮漸無毛。

▲臺南毛西番蓮為草質藤本，卷鬚腋生，莖表面密被展開毛。

▲花瓣全為白色，花色和外型相似的毛西番蓮不同。

▲未熟漿果表面仍可見纖細的長柔毛，外圍由羽狀分裂的花萼包圍。

▶子房位於延長的子房柄先端，表面被毛。

佛氏通泉草

Mazus fauriei Bonati

特有種

| 科名 | 蠅毒草科 Phrymaceae |
| 別名 | 臺灣通泉草 |

花期｜ 1 2 3 4 5 6 7 8 9 10 11 12

　　常見於北部都市草坪及低海拔荒地、淺山草坡；佛氏通泉草明顯具走莖，花瓣長於 1 cm，可與其他臺灣產通泉草屬（*Mazus*）植物相區隔。佛氏通泉草的花冠二唇化，且下唇明顯長於上唇；淺色的下唇散布許多顯眼的橘黃色斑點，當訪花採蜜的昆蟲前來時，寬廣的下唇與顯眼的斑紋就像停機坪般引導牠們以適當的方式採蜜，並使花粉附著於昆蟲體表。

| 形態特徵 |

　　多年生草本，走莖表面被毛；走莖葉片近無柄，對生，偶為互生，基生葉對生蓮座狀，葉片倒卵狀長橢圓形或匙形，葉基漸狹至葉柄處成楔形，銳齒或鈍齒緣；總狀花序於主軸先端近頂生，偶頂生於走莖先端；鐘形花萼 5 裂，裂片三角形，紫色花冠二唇化，下唇中央內側具橘斑；球形蒴果被宿存花萼包圍；褐色種子窄橢圓形。

▲心形的蒴果被宿存花萼筒包圍。

▲寬大的下唇是訪花者的停機坪，黃斑就像跑道燈一般明亮。

▲葉片蓮座狀，襯托著花冠長於 1 cm 的紫色小花。

通泉草

Mazus pumilus（Burm. f.）Stennis

科名	蠅毒草科 Phrymaceae
別名	六角定經草、白仔菜
英文名	Japanese mazus

花期 | 1 2 3 4 5 6 7 8 9 10 11 12

　　廣泛分布於印度及亞洲；臺灣低海拔草坪、荒地及田地雜草；通泉草不具走莖，淺紫色花冠短於 1 cm，可與同樣常見於草地的佛氏通泉草（*M. fauriei*）相區隔。通泉草屬在現今倡議的 A.P.G. 系統中，被分入蠅毒草科（Phrymaceae）之中。

| 形態特徵 |

　　一年生或越年生直立或斜倚草本，莖單生或疏生分支；葉多聚生於莖下部，葉柄表面光滑或被毛，葉片倒卵形或匙形，先端鈍，基部漸狹至鑷合，邊緣近全緣或疏齒緣；頂生疏鬆總狀花序；鐘狀花萼 5 裂，淺紫色花冠二唇化，於下唇內側具黃點；球形蒴果被宿存萼片包圍；窄橢圓形種子褐色。

▲通泉草總是成片生長在較為潮溼的草地上。

臺南通泉草

Mazus tainanensis T.H. Hsieh

特有種

科名| 蠅毒草科 Phrymaceae

花期| 1 2 3 4 5 6 7 8 9 10 11 12

　　臺南通泉草為 2000 年由謝宗欣教授發表的新種，其植株外形與佛氏通泉草相似，植物體同樣具有長走莖，葉片光滑至疏被毛，花冠 1 ～ 2.5 cm 長，花冠下唇先端與基部具有 2 ～ 4 枚大型的橘色斑紋，中段具有許多較小的橘色斑點，但是臺南通泉草的葉片較小，且花粉外形略有不同。從染色體核型檢測得知臺灣產其他通泉草屬植物皆為 2 倍體或 4 倍體，但是臺南通泉草為 6 倍體，因此極有可能是不同倍體數的物種雜交後，發生多倍體化後產生的新種，僅局限分布於臺中與臺南市區校園綠地內。由於通泉草屬植物的蒴果成熟後開裂時開口朝上，極有可能透過雨滴的潑濺而短距離傳播，加上長走莖的傳播距離有限，因此極有可能是透過土壤基質的搬移而發生二次傳播，並非現地種化而成的物種。

| 形態特徵 |

　　多年生草本，莖幹具叢生葉片和走莖，圓柱狀，表面被毛。基生葉蓮座狀，紙質，基生葉具不明顯葉柄，葉片倒卵狀長橢圓形或匙形，基部漸狹至基部，鋸齒緣或圓齒緣，先端圓至鈍，兩面光滑或被毛。總狀花序頂生於莖幹，罕於走莖頂端；花萼鐘形，5 裂，裂片三角形；花冠紫色。蒴果被宿存花萼包被，種子狹橢球形，褐色。

▲局限分布於臺中與臺南市區校園綠地內。

▲花冠下唇先端與基部具有 2 ～ 4 枚大型的橘色斑紋，中段具有許多較小的橘色斑點。

▲花序與花萼表面疏被腺毛，花冠明顯二唇化。

271

小返魂

Phyllanthus amarus Schum. & Thonn.

外來種

| 科名 | 葉下珠科 Phyllanthaceae |
| 英文名 | Indian gooseberry |

花期 | 1 2 3 4 5 6 7 8 9 10 11 12

　　原產美洲，現為全球廣布雜草，臺灣全島可見。葉下珠科植物以往被列在大戟科植物內，現由親緣分析的成果支持將此一類群獨自列為一科。葉下珠屬植物的主莖上互生許多開花側枝，其開花側枝上具有多數互生的葉片，也是我們一般能夠看到的葉下珠屬植物的「葉片」。然而這些葉片旁時常緊臨單性花，因此這些葉片其實具有苞片的功能，除了供應開花時所需的能量之外，也具有保護花朵的功能。當雌花成功授粉後，本屬植物的雌花便會結出球形蒴果，就像葉片下面具有成串的小珠子，因此這群植物被稱為「葉下珠」。

| 形態特徵 |

　　一年生草本，表面光滑，直立，主莖圓柱狀；葉單生，互生，上表面綠色，下表面淺色，橢圓狀長橢圓形或倒卵形，紙質，先端圓或具尖突，基部鈍且對稱或近對稱，全緣，葉柄短，托葉三角形至披針形；花腋生，雄花花萼5或4枚，展開，白色，卵狀或橢圓形，具1脈，綠色；雌花花萼5枚，展開，白色，卵狀長橢圓形，1脈。蒴果綠至褐色，扁球形。

▲開花側枝的葉片先端圓，基部對稱；雌花花萼卵狀長橢圓形。

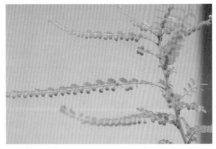

▲小返魂結出球形的蒴果，就像葉片下面具有成串的小珠子。

◀小返魂是光滑直立的一年生草本植物。

銳葉小返魂

Phyllanthus debilis Klein ex Willd.

科名| 葉下珠科 Phyllanthaceae

英文名| leafflower, niruri

花期|  1 2 3 4 5 6 7 8 9 10 11 12

　　分布於東亞、東南亞等地,臺灣諸多都會區與向陽處可見。銳葉小返魂具有典型的葉下珠屬植物外觀,同樣具有多而明顯的開花側枝與葉片,以及藏在葉片下方的花朵。但是銳葉小返魂與其他臺灣產同屬植物不同的是雄花與雌花的排列方式。銳葉小返魂的雄花位於開花側枝基部,雌花位於開花側枝末端,當雌花結出蒴果時,開花側枝便因重量的增加而下垂,使得果期時的銳葉小返魂植株外觀與其他臺灣產具有開花側枝的本屬植物不同。

| 形態特徵 |

　　一年生光滑草本,莖直立,基部常木質化;托葉三角形至披針形,白色,具單一綠色葉脈,葉片窄橢圓形至橢圓形或卵形,先端與葉基銳尖;基部具 1 ～ 3 層雄花,遠端具有單生雌花;雄花花瓣 6 枚排列成 2 圈,倒卵形,腺體 6 枚,花絲完全合生成筒狀;雌花花瓣 6 枚,橢圓形或倒卵形;種子四面體形,淺褐色,背側具 6 ～ 9 縱向肋紋。

▲種子發芽後的初生葉與開花側枝的葉片外形相似。

▲開花枝條上的葉片窄橢圓形至橢圓形或卵形,先端與葉基銳尖。

▲銳葉小返魂植株直立,具有多而明顯的開花側枝與葉片。

▲當雌花結出蒴果時,開花側枝便因重量的增加而下垂。

疣果葉下珠

Phyllanthus hookeri Muell.-Arg.

科名 | 葉下珠科 Phyllanthaceae

花期 | 1 2 3 4 5 6 7 8 9 10 11 12

　　分布於南亞、東南亞、中國與臺灣。臺灣產多數的葉下珠屬植物具有平展於植株的開花側枝，雌花位於開花側枝近基部側，雄花位於開花側枝的末梢，因此當雌花成功結果時，開花側枝仍然保持平展。疣果葉下珠也不例外，其葉片下往往掛著具短柄的紅色蒴果，加上蒴果表面具有明顯的疣突，因此成為臺灣產葉下珠屬植物中果實外觀極具特色的種類。

| 形態特徵 |

　　一年生光滑草本，直立至斜倚；托葉披針形，葉片長橢圓形或窄倒卵形，基部歪斜，先端鈍或具小尖頭，花序單性，小分支基部具有單一雌花，遠端具有 2 ～ 3 朵雄花；雄花花被片倒卵形，雌花花被片 6 枚，披針形；蒴果近無柄，果皮表面具疣突，形成肉質鱗片。

▲疣果葉下珠的雌花位於開花側枝近基部側，雄花位於開花側枝的末梢。

▲植株較為矮小，開花側枝葉片先端多具有小尖頭。

▲成熟的蒴果可見短柄，以及明顯的表面疣突。

◀發育中的蒴果表面漸漸長出紅色疣突。

五蕊油柑

Phyllanthus tenellus Roxb.

科名 | 葉下珠科 Phyllanthaceae

花期 | 1 2 3 4 5 6 7 8 9 10 11 12

英文名 | long-stalked phyllanthus, mascarene island leaf-flower

　　五蕊油柑原產馬達加斯加、印度，現已於全球熱帶及亞熱帶廣布。雖然屬於葉下珠屬（*Phyllanthus*）成員，五蕊油柑結實時，蒴果卻出現在葉片之上，與其他臺灣產本屬植物不同；此外，五蕊油柑的葉片先端較其他種類為圓，可供區分。五蕊油柑為近十年才出現於臺灣平地的新歸化物種，常出現在花圃或花盆內，再逐步逸出至路旁。在 A.P.G. 建議的分類系統中，五蕊油柑應被納入「葉下珠科（Phyllanthaceae）」

| 形態特徵 |

　　一年生直立草本，莖表面光滑；葉片卵形、倒卵形或廣橢圓形，先端銳尖至鈍形，基部銳尖至圓形，葉兩面光滑；分支具 1 ～ 2 朵雌花及 2 ～ 3 朵雄花，枝條末端者為極疏聚繖花序，具單一雌花；雄花花被片 5 枚，倒卵形，三角形腺體 5 枚；雌花花被片披針形 5 枚，少數 6 枚；蒴果扁球狀，種子褐色。

◀五蕊油柑的花果排列於葉片上方，與其他同屬成員截然不同。

▲五蕊油柑為都會花圃與草坪的常客。

葉下珠科

光果葉下珠

Phyllanthus urinaria L. subsp. *nudicarpus* Rossign. & Rossign. & Haic.

| 科名 | 葉下珠科 Phyllanthaceae | 花期 | 1 2 3 4 5 6 **7** **8** **9** 10 11 12 |

英文名 | chamber bitter, gripeweed, leafflower, shatterstone, stonebreaker

分布於東南亞、中國南部及臺灣。光果葉下珠的外型與同樣生活在臺灣都會區或公園綠地內的疣果葉下珠相似，都具有長橢圓形或窄倒卵形的葉片，開花側枝的基部皆為雌花，雄花位於側枝末梢。相對於疣果葉下珠，光果葉下珠的果梗較短，而且成熟蒴果的果皮較為光滑。或許觀察這些葉下珠屬植物的果實極為傷眼，但是這些花的確是開給螞蟻、薊馬、癭蚋等微小昆蟲，藉由協助授粉來取得花粉或種子等幼蟲的食物。從葉下珠屬植物的高結實率來看，建立嚴密的互利傳粉關係似乎是一套極佳的都市叢林生存策略。

| 形態特徵 |

一年生直立或斜倚草本；托葉披針形，葉片長橢圓形或窄倒卵形，基部歪斜，先端鈍或具小尖頭，基部葉腋具單一雌花，遠端具 2～4 枚雄花；雄花花被片 6 枚，雄蕊 3 枚，花絲合生成柱狀；雌花花被片 6 枚，上緣具細齒緣；果近無柄，果皮表面近光滑。

▲平展的開花側枝下方可見多數雌花與其蒴果。

▲是臺灣都會區內草坪與牆角常見的小型草本。

▲結實率極高的蒴果表面具有細小皺紋，但果皮不具疣突。

二十蕊商陸

Phytolacca icosandra L.

科名｜　商陸科 Phytolaccaceae

英文名｜　button pokeweed, tropical pokeweed

花期｜ 1 2 3 4 5 6 7 8 9 10 11 12

　　商陸屬（*Phytolacca* L.）約有25種，原產南美洲並廣布於美洲、歐亞大陸、非洲、澳洲與太平洋諸島，以往在臺灣記錄僅有2種。近年來，二十蕊商陸於中臺灣被尋獲，其花序直立、花梗短於2 mm，種子表面光滑，可與其他臺灣可見的同屬物種相區隔。二十蕊商陸的嫩莖與葉片在中美洲大西洋海濱地帶為栽培草本，其綠色未成熟的漿果內含皂素，可作為肥皂的替代品；果實成熟漿果為紅紫色，可作為墨水的替代品。

| 形態特徵 |

　　多年生草本，表面光滑，莖肉質；葉片橢圓形至卵形，先端銳尖至漸尖，葉基漸狹或漸尖，表面光滑；穗狀總狀花序，於結果時直立，花梗短於2 mm 長，苞片匙狀，花萼5枚，粉紅色或淺紅色，廣橢圓形，雄蕊常呈2輪，心皮多枚合生；漿果紫黑色，種子黑色，厚透鏡形，表面具光澤。

▲花朵具有不同層次的紅色，雄蕊數量多變。

▲未成熟的綠色漿果內含皂素，可作為肥皂的替代品。

▲總狀花序的花梗極短，花序軸直立。

277

珊瑚珠

Rivina humilis L.

科名| 商陸科 Phytolaccaceae

花期| 1 2 3 4 5 6 7 8 9 10 11 12

英文名| baby pepper, coral berry

珊瑚珠屬（*Rivina*）為一單型屬，屬下成員僅有珊瑚珠，珊瑚珠原產美國、墨西哥、西印度群島、中美洲及南美洲；現已廣泛分布於中國大陸、太平洋諸島及非洲；珊瑚珠早期被引進臺灣供園藝用，全年結出串串鮮紅的果序，為觀果植物；現已自庭園逸出，生長於庭園附近路旁或草坪。

| 形態特徵 |

　　直立蔓生草本，表面光滑或密被毛；葉互生，葉片披針形，橢圓形、長橢圓形、三角形或卵形，葉基楔形、圓形、截形至心形，先端漸尖、銳尖、鈍或具凹頭；總狀花序；花萼白色，橢圓形、長橢圓形、倒披針形或倒卵形，花瓣闕如；漿果，種子透鏡狀，表面被具密毛薄膜包圍；全年開花結果。

◀鮮豔的漿果就像深海的珊瑚，為它贏得「珊瑚珠」的美名。

▲珊瑚珠是兼具藥用與觀賞價值的歸化野花。

草胡椒

Peperomia pellucida（L.）H. B. K.

科名｜　胡椒科 Piperaceae

英文名｜　clearweed, shiny bush

花期｜ 1 2 3 4 5 6 7 8 9 10 11 12

　　原產熱帶美洲，現已泛熱帶分布；首次於 1978 年紀錄於臺灣，偶見於潮溼干擾地，特別是岩壁、花園及盆栽旁或水溝邊。草胡椒的果實微小，極易混入土壤基質中而隨之搬遷，加上果實表面稍具黏性，可輕易附著於人畜或衣物表面，有助於它的傳播。

| 形態特徵 |

　　一年生或多年生直立草本，表面光滑；黃綠色莖透光，微 4 稜，稜上具翼，常於基部分支；三角狀卵形葉片肉質，基出掌狀脈 5 條，邊緣微波浪狀；頂生或腋生肉質穗狀花序，苞片三角形；花微陷入花序軸中，雌蕊橢圓形，綠色；卵球形漿果具薄果皮，內含種子 1 枚。

▶ 成串的果序隨處可見，難怪成為各地盆栽內的常客。

加拿大柳穿魚

Linaria canadensis（L.）Dum. Cours.

科名｜　車前科 Plantaginaceae

花期｜ 1 2 **3** **4** **5** 6 7 8 9 10 11 12

英文名｜　blue toadflax, canada toadflax, old-field toadflax

　　柳穿魚屬（*Linaria*）植物廣泛分布於北半球溫帶地區，加拿大柳穿魚原產北美洲與加拿大，歸化於南美洲、歐洲、南亞與東亞，在臺灣生長於都會河濱公園或公園草地等開闊地。加拿大柳穿魚為一年生的直立草本，葉片微小且為全緣的線形葉片，總狀花序長而直立，花紫色且具有長而纖細距，可與其他原生或歸化的車前科植物相區隔。

| 形態特徵 |

　　莖直立，纖細，表面光滑，高 40～70 cm；葉互生，表面光滑，線形，無柄；總狀花序頂生，線狀苞片於花梗基部；花萼裂片 5 枚，線形至披針形，宿存，總梗、苞片與花萼表面被腺毛，花冠藍紫色，二唇化，兩側對稱，上唇直立，2 裂，下唇 3 裂，下唇基部具有白斑，與裂片近等大；花冠具有紫色的纖細距，花喉白色，膨大；蒴果球形，2 室，先端具有 3 齒裂；種子黑色。

▲莖直立且纖細，表面光滑；總狀花序頂生。

▲二唇化花冠藍紫色，上唇直立，下唇 3 裂，下唇基部具有白斑。

▶蒴果球形，先端具有三齒裂，外圍可見線形宿存花萼。

黃花過長沙舅

Mecardonia procumbens（Mill.）Small

科名｜　車前科 Plantaginaceae

英文名｜　bacopa, mecardonia

花期｜ 1 2 3 4 5 6 7 8 9 10 11 12

　　過長沙舅屬（*Mecardonia*）原產南北美洲；中文名雖有「過長沙」三字，也都生長在近水泥灘地上，黃花過長沙舅卻具有二唇化的花冠，長花梗上具 2 枚苞片及羽狀脈的葉片，與臺灣產 5 枚等大的花冠裂片、葉脈不明顯的過長沙（*Bacopa monnieri*）明顯不同。黃花過長沙舅原產熱帶美洲至美國德州與佛羅里達州，歸化於東南亞爪哇一帶；現於臺灣北部、中部及東部，向陽開闊的溪邊潮溼土壤及校園草地上可見，全年開花。黃花過長沙舅與其他車前科成員如野甘草、爪哇水苦藚、毛蟲婆婆納、阿拉伯婆婆納與水苦藚等，在近期的分子親緣分析中，建議納入車前科之下。

| 形態特徵 |

　　多年生匍匐至斜倚草本，植株光滑，莖 4 稜，多少具翼；葉對生，葉片橢圓形至卵形，先端近銳尖；花單生於花梗，腋生；花萼 5 枚，外圍 3 枚廣卵形至卵狀橢圓形，黃色花冠圓筒鐘狀，表面光滑，二唇化，稍長於花萼，上唇凹陷或 2 裂，脈上紅褐色；褐色蒴果橢圓形，縱向開裂；黑色種子表面具網紋。

相似種辨識

過長沙

葉匙形，革質至厚紙質；花白色，花冠輻射狀。

▲正港的「過長沙」有著對生的革質葉片，開著白色的腋生小花。

▲開花後大而明顯的萼片筒仍肩負保護蒴果的任務。

車前草

Plantago asiatica L.

科名 | 車前科 Plantaginaceae 　　花期 | 1 2 3 4 5 6 7 8 9 10 11 12

別名 | 五根草、車前、當道、牛遺、蝦蟆衣、牛舌、車過路、車輪菜、魚草

英文名 | arnoglossa, chinese plantain

　　車前草分布於東亞及南亞，臺灣全島低地至高山可見；「車前草」如其名，常見於停車場或路旁，可能是它微小的種子混入土壤，嵌在行人的鞋底或車輛的輪胎縫中，搭便車般四處落腳，才會被取了這樣的別名；車前草葉片具有許多平行主脈，為雙子葉植物中較少見者。根據近年分子生物學的證據，許多玄蔘科的物種皆被轉移至車前科之下，因此，車前科屬間成員的外形及生活型差異極大，並無一致的形態特徵可供辨別，且與一般印象中的「車前草」相去甚遠。

| 形態特徵 |

　　多年生草本，表面光滑或近光滑，短根莖粗壯，具多數鬚狀不定根；葉多少直立或成蓮座狀，葉片卵形至廣卵形，偶為長橢圓形，全緣或具淺齒緣；穗狀花序單生，長達 10 cm；橢圓形花萼 4 枚，中肋綠色，綠色透明質花冠筒 4 裂，雄蕊 4 枚；卵形蒴果成熟時為褐色，蓋裂；長橢圓形黑褐色種子 4 ～ 10 枚。

▶長橢圓形的蓋果。

▲車前草是停車場內最常見的野花草，葉片具多條平行脈。

◀花朵由下而上開放，當上方的花剛露出雌蕊時，下方的花已吐出雄蕊。

長葉車前草

Plantago lanceolata L.

科名｜ 車前科 Plantaginaceae

別名｜ 窄葉車前草

英文名｜ english plantain

花期｜ 1 2 3 4 5 6 7 8 9 10 11 12

　　長葉車前草原產歐洲，於 1996 年首次紀錄於臺灣，現已歸化北部平野、低海拔至南部海拔 2,500 公尺的干擾地或荒地。長葉車前草的體型甚大，具直立而窄披針形的葉片，葉片具 5 條明顯的平行脈，花排列成密集穗狀花序，著生於長長的花莖頂端，與臺灣產其他車前草屬植物明顯不同。

| 形態特徵 |

　　多年生草本，開花時可達 80 cm 高，莖粗壯如短根莖狀，具不定根多數；葉多枚，多少直立於蓮座狀葉片中，葉片披針形至長橢圓狀披針形，全緣或淺齒裂；穗狀花序角錐狀或短圓柱狀；花密生於穗狀花序上；花冠筒透明而帶褐色，4 裂；卵形蒴果成熟時為褐色，蓋裂；內含長橢圓形黑褐色種子 2 枚。

▲ 相形之下，長葉車前草的花序嬌小而精緻。

▶長葉車前草頗為大型，葉片也較其他車前草屬植物修長。

283

巨葉車前草

Plantago major L.

科名 | 車前科 Plantaginaceae

花期 | **1** **2** **3** **4** 5 6 7 8 9 10 11 12

　　分布於歐亞大陸和東亞。巨葉車前草如其名，和常見的車前草相比具有巨大的植株與莖葉，其葉柄 15 ～ 20 cm 長，葉片 25 ～ 30 cm 長，花莖長達 80 cm，穗狀花序達 45 cm 長；巨葉車前草以往僅見於基隆彭佳嶼，如今根據現地調查，基隆外海的彭佳嶼並未發現此一物種，卻能在許多都會型公園綠地發現，甚至被居民刻意栽培在菜園或藥圃中作為青草藥之用。或許容易受到海風吹拂的小島，植物生存的環境艱難，一旦受到外來種或強勢種進駐，其他物種就容易受到干擾；這時具有藥用或景觀價值時，就可能透過無意間的人為栽培使種源意外得到保留。

| 形態特徵 |

　　多年生草本，表面光滑，高達 80 cm；莖粗壯，具有短根莖與多數不定根；葉多數，多少直立或呈蓮座狀展開，葉片卵形或廣卵形，淺齒裂；穗狀花序單生，苞片光滑，常短於花萼；花無柄，花萼 4 枚，橢圓形，花冠管狀，4 裂，雄蕊 4 枚，外露於花冠裂片，雌蕊 1 枚，花柱纖細，表面具纖毛，子房扁卵形；蒴果卵形；種子 18 枚，卵形。

▲穗狀花序單生，自蓮座狀葉片間抽出。

▲蒴果卵形，疏生於粗壯花序軸表面。

◀基生葉蓮座狀，葉片卵形或廣卵形，淺齒裂。

毛車前草

Plantago virginica L.

外來種

| 科名 | 車前科 Plantaginaceae |

花期 | 1 2 3 4 5 6 7 8 9 10 11 12

| 別名 | 北美車前 |

| 英文名 | virginia plantain |

　　毛車前草原產北美洲，於 1986 年首次紀錄於臺灣，現已廣泛歸化全島，局部出現於荒地及干擾地如路旁、停車場、田邊及花園內，尤其以濱海向陽地常見。毛車前草全株表面被毛，葉片倒披針形至長橢圓狀倒披針形，可與臺灣產其他車前草屬植物相區隔。

| 形態特徵 |

　　一年生草本，全株被織毛，莖為短而直立粗壯的根莖，具絲狀不定根多數；葉多枚呈展開蓮座狀，葉片倒披針形至長橢圓狀倒披針形，微齒裂；花莖 3 ～ 6 枚，達 30 cm 高；花多數，排列成簇生穗狀花序，長橢圓狀披針形苞片表面被毛；蒴果卵形，內含長橢圓形透鏡狀黑褐色種子 2 枚。

▲毛車前草全株被毛，極易與其他同屬植物區分。

▲毛車前草葉片排列成蓮座狀，常見於臺灣西北部向陽開闊地。

野甘草

Scoparia dulcis L.

科名	車前科 Plantaginaceae

花期 | 1 2 3 4 5 6 7 8 9 10 11 12

別名 | 甜珠仔草、甜珠草、冰糖草、珠仔草、金荔枝、鈕吊金英、站珠、土甘草、立珠草

英文名 | licorice weed

　　泛世界分布雜草，臺灣全島平地及低海拔路旁、田地及溼地常見。野甘草直立且基部略木質化的枝條，腋生於葉狀苞片的白色小花，白色花瓣離生，近基部表面被有許多長柔毛，與其他玄蔘科及車前科植物迥異。

| 形態特徵 |

　　一年生直立草本，莖光滑具分支；葉具柄，葉片長橢圓狀卵形至橢圓形，先端銳尖，基部鑷合，向莖先端漸短，邊緣銳齒緣，具3脈，上表面光滑，下表面不規則被腺點；白色或淺紫色花聚生成頂生具葉狀苞片的總狀花序；花萼於結果時延長，4裂，邊緣被纖毛，花冠白色或淺紫色；蒴果卵形。

▶白色花瓣的基部有許多白色長毛。

▲花果與葉片輪生於同一莖節上。

輪葉孿生花

Stemodia verticillata（Mill.）Hassl.

外來種

科名	車前科 Plantaginaceae
英文名	whorled twintip

花期｜ 1 2 3 4 5 6 7 8 9 10 11 12

原產於墨西哥、南美洲北部與加勒比海地區。近期發現於北臺灣低地，是一種水濱或容易積水路邊生長的雜草，生長在北臺灣河岸、水田及都會區公園中者。孿生花屬約有 56 種，廣布於熱帶美洲、亞洲與非洲。外觀上本種與石龍尾屬（*Limnophila*）植物相似，但是輪葉孿生花的花萼深 5 裂，臺灣產石龍尾屬植物者為中裂；孿生花屬植物的蒴果縱裂與橫裂，石龍尾屬者皆為縱裂，雖然特徵較於微小，但卻是重要的鑑別特徵。輪葉孿生花微小的種子有助於植物隨著機具或介質搬運進行二次傳播，加上矮小的植株容易躲過刈草或動物的啃食，因此能夠藉此在人群密集或時常刈草的公園綠地內生長。

| 形態特徵 |

多年生草本，匍匐至斜倚，表面被腺毛。葉序對生或三葉輪生，葉柄具翼；葉片卵形，葉基楔形，邊緣鋸齒緣或重鋸齒緣，微反捲，先端銳尖，兩面被鉤毛與腺毛。花單生，每節 2～3 朵，腋生；花萼深 5 裂，裂片線形至披針形，先端銳尖，宿存；花冠二唇化，淺紫色帶有深紫色線紋，外表疏被毛；上唇淺 2 裂，下唇 3 裂，花冠筒下半部內側被毛；雄蕊 4 枚，不稔雄蕊 2 枚，長於可稔雄蕊者。蒴果近球形至卵形，微扁狀，成熟時褐色，縱裂與橫裂。種子多數，橢圓形，表面具 8 稜。

▲葉序對生或三葉輪生，葉片卵形，葉基楔形，邊緣鋸齒緣或重鋸齒緣。

▲花單生，2～3 朵腋生，簇生於莖稈節上。

◀花冠二唇化，淺紫色帶有深紫色線紋，花冠筒下半部內側被毛。

爪哇水苦藚

Veronica javanica Blume

科名 | 車前科 Plantaginaceae

花期 | 1 2 3 4 5 6 7 8 9 10 11 12

分布於非洲、印度、爪哇、馬來西亞、中南半島、華南、琉球及日本；臺灣北部低至中海拔路旁草坪或開闊田野荒地可見。爪哇水苦藚的植株矮小，開花初期白色小花聚集於植株先端具葉片處，直到結實後花序軸及果梗逐漸延長，模樣與開花時截然不同。

| 形態特徵 |

一年生或越年生直立草本，莖基部分支，具一列短毛；葉對生，葉片三角狀卵形至三角狀心形，先端近鈍形，葉基淺心形，膜質，邊緣鈍齒緣；花疏生成頂生總狀花序，表面被毛，花梗近直立；花萼倒披針形裂片先端鈍，花冠白色或淺粉紅色；蒴果短於花萼，扁心形，先端凹陷，表面疏被纖毛。

▲結果時果序延長，使得蒴果分散於枝條上。

▲爪哇水苦藚為直立小草本，卵形葉片對生。

毛蟲婆婆納

Veronica peregrina L.

科名 | 車前科 Plantaginaceae

英文名 | neckweed, purslane speedwell

花期 | 1 2 3 4 5 6 7 8 9 10 11 12

車前科

原產西半球及歐亞大陸，現已廣泛歸化於全球溫帶地區；於 1993 年首次報導於臺灣，分布於路旁、草坪、田野、菜園及其他潮溼地。此一草本具有對生、無柄、線形至長橢圓形、邊緣鋸齒緣的葉片，腋生、單生的白色花朵及褐色倒心形的蒴果，可與其他臺灣產同屬植物相區隔。

| 形態特徵 |

一年生直立或匍匐草本，莖單生或於基部具多數分支；葉對生後於先端互生，葉片線形、長橢圓形至橢圓形，先端鈍，葉基漸狹，邊緣鋸齒緣至全緣；白色花單生，腋生，具花梗；線狀倒披針形花萼 4 枚，白色花瓣 4 裂，裂片長橢圓形至橢圓形，裂至基部；褐色蒴果倒心形；種子橢圓形。

▶毛蟲婆婆納的白色小花腋生於葉片基部。

◀蒴果心形，周圍由宿存萼片 4 枚包圍。

▲毛蟲婆婆納的植株直立，於北部都會與中南部中海拔山區可見。

阿拉伯婆婆納

Veronica persica Poir.

| 科名 | 車前科 Plantaginaceae | 花期 | 1 2 3 4 5 6 7 8 9 10 11 12 |

別名｜ 臺北水苦藚、大婆婆納、瓢簞草、藍花水苦藚、波斯水苦藚

英文名｜ birdeye speedwell

　　原產歐洲及西亞，在臺灣歸化於北部濱海、平地至中南部中海拔路旁荒地。阿拉伯婆婆納的葉片有二型，其一型的葉片排列較密，葉片卵圓形，葉片較大，質地較薄，葉表面疏被毛；另一型的葉片疏生，葉片卵形，葉片較小，質地較厚，表面較為光滑，顯得花梗較長；然而有時可見到此二型的葉片生長於同一枝條上，顯見此為同一物種的變異範圍。

| 形態特徵 |

　　一年生或越年生匍匐或斜倚草本；葉疏生，自匍匐或斜倚基部分支伸出，基部葉對生，卵圓形至廣卵狀三角形，先端鈍，葉基圓，邊緣圓齒緣，上部葉互生，廣卵形；花單生於葉腋；花梗纖細，長於葉片，於結果時彎曲，花萼窄卵形，裂片先端鈍，於結果時長於蒴果且貼近蒴果，花冠藍色，具深色條紋；蒴果扁心形。

◀宿存萼片保護著中央廣心形的蒴果。

▲阿拉伯婆婆納是北部都會區冬季時的地被草本。

水苦蕒

Veronica undulata Wall.

科名｜　車前科 Plantaginaceae

英文名｜　undulate speedwell

花期｜ 1 2 3 4 5 6 7 8 9 10 11 12

　　原產北美洲、歐洲及東亞；臺灣低海拔潮溼荒地、河床、水田可見。水苦蕒的種子微小，容易隨土壤基質或流水傳播；有時在住家排水口四周，常年有淺積水或潮溼的路面上，就能長出一片水苦蕒，從富含水分的莖先端長出花穗。

| 形態特徵 |

　　一年生或越年生直立草本，稍肉質，表面光滑；葉對生，葉片披針形至長橢圓形，先端近銳尖，葉基圓至近心形，無柄或半抱莖，邊緣全緣至波狀齒緣；總狀花序疏生多朵花，著生於腋生短總花梗上，花梗展開狀；花萼裂片 4 枚，窄長橢圓形，先端鈍，稍長或與蒴果等長，花冠粉白色或淺藍紫色；蒴果圓球形。

▲白色小花具 4 枚花瓣，由下而上依序綻開。

▲水苦蕒生長於略為潮溼的環境。

圓錐花遠志

Polygala paniculata L.

科名 | 遠志科 Polygalaceae

花期 | 1 2 3 4 5 6 7 8 9 10 11 12

英文名 | milkwort, root beer plant

　　圓錐花遠志廣泛分布於熱帶地區；引進並歸化於臺灣低海拔地區。遠志科的花朵具有展開的花萼，中央的花瓣先端多少具有鬚裂，像極了一隻飛行中的小蟲，也像某種特別的豆科蝶形花，或是精緻的小蘭花。

| 形態特徵 |

　　亞灌木，高達 45 cm；線形葉近無柄，先端銳尖，葉基漸狹，全緣；總狀花序；花梗短，花白色，白色花萼 5 枚，不等大，白色花瓣 3 枚，不等大，雄蕊 8 枚，子房 2 室；蒴果縱向開裂，內含 2 枚種子。

▶圓錐花遠志成群地抽出長長的總狀花序。

頭花蓼

Persicaria capitata（Buchanan-Hamilton ex D. Don）H. Gross

科名 | 蓼科 Polygonaceae

花期 | 1 2 3 4 5 6 7 8 9 10 11 12

英文名 | pink-head knotweed, smartweed

　　頭花蓼分布於中國大陸、不丹、印度北部、馬來西亞、緬甸、尼泊爾、錫金、斯里蘭卡、泰國、越南，歸化於日本；現栽培並逸出後歸化於臺灣北部及中部淺山地區。頭花蓼為園藝及藥用植物，由許多粉紅色小花簇生於短短的花梗上，故名「頭花蓼」；其外觀與火炭母草（*P. chinensis*）相似，但葉片硬是比火炭母草小了幾號，花序也比火炭母草圓潤、飽滿，應不致於混淆。

| 形態特徵 |

　　多年生斜倚至匍匐草本，莖基部紅色並木質化，表面疏生腺毛，節上生根；葉互生，葉柄有時基部耳狀，葉片卵形至圓形，表面兩面被毛並具黑色點紋，先端銳尖，葉基鈍形，膜質托葉鞘先端截形；頭狀花序單生或成對，頂生於枝條先端；花被粉紅色，花被裂片橢圓形 5 枚；黑褐色瘦果包含於宿存花被中，窄卵形，表面稍具光澤。

▲頭花蓼的葉片卵圓形，葉表面具 V 字形斑紋。

▲密集聚生成球狀的花穗與葉片的 V 字印記是它的明顯特徵。

293

火炭母草

Persicaria chinensis（L.）H. Gross

科名	蓼科 Polygonaceae

花期 | 1 2 3 4 5 6 7 8 9 10 11 12

別名 | 清飯藤、早辣蓼、烏炭子、冷飯藤、川七、紅骨清飯藤、雞糞蔓

英文名 | chinese knotweed

　　火炭母草分布於印尼、菲律賓、臺灣、中國大陸及日本；常見於臺灣全島蔭涼處灌叢底層。為紅邊黃小灰蝶（*Heliophorus ila* subsp. *matsumurae*）的食草。分類上，火炭母草屬於廣義的蓼屬植物（Polygonum sensu lato），屬內約有 300 種，廣泛分布於寒帶及溫帶地區，特別是北半球，為蓼科最大的一屬；基於分子生物學的證據，現已主張將頭花蓼屬（*Persicaria*）自蓼屬中分出。火炭母草的中名由來眾說紛紜，有人說是因為葉片上的 V 字紋路有如被火炭烙印一般，有人認為它結實後黑得發亮的花被有如黑炭般；看來外形的特徵讓人印象深刻，才是大家為它起個好名字的最大原因。

| 形態特徵 |

　　多年生斜倚草本，莖多分支，基部常木質化，表面光滑，節膨大；葉卵形至長橢圓形，先端銳尖至漸尖，葉基截形或微心形，葉柄外具管狀托葉鞘；花白色至粉紅白色，花梗包含於苞片中，花具 5 枚橢圓形花被，先端鈍形，花被於結果時增厚並轉為黑紫色，內含 8 枚雄蕊及蜜腺；瘦果黑色，具 3 稜。

▲火炭母草的葉片偶具暗色 V 字斑紋。

▲開花時白色略肉質的花瓣半張。

▲果實成熟後被由白轉黑的花被片包裹。

馬齒莧

Portulaca oleracea L.

科名丨 馬齒莧科 Portulacaceae	**花期丨** 1 2 3 4 5 6 7 8 9 10 11 12

別名丨 豬母乳、長命菜、豬母菜、五行菜、馬莧、五方菜、瓜子菜、馬子菜

英文名丨 common purslane, little hogweed

　　馬齒莧為泛熱帶分布物種，為臺灣全島常見雜草；由於植物體矮小、耐旱，能適應濱海及都市的環境，加上種子微小，易與土壤一併遷移，成為路旁、花圃、草坪上常見的物種。它黃色的花僅開放一日，授粉後即結出草黃色卵形蒴果，就像珠寶盒般藏著發亮的黑色種子數枚。馬齒莧也是一道野菜，由於母豬吃了它後泌乳量會增加，養豬農家稱它作「豬母乳」。

| 形態特徵 |

　　一年生肉質草本，莖具多數分支，常匍匐而生，表面光滑；葉螺旋狀排列或近對生，葉腋處具少數短毛，葉近無柄，葉片倒卵形至倒披針形，先端鈍至圓形，偶具缺刻；花單生或少數，基部被小苞片及細毛包圍；倒卵形黃色花瓣常為 5 瓣；蒴果卵形，草黃色，成熟時自果先端 1/3 ～ 1/2 處蓋裂，內含黑色種子數枚。

▲馬齒莧梭形的蓋果裡藏著黑色的微小種子。

▶馬齒莧是肥厚的平鋪草本，極為耐旱。

毛馬齒莧

Portulaca pilosa L.

外來種

| 科名 | 馬齒莧科 Portulacaceae | 花期 | 1 2 3 4 5 6 7 8 9 10 11 12 |

別名 | 松葉牡丹、日頭紅、禾雀花、禾雀舌、半日花、午時草、小半支蓮、翠草、白頭紅、嘴草

英文名 | kiss me quick, pigweed

　　毛馬齒莧泛熱帶分布，在臺灣是濱海及都市的常見植物；又名「松葉牡丹」，可能是因為它具有線狀倒披針形而肉質的葉片，外觀與松葉相似而得名；加上花色豔麗，便取了「松葉牡丹」一名。

| 形態特徵 |

　　一至多年生直立或斜倚肉質草本，莖多數，多分支，具腋生長柔毛；葉螺旋狀排列至近對生，具短柄；葉片線狀倒披針形、倒卵形至橢圓形，先端銳尖；花單生或 2～10 朵簇生，為小苞片或毛所圍繞；花萼先端偶具鉤，花瓣粉紅色或紫色，倒卵形至長橢圓狀卵形，先端鈍形；蒴果近球形，具宿存花瓣。

▲毛馬齒莧的蒴果簇生於葉腋，周圍被白色長柔毛。

▲毛馬齒莧花色豔麗，葉片表面具細緻斑紋。

四瓣馬齒莧

Portulaca quadrifida L.

科名｜ 馬齒莧科 Portulacaceae

英文名｜ chickenweed

花期｜ 1 2 3 **4 5 6 7 8** 9 10 11 12

全球分布於澳洲以外的熱帶地區，臺灣南部的砂質地可見。除了都會區內常見的兩種馬齒莧屬植物外，在臺灣南部的部分砂質荒地或乾燥地還可以見到一種植株平鋪、莖稈較為纖細的同屬植物「四瓣馬齒莧」，它黃色的花瓣僅有4瓣，而且僅在日正當中時開花，增加了尋找與觀察時的困難度，往往僅能落空看到成片平鋪的橢圓形或倒卵形葉片。

| 形態特徵 |

草本達 8 cm 高，莖伏生，具多數分支，常帶有紫色，常於節處生根，節上具有一圈毛；葉對生，近無柄，橢圓至倒卵形，具腋生毛；花單生、頂生，具 4 或更多小苞片，花瓣 4 枚，亮黃色，外側紫色，倒卵形，先端鈍至圓，雄蕊 8～12 枚，花柱先端 4 裂；蒴果倒卵形，淺黃色，蓋果裂約 2/3 果高。

▲可見於臺灣南部砂質荒地或乾燥地。

▲莖伏生，具多數分支，常帶有紫色，節處生根且於節上具一圈毛。

▲花瓣 4 枚亮黃色，倒卵形，先端鈍至圓。

琉璃繁縷

外來種

Lysimachia arvensis（L.）U. Manns & Anderberg

科名｜ 報春花科 Primulaceae

花期｜ 1 2 3 4 5 6 7 8 9 10 11 12

別名｜ 海綠、火金菇

英文名｜ scarlet pimpernel

　　琉璃繁縷又名「海綠」，分布於亞洲溫帶地區至南亞、西北非洲、澳洲、歐洲及美洲；歸化於臺灣北部濱海至低海拔耕地。「繁縷」一名常用於石竹科（Caryophyllaceae）繁縷屬（*Stellaria*）植物，繁縷屬成員多具有對生而卵形，先端銳尖至鈍形的葉片，開出 5 瓣的白色小花；琉璃繁縷常見於濱海，葉序、葉片與繁縷屬植物相似，但花季時開出藍紫色的花朵，就像琉璃色的屋瓦般，中央泛著紫紅色，才取了「琉璃繁縷」簡單易懂的名字。近年尚歸化一種原產北美洲及歐洲，後引進南美洲、澳洲及臺灣北部低海拔山區的同屬植物 ── 小海綠（*L. minima*），其植株較小、常具互生葉，花近無柄、花冠裂片較窄且先端銳尖，與琉璃繁縷有所不同。

| 形態特徵 |

　　一年生或越年生草本，表面光滑，白色或淺綠色，莖 4 稜，基部匍匐，具多數分支；葉對生，無柄，葉片卵形，先端銳尖至近鈍，葉基圓，展開狀，邊緣全緣；花腋生，花萼裂片線狀披針形，先端長漸尖，花冠藍紫色或紅色，裂片倒卵形至圓形，先端鋸齒緣，常具纖毛；球形蒴果蓋裂，深褐色種子微小。

相似種辨識

小海綠

葉互生；花白色，近無柄。

▲小海綠是新近逸出的小草本。

▲琉璃繁縷是冬末春初草坪內最亮眼的野花之一。

澤珍珠菜

Lysimachia candida Lindl.

科名 | 報春花科 Primulaceae

英文名 | manipur loosestrife

花期 | 1 2 **3** **4** **5** 6 7 8 9 10 11 12

分布於東亞與東南亞低至中海拔地區，常見於溝渠、溪邊、田邊或山坡路邊潮溼處。2009至2010年間，楊宗愈博士檢視了存放在俄羅斯聖彼得堡（Saint Petersburg）的科馬洛夫植物研究所植物標本館內珍藏的標本時，發現了矢野勢吉郎先生於1897年採集自臺北的澤珍珠菜，隨後又在倫敦自然史博物館植物標本館發現另一份珍藏標本後，澤珍珠菜就像在臺灣絕跡了一樣，再也沒有任何採集與描述紀錄。時至今日，澤珍珠菜再次現蹤於臺灣北部都會區內公園綠地的開闊草生地，周邊雖為干擾頻繁的都會公園與運動場，卻能在人為干擾強烈的都會公園中生長，似乎暗示著只要環境適合、管理友善，這些以往認為稀有或瀕臨滅絕的動植物能夠再次現蹤，與人類和平共存。

| 形態特徵 |

一年生或二年生草本，全株光滑無毛，株高30～60 cm。莖單生或分枝，基部偶具紅色。葉淺綠色，先端邊緣略呈紅色，葉面散生不明顯棕黑色腺點；基生葉叢生狀，開花時宿存；莖生葉互生，淺綠色，匙形至倒披針形，上部葉漸小，葉柄具下延翼或近無柄。總狀花序頂生，苞片線形，先端略膨大呈粉紅色；花萼合生，裂片5，狹三角形至線形；花冠白色，鐘狀，裂片橢圓形或倒卵狀橢圓形，先端漸尖。

▲澤珍珠菜生長於臺灣北部都會區內公園綠地的開闊草生地。

▲總狀花序頂生，花冠鐘狀，裂片橢圓形或倒卵狀橢圓形。

◀花萼合生，裂片5，狹三角形至線形。

禺毛茛

Ranunculus cantoniensis DC.

科名| 毛茛科 Ranunculaceae

別名| 水辣菜

英文名| cantonese buttercup

花期| 1 2 3 4 5 6 7 8 9 10 11 12

　　廣布於南亞、東南亞、東亞；在臺灣廣泛分布於海濱至海拔 2,500 公尺開闊地、路旁及林緣。毛茛屬植物廣布於全球除南極洲以外的大洲，其中禺毛茛廣布於南亞、東南亞、東亞熱帶及亞熱帶地區。在臺灣，都會區與平地的禺毛茛通常生活在較為乾燥的環境，或是濱水溼地周邊的高灘地，加上植株被毛，可以輕易與其他都會區內可見的毛茛屬植物區分。

| 形態特徵 |

　　一年生被毛草本，莖斜倚至直立；基生葉與基部莖生葉為三出複葉，葉柄被毛，邊緣鋸齒緣，葉面表面疏被毛，葉背被毛，頂生小葉 3 裂，菱卵形或廣卵形；複單繖花序頂生，總花托被毛，花萼反捲，窄卵形，背側被糙毛；花瓣黃色，窄橢圓形或倒卵形，雄蕊多數，心皮表面光滑；聚合果近球形，瘦果兩側壓扁狀，歪倒卵形，宿存柱頭三角形，先端直或具鉤。

▲基生葉與基部莖生葉為三出複葉，小葉淺裂至深裂，葉緣鋸齒緣。

▲花瓣黃色，窄橢圓形或倒卵形，雄蕊多數，心皮表面光滑。

◀聚合果近球形，瘦果兩側壓扁狀，先端直或具鉤。

毛茛

Ranunculus japonicus Thunb.

科名｜　毛茛科 Ranunculaceae

英文名｜　japanese buttercup

花期｜ 1 2 **3** **4** **5** 6 7 8 9 10 11 12

　　分布於東北亞；在臺灣局限分布於北部海拔 800 公尺以下開闊地、海濱或林緣。隨著生態城市概念的發展，過度人工化的生活環境已經逐漸從居民的概念中改變，取而代之的是與生態共存的智慧城市，因此許多以往存活在平地森林緣的原生物種，如果在周邊自然環境中具有一定的遷移能力，就有機會進駐棲地再造的都會公園與綠地。毛茛便是局限分布於臺灣北部低海拔的多年生草本，在每年陰雨紛紛的初春開出鮮豔如奶油的黃色花朵，並且反射出耀眼的光芒。進入夏季後，毛茛的地上部便逐漸枯萎，僅留下地下的根莖進行夏眠，等待來年再次生長、繁衍。

| 形態特徵 |

　　多年生具根莖被毛草本，葉面疏被毛，葉背明顯或疏被毛；基生葉單生，3 裂葉，圓形或卵形，先端銳尖，葉基圓、截形或心形，邊緣疏鋸齒緣；莖生葉 3 裂，裂片窄長橢圓或橢圓形，先端銳尖，葉基圓或鈍形，邊緣全緣或偶為鋸齒緣，無柄或近無柄。花序頂生聚繖花序，花梗表面被毛；花萼5 枚，卵形或橢圓形，外表被毛，內側光滑；花瓣倒卵形或窄倒卵形，兩面光滑；果序橢圓形或球形，瘦果橢圓狀球形或倒卵狀球形，表面光滑，兩面凹陷。

▲花瓣倒卵形或窄倒卵形，兩面光滑，中央具有雄蕊與心皮多數。

▲莖生葉 3 裂，裂片窄橢圓形，先端銳尖，邊緣鋸齒緣。

◀為多年生具根莖的被毛草本，聚繖花序頂生。

301

石龍芮

Ranunculus sceleratus L.

科名 | 毛茛科 Ranunculaceae

英文名 | celery-leaved buttercup

花期 | 1 2 3 4 5 6 7 8 9 10 11 12

　　廣布於全球溫帶至亞熱帶地區。臺灣平野至低海拔開闊地、溪流旁與林緣可見。石龍芮在初春季節的溼地，是極具觀賞價值毛茛科植物。在積水的環境下，石龍芮會從溼地水面長出平鋪於水面的浮水葉，再逐漸挺出水面開花結果；如果是在濱水灘地，便會看到一片片葉面具有蠟質的裂葉平鋪於地表，再逐漸抽出細小的花序。不過石龍芮是季節限定的溼地植物，只要進入夏季，石龍芮就會順利開花結果，散布它扁平的瘦果後枯萎死亡。只要環境適合，來年春季就會再從種子發芽，迅速地在春季完成它短暫的生活史。

| 形態特徵 |

　　一年生光滑草本，水生或近水生，葉二型，兩面光滑；基生葉單葉，3 裂或具不規則裂片，圓形、廣卵形或三角形，3 或多枚裂片；先端銳尖，葉基圓、截形或心形，邊緣疏不規則鋸齒緣；莖生葉 3 裂至三出複葉，裂片窄橢圓形或窄長橢圓形，先端銳尖，葉基圓或截形，邊緣明顯或不規則鋸齒緣或全緣，葉柄短或近無柄；頂生聚繖花序與花梗光滑或疏被毛；花萼表面被毛，內側光滑；花瓣倒卵形，心皮表面光滑；聚合果橢圓體，瘦果倒卵形至圓形，兩側壓扁，花柱短而宿存。

▲石龍芮為一年生光滑草本，水生或近水生。

▲莖生葉 3 裂至三出複葉，裂片窄橢圓形或窄長橢圓形，先端銳尖。

◀頂生聚繖花序軸與花梗光滑或疏被毛。

臺灣蛇莓

Duchesnea chrysantha（Zoll.&Mor.）Miq.

科名｜　薔薇科 Rosaceae

花期｜ 1 2 3 4 5 6 7 8 9 10 11 12

別名｜　龍吐珠、地莓、雞冠果、蛇蛋果、蛇莓、疔瘡藥

英文名｜　indian strawberry

　　分布於日本、中國大陸、韓國、中南半島、印度；歸化於歐洲及北美洲；臺灣全島低至中海拔可見。臺灣蛇莓為良好的地被植物，開花及結果性甚佳，一片綠油油的綠葉中，顯眼的黃花與紅色的果托相互輝映；原來臺灣蛇莓與我們常吃的草莓（*Fragaria xananassa*）一樣，看來嬌豔欲滴的紅色「果實」其實是花托膨大而成的「果托」，真正的「果實」是散布在表面那些褐色的小點點。當貪吃的小動物及人們被鮮紅的果托吸引，前來大快朵頤同時，也吞下了無數的小瘦果，隨著排遺而四處傳播。

| 形態特徵 |

　　多年生草本，具長走莖；葉基生蓮座狀及莖生，三出複葉，具長葉柄，深綠色，小葉倒卵形至菱形狀長橢圓形，邊緣明顯齒緣或重齒緣；花單生；花萼 5 裂，具 5 枚副花萼，花萼筒先端中裂，宿存，黃色花瓣，先端具小缺刻，結果時花托亮紅色，具光澤；瘦果表面光滑，具明顯脈紋及光澤；腎形種子單生，表面光滑。

▶臺灣蛇莓的花冠黃色，外形與冬季盛產的草莓相仿。

▲草莓鮮紅欲滴的「果肉」其實是果托，上面一粒粒的斑點才是瘦果。

▲鮮紅欲滴的可不是果實，而且細心裝扮的果托呢！

小花金梅

Potentilla amurensis Maxim.

外來種

| 科名 | 薔薇科 Rosaceae |

| 花期 | 1 2 3 4 5 6 7 8 9 10 11 12 |

| 英文名 | cottam's cinquefoil, pilot range cinquefoil |

　　翻白草屬（*Potentilla*）植物分布於北半球極地及溫帶地區，少數分布於南半球溫帶地區；「小花金梅」原產東北亞；最早由呂福原教授於 1977 年發表分布在臺灣；在陳世輝教授所著「東臺灣歸化植物圖鑑」中，隨後陸續被報導出現在臺灣平地路旁及水田間溼地，甚至是諸多離島的乾燥草坪或荒地皆可見。雖然小花金梅為一年生或越年生小型草本，可是在初春開出微小的黃花後，往往能夠結出多數微小的瘦果，在土壤中蓄積能量，等待來年再次開花結果。

| 形態特徵 |

　　一年生至越年生草本，莖直立或斜倚，葉表面疏被毛，基生葉卵形，三出複葉，頂生小葉具柄，先端 3 裂；側生小葉邊緣具不規則鋸齒緣，莖生葉與基生葉相近，但葉片較小，葉兩面疏被長柔毛，不具光澤；花單生或呈聚繖花序，花梗纖細表面被長柔毛，花萼展開，5 裂，花萼裂片三角狀卵形，兩面皆光滑或被長柔毛，花萼裂片間具披針狀卵形，花瓣黃色，倒卵形，小而不顯著，表面光滑；瘦果細小，瘦果一側具脊。

▲莖生葉三出複葉，頂生小葉具柄；花單生於莖頂。

▲瘦果細小，聚合果外可見被長柔毛的宿存花萼。

◀為一年生至越年生草本，莖直立或斜倚。

繖花龍吐珠

Hedyotis corymbosa（L.） Lam.

科名 | 茜草科 Rubiaceae

別名 | 珠仔草、定經草

英文名 | hedyotis

花期 | 1 2 3 4 5 6 7 8 9 10 11 12

　　廣布於全球熱帶地區，為臺灣低地常見雜草。茜草科植物的葉片多為對生，成對地排列在枝條上，且葉片與其基部的托葉（stipule）常呈「十字對生」排列。在葉片生長初期，托葉被認為具有保護新生葉片的功能，當葉片長成後，部分物種的托葉即脫落，僅於枝條上留下「托葉痕」。耳草屬（*Hedyotis*）植物的葉片對生，托葉間生於葉片間，與對生的葉片排列呈十字狀，稱為「十字對生」。繖花龍吐珠為都會區內最常見的耳草屬植物，生長在花圃、路旁或草地等較乾燥的環境，具有腋生的聚繖花序，稀疏地點綴著白色小花。

| 形態特徵 |

　　一年生直立至斜倚草本，莖基部常分支，分支明顯 4 稜，稜上光滑或被毛；線狀披針形葉對生，近無柄，先端銳尖，常具小尖突，葉基楔形，邊緣常反捲，表面除上緣外光滑，單一明顯主脈；托葉鞘三角形，具 3 ～ 5 枚不等大疣突；花 1 ～ 4 枚聚生成腋生或頂生聚繖花序；花冠白色或淺紫色，花喉被毛；蒴果球形。

▲葉腋常伸出由多朵白花所組成的繖形花序。

▲渾圓的蒴果先端圓突，周圍仍可見宿存萼片。

▲成片的繖花龍吐珠平鋪於都會公園綠地上。

305

匍匐微耳草

Oldenlandiopsis callitrichoides（Griseb.）Terrell & W. H. Lewis

科名｜ 茜草科 Rubiaceae

花期｜ 1 2 3 4 **5** **6** **7** 8 9 10 11 12

英文名｜ creeping-bluet

　　匍匐微耳草原產於西印度群島與中美洲，且已歸化於北美洲南部、南美洲北部、夏威夷與非洲。在臺灣，由於植株極易受到周邊環境溼度影響而生長，主要歸化於北臺灣都會公園草坪、潮溼的步道與地表或碎石地；它微小與匍匐的習性，加上其為一年生植物，往往使觀察者的目光難以關注到它，而是在相對較為裸露的潮溼處或人為管理較為密集的盆栽內發現它。不過，它微小的體型加上細小的種實，說不定在臺灣實際分布範圍應更為廣泛。

| 形態特徵 |

　　匍匐一年生草本，莖纖細，具分支，表面光滑，基部節處生根；托葉微小，窄三角形，透明質；葉廣卵形，葉表疏被毛，葉背光滑，先端鈍至銳尖，葉基淺心形至截形，鑲合後漸狹成葉柄上窄翼；花單生，腋生，花梗纖細，花萼筒4裂，裂片長橢圓形至三角狀卵形，先端鈍，邊緣具纖毛；花冠近高腳杯狀，4裂，裂片白色，卵形，先端鈍至銳尖；蒴果扁倒卵形，先端凹陷或截形。

▲匍匐微耳草是匍匐一年生草本，莖纖細且具分支。

▲花冠4裂，卵形裂片白色，先端鈍至銳尖。

◀花單生於葉腋，花梗纖細；花萼裂片長橢圓形至三角狀卵形。

雞屎藤

Paederia foetida L.

科名 | 茜草科 Rubiaceae

英文名 | maile pilau, skunk vein

花期 | 1 2 3 4 5 6 7 8 9 10 11 12

　　廣泛分布於喜馬拉雅山區、印度、緬甸、中南半島、華中與華南、日本與馬來亞地區。為臺灣平野常見的藤本雜草。光用看的無法想像如此常見、開出成串白紫相間小花的藤本植物，為何被冠上「雞屎」的臭名；只要摘取一片葉子，拿到鼻前搓揉一番，人人都能聞到一股異味；但只有經歷過農村生活的人，才能體悟到「雞屎」一名的由來。雖然氣味也是認識植物的方式之一，但是每見到一種植物就要摘取一片葉子，忐忑不安地搓揉一番，不僅傷害野花野草，對自己也是一陣煎熬，所以還是多用敏銳的雙眼觀察我們周遭的一切吧。

| 形態特徵 |

　　落葉性草質藤本；葉對生，卵形、卵狀長橢圓形至線狀披針形，先端銳尖至漸尖，葉基圓至近心形，邊緣全緣，近光滑，偶疏被毛；花萼表面光滑，裂片 5 枚，三角形，花冠白色，花喉紫紅色，內層下半部被紫色腺柔毛，裂片廣卵形，上緣齒緣；核果球形，成熟時為橙色，具光澤且光滑。

▲雞屎藤是全臺平野各地可見的藤本植物。

▶雞屎藤的葉片對生，搓揉後會散發出雞屎的味道。

307

擬鴨舌癀

Richardia scabra L.

外來種

科名	茜草科 Rubiaceae

花期 | 1 2 3 4 5 6 7 8 9 10 11 12

英文名	rough mexican clover

　　原產熱帶美洲；臺灣歸化於北部及西部沿海地區至海拔 300 公尺間向陽砂質地，特別是臺南、高雄都會區內人來人往的操場、運動場、公園或人行道上，非常容易發現它的身影。雖然它是遠從熱帶美洲而來的外來植物，人們常常採踏的南部路旁草地若是少了它們的點綴，頓時顯得單調、空洞，還是靜下心來靜靜欣賞它身處塵囂間的優雅吧。近年來另有外形與習性相近的同屬植物：巴西擬鴨舌癀（*R. brasiliensis*）歸化於南部與東部，唯其葉片先端鈍形，可與擬鴨舌癀相區分。

| 形態特徵 |

　　一年生至多年生草本，分支明顯被短毛；葉長橢圓形至長橢圓狀披針形，先端銳尖，葉基漸狹，表面粗糙，托葉間生，與葉柄合生成托葉鞘，具小疣突；花十數朵聚生成頭狀；花萼裂片 6 枚，菱形，花冠白色，筒狀，花冠筒內側具一圈毛，花冠裂片外側被毛，雄蕊與花柱外露；蒴果具 3 瓣倒卵形，具明顯 3 溝，表面被剛毛。

▲花朵們密集生長於枝條先端的對生葉片中央。

相似種辨識

巴西擬鴨舌癀

葉卵形，先端鈍。

▲巴西擬鴨舌癀的葉片先端鈍，與葉片銳尖的擬鴨舌癀不同。

擬定經草

Scleromitrion brachypodum（DC.）R. J. Wang

科名｜ 茜草科 Rubiaceae

別名｜ 珠仔草、龍吐珠、二葉葎、圓葉白花蛇舌草

花期｜ 1 2 3 4 5 6 7 8 9 10 11 12

擬定經草分布於熱帶亞洲至日本，臺灣全島低地及潮溼地常見，可稱為廣義的水生植物。擬定經草的外觀與繖花龍吐珠相似，但是擬定經草的葉片窄而細長，僅有 1～3 朵白色花朵簇生於葉腋；繖花龍吐珠的葉片稍寬，腋生花序具明顯花序軸，可以茲區分。

| 形態特徵 |

一年生直立至斜倚草本，基部多分支，分支莖 4 稜，表面光滑；葉對生，近無柄，葉片線形至線狀披針形，先端銳尖，葉基楔形至漸狹，邊緣常反捲，表面光滑，中肋突起，托葉間生，與葉柄基部癒合；花單生或成對，花萼裂片長橢圓狀卵形，表面光滑，花冠白或紫色，內側光滑，雄蕊外露；蒴果球形。

▶圓球狀的果實先端仍有宿存萼片。

▲擬定經草的葉片窄長，平鋪或斜倚於潮溼地面而生。

◀擬定經草白色的小花常單生於葉腋。

309

定經草

Scleromitrion diffusum（Willd.）R. J. Wang

科名｜ 茜草科 Rubiaceae　　　　花期｜ 1 2 3 4 5 6 7 8 9 10 11 12

　　分布東亞、東南亞與南亞；臺灣全島低地偶見。茜草科廣義耳草屬植物與其相近類群的外形、生育地相似，加上都會區內常見的這群植物多為「植株矮小、葉片狹長、花朵白色」，因此鑑別起來往往不易。即便如此，定經草的植株多為直立生長，莖稈質地較硬，與都會區中較為常見的耳草屬植物「繖花龍吐珠」不同，加上定經草的腋生或頂生聚繖花序軸與花梗纖細而延長，與同為蛇舌草屬「花朵常單生或成對腋生、花梗較短」的擬定經草不同。

| 形態特徵 |

　　一年生直立至斜倚草本，至 40 cm 高，基部多分支，分支莖 4 稜，表面光滑；葉對生，近無柄，葉片線形，先端銳尖，葉基楔形至漸狹，邊緣常反捲，表面光滑，托葉間生，與葉柄基部癒合，托葉鞘三角形，先端具齒突；疏生聚繖花序腋生或頂生，2 ～ 5 朵一束，花萼裂片長橢圓形，花冠白色，內側光滑；雄蕊著生於花冠筒先端；蒴果扁球形。

▶花萼裂片長橢圓形，花冠白色。

▲托葉間生，與葉柄基部癒合，托葉鞘三角形，先端具齒突。

▲疏生聚繖花序腋生或頂生，2 至 5 朵一束，蒴果扁球形。

◀茜草科的定經草為一年生直立至斜倚草本，基部多分支。

蔓鴨舌癀舅

Spermacoce mauritiana Gideon

科名| 茜草科 Rubiaceae

英文名| pacific false buttonweed

花期| 1 2 3 4 5 6 7 8 9 10 11 12

◀蔓鴨舌癀舅
偶見於都會草
坪或路旁。

泛熱帶分布,臺灣南部荒地可見。

| 形態特徵 |

多年生草本,莖多分支,分支4稜,稜上被短毛;葉卵形至橢圓形,先端銳尖至鈍,葉基鈍至漸狹,葉兩面光滑至多少粗糙;托葉間生,與葉柄癒合形成一短鞘,具 6～8 枚小尖突;花多數聚生成具苞片的頭花,苞片線形;尖突狀花萼裂片 2 枚;白色花冠鐘狀壺形,花冠筒與花喉內側被長柔毛,裂片卵狀三角形,帶紫色;蒴果倒卵形至球形,表面被剛毛。

▲白色的小花冠反而不如細長的花萼顯眼。

311

臭腥草

Houttuynia cordata Thunb.

科名 | 三白草科 Saururaceae

花期 | 1 2 **3 4 5 6 7** 8 9 10 11 12

別名 | 蕺草、魚腥草

英文名 | chameleon plant, chinese lizard tail, fish leaf, fish mint, fish wort, heart leaf, rainbow plant

分布於喜馬拉雅山區、東亞與爪哇。臺灣全島中、低海拔森林與平地公園綠地內遮蔭處或近水邊可見。臭腥草是季節性現身的低矮草本，春季會在略為潮溼的草地長出心形的葉片，春末夏初露出醒目的白色苞片與黃色花序後，就逐漸消失在日漸茂密的草生地。臭腥草又名魚腥草，全株受到外力碰觸後，會散發出一股醒腦的氣味，有些人聞起來覺得清新，也有人無福消受，只覺得有如一股刺鼻的魚腥味。臭腥草常蔓生於潮溼處及水邊，從深綠的葉叢中開出白色花朵；只是白色而顯眼的不是它的花瓣，而是 4 片反捲的總苞片，排列在苞片中央花序軸上的細微小花，才是它真正的花朵。

| 形態特徵 |

具強烈氣味的多年生草本，具許多纖細根莖。莖斜倚，表面光滑。葉廣卵心形，先端漸尖，邊緣常帶紅色，脈上被毛；葉柄常為紅色，托葉腋生。花穗密生花多數，總苞片常 4 枚，先端圓，卵形至卵狀長橢圓形，於開花後宿存且反捲；花兩性，無柄；蒴果廣倒卵形，內含多數微小種子，橢圓形。

▲臭腥草是季節性現身的低矮草本，春末夏初露出醒目的白色苞片與黃色花序。

▲葉廣卵心形，先端漸尖，邊緣常帶紅色。

▲葉柄常為紅色，托葉腋生，是開花植物中較為少見的情形。

虎耳草

Saxifraga stolonifera Meerb.

科名|　虎耳草科 Saxifragaceae
英文名|　strawberry begonia, strawberry geranium

花期|　1 2 **3 4** 5 6 7 8 9 10 11 12

　　分布於中國與日本，人為引進栽培後逸出於臺灣中、低海拔與平野。虎耳草是一種極具觀賞價值的矮小草本，葉片就如老虎的耳朵一樣，圓形的葉片邊緣具有肉眼可見的一圈白毛，加上葉脈淺色，光是葉片就具有觀賞價值；春天開花時，虎耳草的花朵極具特色，雖然花朵的結構為輻射對稱，但是透過花瓣大小與斑紋的特化，視覺上出現兩側對稱的效果，除了增加訪花者的種類之外，也讓賞花的人們讚嘆大自然的神奇與野花之美。人為引種栽培的虎耳草主要透過營養繁殖的方式擴展族群，多年生匍匐的特性，往往讓它能夠布滿臺灣北部都市中水泥覆蓋的潮溼牆面，柔化那座我們熟悉的都市叢林。

| 形態特徵 |

　　匍匐多年生草本，疏被褐紅色毛；葉片肉質，具長葉柄，腎狀圓形，淺裂齒緣，脈上淺色，葉背紫紅色；蓴狀圓錐花序，具苞片；花白色，花萼裂片卵形，花瓣 5 枚，展開，上部 3 枚卵形，先端銳尖，表面具斑點，下部 2 枚不等大，披針形，較少斑點，雄蕊 10 枚；蒴果卵球形，3 裂。

▶ 虎耳草的花瓣大小不等，斑紋的特化造成兩側對稱的花形。

▲葉片肉質，腎狀圓形，淺裂齒緣，脈上淺色，是極為典雅的觀葉植物。

▶為匍匐多年生草本，能於土壤淺薄的岩壁或磚牆生長。

皺葉煙草

Nicotiana plumbaginifolia Viviani

科名 | 茄科 Solanaceae

英文名 | tex-mex tobacco

花期 | 1 2 3 4 5 6 7 8 9 10 11 12

　　煙草屬（*Nicotiana*）約含 65 種，大多數分布於南美洲及北美洲，少數分布於澳洲及太平洋諸島。皺葉煙草原產美洲，偏好潮溼沙質河岸或荒地。在臺灣，皺葉煙草生長於乾沙質河岸或路旁，2005 年於臺北市內多處地區出現並迅速擴充其族群，目前已於全島及離島平野可見；平時基生葉平鋪於地表，除非以人工鏟除，否則極易在除草後留存，隨後迅速抽花結實；加上種子微小，若是在結果期刈除，反而協助其種子傳播。

| 形態特徵 |

　　一年生直立草本；葉被長黏柔毛，基生葉倒卵形至倒披針形，基部者卵圓形，邊緣波浪緣，先端漸尖且常旋轉，葉基急縮或具耳狀突起，莖生葉披針形至線狀披針形，邊緣波浪緣，葉基具耳狀突起；圓錐或近穗狀花序頂生；花萼裂片為不等大線狀錐形，淺紫色至粉紅色盤狀花冠裂片卵形，花冠筒細長；蒴果窄卵形。

▲皺葉煙草的基生葉滿布皺褶，平鋪於地表。

▲細長的花冠於夜間開放，吸引夜行性的訪花者。

燈籠草

Physalis angulata L.

茄科

科名 | 茄科 Solanaceae

花期 | 1 2 3 4 5 6 7 8 9 10 11 12

別名 | 苦蘵、蝶仔草、燈籠酸醬、燈籠泡、天泡草、泡仔草、燈籠酸漿、登郎草

英文名 | mullaca

　　原產美洲，廣泛分布於熱帶及溫帶地區；臺灣於低海拔干擾地及耕地常見；全年開花結果。由於果實被膨大的宿存花萼包圍，懸吊在枝條上，如同燈籠一般，才會被戲稱為燈籠草；據說它的漿果是老一輩人的兒時零嘴，不過可別多吃喔。

| 形態特徵 |

　　一年生直立或斜生草本，莖具多數分支；葉卵形至橢圓形，先端銳尖至漸尖，葉基楔形或廣楔形，全緣或具齒突；花萼中裂，萼片裂片三角形至廣披針形，邊緣具纖毛，結果時花萼卵形，表面具 10 肋，花冠淺黃色或白色，花喉處具斑點及毛，花藥藍色，偶帶黃色；漿果外由延長的花萼包圍。

▲結實後，花萼筒延長並膨大如宮燈般，保護裡面珍貴的香火。

▲燈籠草卵形的葉片邊緣有突出的裂齒數枚。

刺茄

Solanum capsicoides Allioni

外來種

科名｜ 茄科 Solanaceae

別名｜ 紅水茄、顛茄、牛茄子

英文名｜ cockroach berry, soda apple

花期｜ 1 2 3 4 5 6 7 8 9 10 11 12

　　原產巴西；現已廣泛歸化於溫帶地區；臺灣全島海拔 200 ～ 1,500 公尺荒地、路旁、開闊森林或灌叢偶見。刺茄的花常被巨大的五角形葉片遮掩，若是錯過了花期，就只能盯著它紅通通的漿果乾瞪眼，除了全株都被滿令人毛骨悚然的細刺外，茄科的野生植物多少具有毒性，不宜食用；因此看到它們，還是「保持距離、以策安全」。

| 形態特徵 |

　　直立多分支或雜亂的草本或小灌木，表面被粗而多毛，針狀棘刺淺黃色，莖明顯具刺及白色皮孔，表面漸無毛至長柔毛；葉對生，葉片廣卵形，先端銳尖或漸尖，葉基心形，5 ～ 7 裂片至中裂，兩面脈上被棘刺；總狀花序腋生，1 ～ 4 朵花；花萼卵形，裂片裂至 2/3 深，白色花冠基部綠色，裂片披針形；漿果橘紅色，近球形。

◀ 倒垂的花朵讓來訪的蜂兒也要倒掛金鉤。

▶ 紅透的漿果具有警戒作用，千萬別誤食有毒的它。

▲刺茄的花隱身於手掌大小的葉片之下。

擬刺茄

Solanum sisymbriifolium Lam.

科名｜　茄科 Solanaceae

花期｜  1 2 3 4 5 6 7 8 9 10 11 12

別名｜　二裂星毛刺茄、蒜芥茄、刺五加

英文名｜　vila-vila, sticky nightshade, red buffalo-bur, the fire-and-ice plant, litchi tomato

原產南美洲，歸化於北美洲、非洲、澳洲與臺灣。

雖然名為「擬刺茄」，它的外觀與「刺茄」卻是天差地遠。擬刺茄的葉片常為深裂的一回或二回羽狀裂葉，花瓣裂片寬卵形；當順利結果時，杯狀的宿存花萼會包覆在果實外，直到果實成熟後才外翻，露出鮮紅的小型漿果。這些顯而易見的形態特徵，都能用來與正牌的「刺茄」相區隔。擬刺茄常被民間青草藥業者視為「刺五加」加以栽植，雖然全身被滿倒鉤的皮刺，近看有些恐怖，但是成片的花朵綻放時，極具衝擊與危險性的美感。栽培個體會被全株採收後晒乾，結果時鮮紅的果皮會吸引鳥兒們搶先啄食，進而傳播其種子，在民宅路旁或田野自生，形成都會荒地的獨特景觀。

| 形態特徵 |

具刺灌木，表面具有腺毛、直毛與星狀毛，皮刺黃色或橘黃色；葉片一回至二回羽裂，長橢圓形或卵形，主脈上常具皮刺；蠍尾狀花序頂生或腋生於斜生莖稈先端，花萼杯狀，表面被毛與皮刺，花冠紫色或白色，漿果鮮紅色，近球形，結果時化萼宿存，長於果實，表面密被皮刺且包裹漿果。

▲深裂的葉片和寬大的花瓣，與「刺茄」明顯不同。

▲果實成熟後，宿存的杯狀花萼會往外後翻，露出鮮紅欲滴的漿果。

▲蠍尾狀花序頂生或腋生於斜生的莖稈先端。

瑪瑙珠

Solanum diphyllum L.

科名｜ 茄科 Solanaceae

英文名｜ twoleaf nightshade

花期｜ 1 2 3 4 5 6 7 8 9 10 11 12

外來種

　　原產墨西哥與中美洲，瑪瑙珠的葉片一大一小地對生於枝條上，不留意就忽略了它較小的葉片；不僅葉片終年青翠，成熟的果實為橘黃色，顯眼地點綴於葉叢中；不過瑪瑙珠的花梗下垂，花朝著地面綻放，結果時果梗卻轉而向上，將果實舉出葉叢。在臺灣栽培供綠籬後逸出，現已廣泛分布於全島平地及低海拔地區；外觀與同屬的珊瑚櫻相似，但瑪瑙珠全株光滑，可供區隔。

| 形態特徵 |

　　光滑灌木；葉片不等大對生，小葉較寬且較圓，近無柄，於先端第 2 及第 3 節的小葉者杖狀，葉片橢圓形至長橢圓形，先端圓，葉基漸狹，沿葉柄下延至基部；花序與葉對生，短蠍尾狀總狀花序，常成近繖形排列；花萼裂片三角形，花冠白色，深裂至花瓣 3/4 深處；球形漿果橘色，果梗直立。

▲開花時花梗下垂，花朵向下開放。

▲結實後果梗上舉，等待逐漸轉黃、熟成。

珊瑚櫻

Solanum pseudocapsicum L.

科名 | 茄科 Solanaceae

花期 | 1 2 3 4 5 6 7 8 9 10 11 12

別名 | 冬珊瑚、龍珠、玉珊瑚、東珊瑚、毛冬珊瑚、秋珊瑚、野海椒、珊瑚豆

英文名 | christmas cherry, jerusalem cherry

　　原產南美洲，現已於臺灣各地栽培後逸出自生；珊瑚櫻與瑪瑙珠的外觀相似，都是小灌木，原先向下綻放的白色小花，花梗於結實後向上直立，把多汁的漿果舉向空中，這可能有益於鳥類啄食，藉以傳播種子；然而珊瑚櫻全株被毛，可與全株光滑的瑪瑙珠相區隔。

| 形態特徵 |

　　直立小灌木，上部分支展開狀，全株被單純或分叉毛；葉互生，葉片窄長橢圓形至披針形，先端銳尖至鈍，基部楔形，全緣或具凹陷，常被毛；花序與葉對生，單生或成短總狀花序；花梗短，披針形花萼5枚不等大，先端銳尖至鈍，表面被毛，花冠白色，裂至花冠中部；果梗直立，漿果成熟時橙紅色。

▲授粉成功後，便將果實舉起等待成熟。

▲開花時花梗下垂，花朵向下開放。

糯米團

Gonostegia hirta（Blume）Miq.

科名 | 蕁麻科 Urticaceae

別名 | 奶葉藤

花期 | 1 2 3 4 5 6 7 8 9 10 11 12

分布於日本、中國大陸、東南亞；臺灣全島低海拔潮溼地及草地常見。糯米團與同為蕁麻科的霧水葛（*Pouzolzia zeylanica*）外觀有幾分神似，也都是低海拔潮溼地及草地常見物種；然而糯米團的葉片對生於枝條，不若霧水葛的葉片互生；其次，糯米團的葉片具有明顯的 3 條主脈，而霧水葛的葉片為羽狀脈。

▲糯米團的葉片有明顯的三出脈，單性花就簇生於葉腋。

| 形態特徵 |

長匍匐狀矮小灌木或多年生單性草本；葉近無柄，托葉廣三角形，膜質，葉片倒卵形、倒卵狀披針形、卵形至披針形，先端銳尖至漸尖，葉基圓至心形，上表面微被毛，下表面近光滑，膜質，對生於紅色枝條上；雄花具短柄，花被 5 瓣，雄蕊 5 枚；雌花具管狀花被，子房直立，柱頭纖細而早落；瘦果卵形。

▲糯米團喜好潮溼的草生地，常於都會河濱出現。

▲花梗於開花時延長，一旁的花苞也躍躍欲試。

火焰桑葉麻

Laportea aestuans（L.）Chew

外來種

科名｜　蕁麻科 Urticaceae

花期｜ 1 2 3 4 5 6 7 8 9 10 11 12

英文名｜　woodnettle, west indian woodnettle

　　分布於熱帶美洲、西印度群島、熱帶非洲、馬達加斯加、西亞、南亞與東南亞；在臺灣歸化於西部低海拔平野。比起許多人小時候為了飼養蠶寶寶，爭相採集的桑葉，名為火焰「桑葉麻」的它，葉片反而比較像臺灣全島都會區可見的小型喬木 —— 構樹。葉片上被有揪毛，能夠沾附在人們的衣物表面。火焰桑葉麻的葉片卵形，葉基具有微小的心形突起，花序具有多數總狀花序分支，分支上具有退化花簇生與延長的總梗，可與其他臺灣產蕁麻科植物相區分。

| 形態特徵 |

　　一年生草本，達 1.3 m 高，莖表面被長毛，葉互生，托葉部分癒合，先端 2 裂，於葉柄內側；葉片廣卵形，揪毛疏被於葉片兩面，葉基圓或心形，先端漸尖，邊緣齒緣；花序兩性，腋生，圓錐狀，總花梗表面被揪毛，雄花花被片先端具少數腺毛或揪毛，雄蕊白色；雌花花被片曲膝狀，具有 3 ～ 5 枚腺毛，腹側者極為微小，柱頭線形不分叉；瘦果不對稱卵形，果梗先端膨大。

▲花序兩性，腋生圓錐狀，總花梗表面被揪毛。

▲雄花花被片 4 或 5 枚，先端具少數腺毛或揪毛，雄蕊白色。

▲為一年生高大草本，莖表面被長毛。

▶瘦果不對稱卵形，位於膨大的果梗先端。

321

美洲冷水麻

Pilea herniarioides（Swartz）Lindley

科名	蕁麻科 Urticaceae

花期 | 1 2 3 4 5 6 7 8 9 10 11 12

英文名 | caribbean clearweed

　　原產中南美洲與西印度群島，臺灣都會區花圃或盆景內可見。美洲冷水麻的生長環境與另一種外觀相似的同屬植物：小葉冷水麻相似，但是小葉冷水麻的葉片以互生為主，葉柄較短，葉片先端鈍，而美洲冷水麻的葉片以對生為主，葉柄較葉片長，葉片先端較圓，可以藉此在相似的生存環境內將兩者相區分。

| 形態特徵 |

　　一年生或多年生草本，高 2 ～ 10 cm，莖具有 5 ～ 10 分支，伏生或斜倚，葉片廣卵形或圓形，對生或偶爾單生，長 1.5 ～ 6 mm，寬 1.6 ～ 5 mm，邊緣全緣；花序聚生於葉腋，寬約 0.2 ～ 0.3 mm，瘦果淺褐色，微壓扁狀，卵狀圓柱形，長約 0.4 mm，表面具有小微突。

▲一年生或多年生草本，伏生或斜倚。

▲葉片廣卵形或圓形，對生或偶爾單生。

▲花序聚生於葉腋，瘦果淺褐色，微壓扁狀，卵狀圓柱形。

小葉冷水麻

Pilea microphylla（L.）Liebm. in Vidensk.

蕁麻科

科名｜ 蕁麻科 Urticaceae

花期｜ 1 2 3 4 5 6 7 8 9 10 11 12

別名｜ 小葉冷水花、小水麻、透明草、小號珠仔草、水澤草、壁珠、細葉冷水麻

英文名｜ artillery plant, gunpowder plant

　　原產南美洲，現已廣泛歸化全球熱帶及亞熱帶地區；臺灣全島中、低海拔向陽、潮溼路旁、溼地或邊坡常見。小葉冷水麻可說是臺灣人煙所至的常見物種，舉凡石階步道的縫隙、紅磚牆間的溝縫，甚至稍微堆積土壤的小岩穴，都可以見到它的蹤影，點綴了單調的人造建物；雖然常見，它嬌小的身軀卻難以肉眼觀察；其實翠綠的小巧葉片間有著紫紅色的雄花妝點，雌花雖然不顯眼地聚集於葉腋，卻能結出褐色的瘦果，繁衍下一代。

| 形態特徵 |

　　一年生直立或斜倚多汁草本；葉對生，對生葉片不等大，葉片肉質，窄倒卵形至倒卵狀長橢圓形，先端銳尖至鈍，邊緣全緣，基部楔形；花單性，雄花序腋生於葉腋，呈聚繖狀圓球般，雄花先端偶帶紫紅色；雌花序腋生，聚生成球形，雌花具 3 枚不等大花萼，內含不稔雄蕊 3 枚；瘦果橢圓形，具疣突。

▲小葉冷水麻常為單調的磚牆點綴幾分綠意。

古錢冷水麻

Pilea nummulariifolia（Swartz）Weddell

外來種

科名｜ 蕁麻科 Urticaceae

花期｜ 1 2 3 4 5 6 7 8 9 10 11 12

別名｜ 蛤蟆海棠

英文名｜ creeping charlie, creeping pilea, swedish ivy

　　原產地為西印度群島至瓜地馬拉、巴拿馬、祕魯，自熱帶美洲引進後廣泛栽植於臺灣。古錢冷水麻是多年生的匍匐性草本，由於葉片圓形且具齒緣，表面具有多數突起，有點像人們印象中的蟾蜍體表，因此又被稱為「蛤蟆海棠」；由於生命力旺盛，能夠透過長而斜倚或伏生的莖進行營養繁殖，因此常默默地蔓生在都會區的苗圃花臺周邊，甚至自生於路旁或潮溼的草地。

| 形態特徵 |

　　多年生草本，斜倚至斜生，莖4稜，表面密被毛；葉對生，等大或近等大，膜質至紙質，圓或卵形，先端圓，葉基心形，邊緣楔齒緣，具三脈，葉背脈上與葉柄被毛；托葉2枚離生，膜質，圓形，邊緣被毛；雄花序腋生，密生或頭狀；雌花序腋生，疏鬆且具圓錐狀分支，花單性，雄花花被片4裂，裂片凹陷，先端被毛，雄蕊4枚，花梗先端被毛；雌花花被片3裂，裂片不等大，瘦果卵形壓扁狀。

▲多年生的匍匐性草本，葉面具有多數突起，又被稱為「蛤蟆海棠」。

◀葉對生，等大或近等大，膜質至紙質，圓或卵形。

齒葉矮冷水麻

Pilea peploides（Gaudich.）Hook. & Arn. var. *major* Wedd. in DC.

科名｜ 蓴麻科 Urticaceae

英文名｜ pacific island clearweed

花期｜ 1 2 3 4 5 6 7 8 9 10 11 12

　　分布於西伯利亞、日本、韓國、中國大陸、東南亞、夏威夷；臺灣全島低海拔向陽潮溼路旁、溼地及蘭嶼可見。齒葉矮冷水麻與其原變種矮冷水麻（*P. peploides*）相似，但矮冷水麻葉片先端全緣，不具齒緣或細齒緣，可供區隔。矮小而直立的植株，配上廣菱形的葉片，結實時滿戴著腋生的瘦果，不失為桌上型小盆景的好材料之一；不過它是一年生的草本，結實後便逐漸枯萎，可別以為是自己照顧不周而懊惱。

| 形態特徵 |

　　一年生直立或斜倚草本，莖具多數分支；葉片廣菱狀倒卵形至廣扁菱狀倒卵形，先端具齒緣或細齒緣，葉基廣楔形，3 脈，膜質而多汁；雄花序球形，常多分支，具 2 ～ 4 朵花，雄花淺倒卵形至倒三角形；雌花聚生成球形，雌花綠色，具基部癒合且不等大花萼 2 枚，內含微小退化雄蕊 2 枚；瘦果兩側壓扁狀，橢圓形。

▲齒葉矮冷水麻的葉片短於葉柄，有如小團扇般可人。

馬纓丹

Lantana camara L.

科名	馬鞭草科 Verbenaceae

花期｜ 1 2 3 4 5 6 7 8 9 10 11 12

別名｜ 五色梅、七變木、臭金鳳、五龍蘭、五彩、臭草、五雷丹、三星梅、五色繡球、龍船花、七變花、如意草、五彩花

英文名｜ spanish flag, west indian lantana

　　全球廣泛栽培，可能原產於西印度群島，現已廣泛分布於全球熱帶及亞熱帶地區；臺灣低地廣泛歸化，可能是於荷領時期，由荷蘭人引進而後逸出；正因花色多變，又有「五色梅」之稱，然而逸出後常成灌叢狀，莖稜上具多數倒鉤刺，難以整理刈除；加上全株具異味，為刈草或移除外來物種時頭痛的物種之一；然而豐富多變的色彩讓人難以割捨，加上長成密被棘刺的灌叢後，可減少流浪狗窩藏於灌叢下，使得馬纓丹廣泛為園藝造景之用。觀察時一定要留意它的倒鉤刺，若是觸摸後一定要洗淨雙手。

▶ 花苞有如荷葉粽般，打開卻成為如同滑嫩的荷包蛋。

| 形態特徵 |

　　直立或攀緣灌木，莖 4 稜，稜上多具翼並被短刺，表面微被毛至被毛；葉片卵形至長橢圓狀卵形，先端銳尖至短漸尖，葉基楔形至近心形，紙質，邊緣鋸齒緣，上表面被粗毛或略被粗毛；花腋生，於長總花梗上聚生成頭狀，花色多變，常見者包括：紅、粉紅、橘、橘黃或黃色，花冠筒表面被粗毛；核果球形，紫或黑色。

▲▶ 花色繁多的馬纓丹，被稱為「五色梅」似乎太低估它了。

鴨舌癀

Phyla nodiflora（L.）Greene

科名 | 馬鞭草科 Verbenaceae

花期 | 1 2 3 4 5 6 7 8 9 10 11 12

別名 | 過江藤、石莧、鴨母嘴、岩垂草、鴨嘴黃、鴨嘴癀

英文名 | turkey tangle fogfruit

　　廣泛分布於全球溫暖地區；臺灣全島平野、濱海潮溼砂質地表。鴨舌癀的花序軸短，加上花朵密生於短軸上，每次約 5 朵小花一齊綻放，開花時極易自草地上認出它來，只是花朵微小，容易讓人誤以為是菊科的植物；其實它的花雖小，卻有著馬鞭草科的二唇化花冠，不難區分。

| 形態特徵 |

　　莖長匍匐狀，具多數分支，節上生根；葉倒卵形至匙形，先端圓至鈍，葉基楔形，常於上半部葉緣具銳齒；花序單生，起初為圓球形，隨後延長成錐狀，表面密被毛；花起初為白色，後轉為粉紅色或紫色，花萼透明質，兩側壓扁狀，脊上稍被伏毛，花冠筒先端表面被伏毛；乾果分裂成 2 枚小堅果。

▲花朵密集生長，花冠微微二唇化。

▲在踩踏頻繁的草地上，鴨舌癀平鋪地表生長。

327

牙買加長穗木

Stachytarpheta jamaicensis（L.）Vahl

外來種

科名｜馬鞭草科 Verbenaceae

英文名｜porterweed

花期｜ 1 2 3 4 5 6 7 8 9 10 11 12

　　木馬鞭屬（*Stachytarpheta*）約有 140 種，主要分布於熱帶及亞熱帶美洲，少數分布於熱帶亞洲、非洲及大洋洲。「牙買加長穗木」為泛熱帶分布的雜草，分布於熱帶及亞熱帶美洲，引進並歸化於熱帶非洲及亞洲、琉球及夏威夷等地。在臺灣，牙買加長穗木歸化於臺灣中部、東部及南部海岸、田野荒地及向陽開闊地。

| 形態特徵 |

　　多年生草本，植物體基部稍微木質化；葉對生，灰綠色帶紫色，葉片橢圓形或橢圓狀長橢圓形，先端鈍至圓形，葉緣疏齒緣，且葉緣鋸齒均指向末端，葉基楔形或漸狹至葉柄呈翼狀；穗狀花序頂生，直立且粗壯，灰綠色而帶有紫色；淺紫色花冠蠍尾狀，雄蕊與雌蕊皆包含於花冠內；黑色核果長橢圓形壓扁狀，成熟時開裂成兩瓣。

▲花冠淺紫色，雌蕊柱頭藏於花冠筒內。

▲牙買加長穗木的花序細長，僅有幾朵淺紫色花朵點綴。

長穗木

Stachytarpheta urticaefolia（Salisb.）Sims

科名｜ 馬鞭草科 Verbenaceae

花期｜ 1 2 3 4 5 6 7 8 9 10 11 12

別名｜ 木馬鞭、假敗醬、馬鞭草、假馬鞭、耳鉤草、名佳草、猿尾木、玉龍鞭

　　「長穗木」為廣泛分布於熱帶的雜草，廣布於美洲及非洲的熱帶及亞熱帶地區，之後引進至中國大陸華南、琉球、夏威夷等地，亦可能原產於熱帶亞洲。在臺灣，長穗木廣泛分布於低海拔干擾地、荒地、次生林緣或海灘，全年開花；近年北部地區亦栽培為園藝用。「長穗木」的葉片紙質，卵形或廣橢圓形，先端銳尖，葉片深綠色且帶有光澤，葉緣銳鋸齒緣，鋸齒指向四周，且下部葉緣鋸齒較短，花序軸直立而有彈性，花深藍紫色，花柱稍伸出於花冠筒，較雄蕊為長，與「牙買加長穗木」形態相異。

| 形態特徵 |

　　多年生直立草本或亞灌木，莖 4稜；葉對生卵形或廣橢圓形，先端鈍或銳尖，紙質，葉片深綠色且帶有光澤，新鮮時葉表具泡狀紋路，葉緣鋸齒尖銳，指向四周；穗狀花序頂生，花序軸直立而有彈性，深綠色略帶紫色，表面光滑；深藍紫色花冠蠍尾狀，雄蕊包含於花冠筒中，雌蕊花柱稍伸出花冠筒；黑色核果長橢圓形壓扁狀。

▲紫色花冠中央可見外露的雌蕊柱頭。

▲長穗木是南部平野的常見野花，近日引進至北部都會區成為植栽。

329

柳葉馬鞭草

Verbena bonariensis L.

外來種

科名 | 馬鞭草科 Verbenaceae

花期 | 1 2 3 4 5 6 7 8 9 10 11 12

英文名 | brazilian verbena, verbena

原產南美洲巴西、玻利維亞，臺灣北部平地及中南部中海拔山區歸化。

| 形態特徵 |

多年生直立草本，莖4稜，稜角粗糙且被毛；葉披針形至長橢圓披針形，先端銳尖，基部心形、近耳突或近抱莖，無柄，紙質，上半部被齒緣，下半部全緣；聚繖狀穗狀花序頂生，花排列緊密；花藍色至紫紅色，花萼筒5齒，外表被毛，花冠筒5裂，長橢圓形；果為宿存花萼筒所包圍。

▲莖4稜，稜角粗糙且被毛。

▲柳葉馬鞭草的植株直立，為北部平野的逸出野花。

虎葛

Cayratia japonica（Thunb.）Gagnep in Lecomte

科名｜　葡萄科 Vitaceae

花期｜ 1 2 3 4 5 6 7 8 9 10 11 12

別名｜　烏歛莓

英文名｜　bushkiller, japanese cayratia herb, yabu garashi

　　分布於中國南部、中南半島、菲律賓；臺灣中至低海拔原生林或溪畔可見。虎葛是臺灣全島都會區可見的葡萄科攀緣性藤本植物，主要藉由葉柄旁的卷鬚纏繞在許多喬灌木或圍籬上，長滿小葉 5 枚的鳥足狀複葉；其實鳥足狀複葉是一種三出複葉的形變，透過側小葉的分裂形成有如鴨蹼或雞爪狀的複葉。虎葛的花朵並不顯眼，花瓣是樸素的綠白色，僅有開花時充滿花蜜的花盤呈現鮮豔的黃色，隨著花期結束，虎葛又會回復到成片的綠意盎然。

| 形態特徵 |

　　光滑或被毛藤本，鳥足狀複葉表面光滑，小葉 5 枚，小葉卵形至卵狀圓形，先端長漸尖或銳尖，葉基鈍或銳尖，具 4 ～ 7 對側脈，邊緣芒尖狀，小葉柄不等長，卷鬚先端二叉；花序聚繖狀，花萼早落，花瓣卵形，先端鈍，雄蕊 4 枚，漿果圓形，內含 3 ～ 4 枚種子，種子三角形。

▲虎葛的鳥足狀複葉常具有 5 枚小葉。

▲鳥足狀複葉偶具 7 枚小葉。

▲虎葛的聚繖花序內可見花盤內充滿花蜜的黃色花朵。

地錦

Parthenocissus tricuspidata（Sieb. & Zucc.）Planch. in DC

葡萄科

科名｜ 葡萄科 Vitaceae　　　　花期｜ 1 2 3 4 5 **6 7** 8 9 10 11

別名｜ 土鼓藤、血見愁、紅風藤、紅葛、紅葡萄藤、紅骨蛇、趴牆虎、爬山虎、爬壁虎、爬樹龍、常春藤

英文名｜ boston Ivy, japanese creeper

　　原產東北亞與琉球，臺灣廣泛分布於低海拔山區，並廣泛栽培為觀賞用。地錦是葡萄科的大型攀緣性灌木，與同科的其他藤本成員不同的是「卷鬚先端具有吸盤」，因此與其他葡萄科植物相比，地錦能夠生長在相對較為光滑的岩壁表面，因此又名「爬牆虎」；加上地錦具有落葉性，落葉前的冬季葉片會逐漸轉紅，也讓原先鋪滿綠意的岩壁在秋冬季節，營造出有如楓紅的美景。由於這樣的生長特性，園藝家也將地錦栽植在建物旁的花圃，利用它吸附性的生長特性，綠美化過度人工化的牆面。

| 形態特徵 |

　　攀緣性落葉灌木，分支可達 4 cm 寬，利用吸盤吸附於岩壁、牆面或樹木表面，葉片廣卵形，具葉柄，葉形多變，長寬 10～20 cm，單葉或 3 裂葉，具有鋸齒緣深裂或淺裂，葉面光滑且具光澤，脈上被細毛；聚繖花序基部常具 2 枚葉片，花朵為小，黃綠色，兩性花，花萼先端截形，花瓣 5 枚，具明顯花盤；漿果為藍黑色。

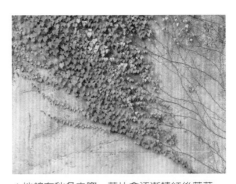
▲地錦在秋冬之際，葉片會逐漸轉紅後落葉。

▲卷鬚先端具有吸盤，能藉以吸附於光滑的岩壁或建物表面。

◀枝條上可見單葉與 3 裂葉兩型葉片。

海岸烏歛莓

Cayratia maritima B. R. Jackes

科名| 葡萄科 Vitaceae　　　　　花期| 1 2 3 4 5 6 7 8 9 10 11

外來種

　　原產南半球的印尼、新幾內亞與周邊太平洋諸島海濱；臺灣南部海濱與低海拔低地可見。海岸烏歛莓如其名地原產南半球的熱帶島嶼海濱，在臺灣於1998 年於綠島海濱尋獲後，成為本種的分布最北界。隨後，海岸烏歛莓陸續在臺灣本島南部海濱擴散，並且逐漸往北與都會區低地內擴張，直到近期已於高雄都會區周邊可見，足見其繁殖與傳播能力。雖然目前的族群量不比都會區內常見的同屬攀緣性藤本 ── 虎葛豐富，但是海岸烏歛莓多為三出複葉，偶於側小葉可見裂葉或小葉片，下回在都會區看到具有延長且平展聚繖花序的藤本植物時，留心數數小葉的數量，說不定又可以意外發現它在臺灣新開拓的生育地。

| 形態特徵 |

　　攀緣性藤本，莖具稜，幼時節上具毛，卷鬚先端具 2 ～ 3 分支，表面光滑；三出複葉，頂小葉卵形至菱形，先端漸尖，側小葉歪斜，偶具裂片，邊緣銳齒緣，葉面光滑，主脈上被毛，葉背常光滑，托葉 2 枚，三角形：花序腋生，聚繖花序具有 3 ‥ 5 分支，花萼與花瓣表面被疣毛，瓣裂開展狀，漿果成熟時黑色。

▲偶見側小葉深裂至全裂，形成 5 枚小葉的鳥足狀複葉。

▲漿果成熟時為暗紫色。

▲花瓣 4 枚早落，花朵中央的花盤明顯。

黃金葛

Epipremnum aureum（Linden & André）G.S.Bunting

科名	天南星科 Araceae

花期| 1 2 3 **4 5** 6 7 8 9 10 11 12

別名| 綠蘿

英文名| golden pothos, devil's ivy, ivy arum, money plant

　　原產索羅門群島，現已作為園藝作物栽培於全球。臺灣多處都會區內廣泛栽培並逸出至周邊淺山。黃金葛為粗壯的攀緣藤本，由於葉片表面常常具有不規則的淺色斑紋，加上極易扦插生根，因此時常被插在小水瓶或盆栽中，放在洗手間或陽臺上作為裝飾。由於天南星科植物的葉片發達，會吸收周邊環境中的含氮養分，因此適合在生活空間中的浴廁環境中栽植。黃金葛極少開花，除了生長習性不易累積花芽分化所需的植物荷爾蒙外，自生環境下僅在成熟個體的枝條末端開花，因此需要極大的攀附空間，才能長出足夠大型的個體孕育花苞。黃金葛的肉穗花序先端不具附屬物，由許多兩性小花密集聚生於肉穗花序上，佛燄苞表面與葉片相似，具有多數淺色斑紋，佛燄苞展開後可見花序上綠色、密集排列的雌蕊，頂端具有一縱向溝狀的柱頭，此時的雌蕊柱頭溼潤，具有授粉能力；隨後，4 枚雄蕊的花藥自雌蕊間的縫隙伸出以釋出花粉；雌蕊授粉成功後逐漸膨大並結成綠色漿果。有趣的是黃金葛的果實內罕見種子，因此僅能仰賴營養繁殖的方式拓展領域。

| 形態特徵 |

　　粗壯攀緣藤本，莖近圓形，著生許多不定根；葉片卵狀橢圓形，單葉，偶具不規則撕裂狀，表面光滑且具不規則淺色斑紋；佛燄花序腋生於莖頂先端處，佛燄苞為一枚綠色至淺黃色的舟狀苞片，先端漸尖，宿存；肉穗花序先端不具附屬物，兩性小花密集聚生，小花中央具 1 枚雌蕊及周圍 4 枚雄蕊；漿果綠色，先端平截略凹陷，果肉紅橘色。

▶栽培於臺灣多處都會區內，並逸出至周邊淺山。

▲肉穗花序先端不具附屬物，由許多兩性小花密集聚生於肉穗花序上。

▲雌蕊授粉成功後逐漸膨大並結成綠色漿果，果肉紅色。

▶雄蕊的花藥自雌蕊間的縫隙伸出以釋出花粉。

◀黃金葛不易累積花芽分化所需的植物荷爾蒙，僅在成熟個體的枝條末端開花。

土半夏

Typhonium blumei Nicolson & Sivadasan

| 科名 | 天南星科 Araceae | 花期 | 1 2 3 **4** **5** **6** **7** **8** 9 10 11 12 |

別名 | 犁頭草、青半夏、半夏、生半夏、甕菜廣、犁半夏

　　土半夏原產東亞，在臺灣分布於低海拔低地；由於葉形與農家耕作用的犁相似，又稱為「犁頭草」；晚春時可見它褐色的佛燄苞自戟狀綠葉叢中伸出，花序先端附屬物散發出類似糞便的味道，藉以吸引訪花者前來；土半夏的佛燄花序是由許多花瓣退化的小花組成，基部的綠色雌花僅具雌蕊，不若上方橘紅色長條狀的不稔花明顯，不稔花的上方才是散發花粉的雄蕊。在臺灣尚有一同屬歸化種：金慈姑（*T. roxburghii*），但金慈姑的葉基裂片向兩側歪斜，而土半夏的裂片先端往基部延伸，可供區隔。

| 形態特徵 |

　　多年生草本，具地下橫走莖；基生葉 2 ～ 5 枚，葉柄長至 21 cm，葉片心狀戟形，葉尖銳尖，葉基裂片向基部銳尖；佛燄花序佛燄苞褐色，基部呈短筒狀，肉穗花序前端具細長光滑之附屬物，花序中央不稔花長條狀，向上彎曲；漿果，具 1 ～ 2 種子。

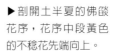

▶剖開土半夏的佛燄花序，花序中段黃色的不稔花先端向上。

| 相似種辨識 | **金慈姑** |

葉片寬心形，葉基心形裂片鈍；肉穗花序與佛燄苞灰褐色，肉穗花序不稔小花逆生反捲。

▶金慈姑的葉基裂片朝向兩側，與土半夏不同。

▶金慈姑花序中段的不稔花先端向下。

▲土半夏的葉基箭形，裂片尖端向基後。

鋪地錦竹草

Callisia repens（Jacq.）L.

科名｜ 鴨跖草科 Commelinaceae

花期｜ 1 2 3 4 5 6 7 8 **9 10 11** 12

英文名｜ bolivian jew, creeping inchplant, turtle vine

　　原產熱帶美洲，自美國南部至阿根廷；引進臺灣供景觀用途。錦竹草屬約有 20 種，以墨西哥為中心分布於熱帶美洲。在臺灣，鋪地錦竹草已進駐許多都會區開闊地或向陽處多年，並於西半部都會近郊廣布野外族群。許多都會建物的屋頂、屋簷或路旁，都能發現自生族群，並於春季開花，於夏至秋季結實。雖然鋪地錦竹草的根系淺薄，和近年來大力推廣的都市屋頂薄層綠化植物一樣，但是它旺盛的生命力，除了意外地增加薄層屋頂或採光罩的承載重量外，也容易藏汙納垢，藏匿許多居家害蟲，造成居家衛生的問題外，甚至造成漏水或屋頂塌陷，因此當它出現在容易積水的屋頂或屋簷時，除了欣賞這意外的綠意，也得想想是否清除這叢自生的小雜草。

| 形態特徵 |

　　多年生草本，莖伏生而成片生長，具多數分支，花莖斜倚。葉互生，往花莖逐漸變小；葉片卵形至披針形或披針狀長橢圓形，肉質，葉緣與先端被毛，葉基近心形或鈍形，先端漸尖。花序成對或單生，花序軸與花莖互生。花萼不明顯，綠色，線狀長橢圓形，中脈上被剛毛，邊緣被糙毛。花瓣白色，披針形。雄蕊花絲表面光滑。蒴果長橢圓形，2 瓣裂。種子每瓣 2 枚，褐色，表面具放射紋路。

▲葉肉質互生，葉片卵形至披針形或披針狀長橢圓形。

◀花序軸與花莖互生，苞片內具有兩性花多數。

337

圓葉鴨跖草

Commelina benghalensis L.

科名｜ 鴨跖草科 Commelinaceae　　　　花期｜ 1 2 **3 4 5 6 7 8 9 10 11** 12

英文名｜ benghal dayflower, tropical spiderwort, wandering Jew

　　廣布於美洲、非洲、南亞、東南亞、東亞、澳洲、太平洋諸島。臺灣低海拔半遮蔭處、農地、荒地、林緣與海濱可見。鴨跖草屬植物的花具有 3 數性，其花部結構由以 3 為基數的結構輪生，因此應該屬於輻射對稱的花朵；但是透過花瓣大小與形狀的變化，以及可稔或不稔性雄蕊的排列差異，形成了兩側對稱的花部構造。不稔雄蕊的產生提供了訪花者除了花粉或花蜜之外額外的食物來源，不僅增加了訪花者到訪的意願，以減少了訪花者取食花粉的機會，間接提高了圓葉鴨跖草花粉成功傳播的成果。或許是圓葉鴨跖草的結實率高，加上它一年生的特性能夠有效地迴避季節性乾旱，因此除了都會區外，它也廣泛分布在臺灣的許多離島海濱，成為十分常見的鴨跖草屬植物。

| 形態特徵 |

　　一年生草本。莖上密被倒鉤毛。葉片卵形，先端銳尖，葉基鈍至截形，葉面漸無毛，葉背被鉤毛；葉鞘密被鉤毛，邊緣被長柔毛。花莖腋生，花序先端具單一雄花，基部具 1～3 朵兩性花；花莖斜生，具閉鎖花；苞片漏斗狀，開放花歪斜狀倒三角形；雄花者常不具雌蕊或僅具退化雌蕊。花萼 3 枚，橢圓形，凹陷狀，不等大；藍色側生花瓣 2 枚，中央花瓣白或藍色。蒴果三室，具 2 瓣，褐色，卵體至橢圓形。

▲一年生草本，卵形葉片先端銳尖，葉基鈍至截形。

▲開放花歪斜狀倒三角形，藍色側生花瓣 2 枚，中央花瓣白或藍色。

◀苞片漏斗狀，表面光滑或被細毛。

竹仔菜

Commelina diffusa Burm. f.

科名 | 鴨跖草科 Commelinaceae

英文名 | climbing dayflower, spreading dayflower

花期 | 1 2 3 4 5 6 7 8 9 10 11 12

　　廣布於遠東及太平洋諸島；在臺灣都會區與低海拔荒地可見。竹仔菜的葉片披針形，先端漸尖，外型和竹葉類似，加上植株矮小，因此被稱為竹仔菜。竹仔菜的生命力旺盛，除了滿是流水的溝渠、偶爾積水的濱水溼地外，也能透過長長的匍匐莖蔓升到乾燥的草地或路面，因此只要少量個體就能繁衍成片，成為覆蓋性極佳的原生植栽。竹仔菜的花部構造與圓葉鴨跖草類似，都具有兩側對稱的花形與不稔雄蕊，因此也能藉此增加蟲媒的訪花機率。即使如此，在生育地較為局限的都會區內，竹仔菜大多生長在人工溼地、建物花臺或是花圃內較為潮溼處，開出倒三角形的藍色花朵。

| 形態特徵 |

　　多年生草本，莖常分支，匍匐或斜升。葉片披針形，葉基歪斜，兩面皆光滑，葉鞘邊緣具長柔毛，光滑或被逆向剛毛。花序頂生，花序先端具雄性或兩性花 1～3 朵，花序基部具2～5 朵花，苞片披針形，邊緣分離，先端漸尖，基部心形，表面光滑，邊緣粗糙。花常呈藍色，雄性花無雌蕊或發育不全；花萼橢圓形，不等大；花瓣不等大，側瓣廣圓卵形，先端鈍形，基部楔形或心形，中央瓣者藍色，可孕雄蕊 3 枚，花藥橢圓形，基部箭形，不孕雄蕊3枚，不等大，蒴果2裂。

▲多年生匍匐草本，莖常分支，匍匐或斜升。

▲花序基部具 2～5 朵花，苞片披針形，先端漸尖，基部心形，表面光滑。

◀花瓣 3 枚不等大，側瓣廣圓卵形，中央瓣者較小。

直立鴨跖草

Commelina erecta L.

外來種

科名 | 鴨跖草科 Commelinaceae

花期 | 1 2 3 4 5 6 7 8 9 10 11 12

英文名 | white mouth dayflower, slender dayflower, widow's tears

　　原產北美洲與南美洲，現已廣泛分布於全球，包括日本；主要分布於臺灣低海拔路旁或安全島。根據親緣分析的成果，本種與耳葉鴨跖草最為近緣，其次為圓葉鴨跖草較為近緣，不過，圓葉鴨跖草的葉片卵形或近圓形，與直立鴨跖草和耳葉鴨跖草明顯不同，直立鴨跖草的植株較常直立，側花瓣較大，耳葉鴨跖草的植株多匍匐或斜倚，側花瓣稍小於直立鴨跖草者。

| 形態特徵 |

　　多年生直立草本，偶斜倚，葉互生，披針形或披針狀卵形，葉基圓或銳尖，邊緣全緣，先端漸尖，平行脈，葉面光滑或漸無毛，葉鞘邊緣具長柔毛，先端具耳突；花序頂生或近頂生，苞片單生，漏斗狀，三角形歪斜狀，邊緣基部縱向癒合，表面被長柔毛；花兩側對稱，花瓣 3 枚，離生，側花瓣藍色 2 枚，大而明顯，廣圓卵形，不稔雄蕊 3 枚，可稔雄蕊 3 枚。蒴果球形，表面具顆粒突起，不開裂，種子長橢圓形，褐色。

▲葉互生，葉片披針形或披針狀卵形，邊緣全緣，先端漸尖。

▲花序頂生或近頂生，苞片單生，漏斗狀，三角形歪斜狀，表面被長柔毛。

▲側花瓣藍色 2 枚，大而明顯，廣圓卵形，不稔和可稔雄蕊各 3 枚。

牛軛草

Murdannia loriformis（Hassk.）R. S. Rao & Kammathy

科名| 鴨跖草科 Commelinaceae

花期| 1 2 3 4 5 6 7 8 9 10 11 12

別名| 長葉竹葉菜、細竹蒿草、中國水竹葉、水仙竹、水竹葉

　　分布於印度、斯里蘭卡、越南、泰國、中國大陸南部、菲律賓、印尼、新幾內亞、琉球；臺灣全島濱海及低海拔向陽地、草坪可見。牛軛草為水竹葉屬（*Murdannia*）植物中最常見者，常生長在公園草坪或綠地上，開出徑約 1 cm 的紫色小花，仔細看花中央的雄蕊，兼具紫色與白色的花藥，紫色的花藥可稔，能產生花粉，黃色的花藥不稔。

| 形態特徵 |

　　多年生雄性或兩性草本，斜倚開花枝 1～多數，較長者基部匍匐；基生葉蓮座狀，線形，表面光滑，莖生葉線形至披針形；花序頂生，1～2 支開花枝自莖生葉腋處伸出；紫粉紅色或紫色花瓣近圓形或倒卵形，可稔雄蕊 2 枚等長，花藥紫色，不稔雄蕊 4 枚不等大，與花瓣對生，花藥白或黃色。

▲牛軛草植株匍匐，線形葉片微肉質。

▲牛軛草的花具有紫色的可稔雄蕊與白色的不稔雄蕊。

扁稈藨草

Bolboschoenus planiculmis（F. Schmidt）T. V. Egorova

科名	莎草科 Cyperaceae

花期 | 1 2 3 **4 5 6 7 8 9 10** 11 12

別名	雲林莞草

　　分布於東亞、日本與中國，臺灣中北部鹽質沼澤可見。許多人都為高美溼地那片翠綠的灘地感動，那份翠綠的主要組成就是扁稈藨草，形成許多人心中「數大即是美」的印象之一。扁稈藨草又名雲林莞草，讓人以為它僅分布於臺灣中部濱海溼地內，其實只要環境適合，不僅是臺灣北部的砂質或泥質河口灘地，甚至臺灣中部都會區內近河口的小型沙洲也能發現它的蹤跡，具有匍匐莖的它也能在淡水中加以栽植，可惜它具有冬季休眠的特性，只能在春末至秋末欣賞它的美麗。

| 形態特徵 |

　　稈直立，基部膨大，常單生，明顯具 3 稜，葉片少數，位於稈基部，葉鞘褐色；花序頭狀，先端具有 1～數枚小穗，頂生或多少假側生，總苞苞片 1～3 枚，葉狀，至少包覆於花序基部，基生者偶直立；小穗卵狀或卵狀橢圓形，具多朵花，先端銳尖，紅褐色，穎長橢圓狀卵形至橢圓形，瘦果卵形，具 2 稜，表面具光澤，深褐色。

▲花序頭狀，先端具有 1～數枚小穗，頂生或多少假側生。

▲稈直立且基部膨大，具橫走地下根莖。

◀小穗卵狀或卵狀橢圓形，紅褐色，穎長橢圓狀卵形至橢圓形。

光桿輪傘莎草

Cyperus alternifolius L.

科名｜　莎草科 Cyperaceae

花期｜　1 **2 3 4** 5 6 7 8 9 10 11 12

英文名｜　umbrella palm, umbrella papyrus, umbrella sedge

　　原產非洲，馬達加斯加及留尼旺；歸化於日本及臺灣。光桿輪傘莎草為近年來常見於臺灣西部景觀水池的直立型莎草，在景觀語言中，這樣直立後開展的植株外型有如象徵性的噴泉，加上栽植容易，因此也在許多校園內的水生生態池出現。光桿輪傘莎草的形態特徵與臺灣早期引進的輪傘莎草相似，但是光桿輪傘莎草的花莖表面光滑，小穗為較長的披針形至線狀披針形，小穗內的穎為淺綠色帶褐色，可與輪傘莎草相區隔。

| 形態特徵 |

　　多年生草本，根莖白色，稈鈍三角棱至近圓筒狀，表面光滑，深綠色；葉退化成鞘狀，葉鞘淺綠色至亮褐色；小穗排列成頭狀，頭花排列成聚繖花序分支且腋生於稈頂，葉狀苞片等長，展開成傘狀，平展不下垂；小穗線形、線狀披針形至披針形，扁平狀；穗軸不具翼；穎卵形，先端銳尖，中肋綠色；雄蕊花藥線形，黃色；瘦果 3 棱，橢圓形至卵形，褐色，表面具網紋及突起。

▲葉狀苞片等長且展開成傘狀，平展不下垂。

▲小穗線形、線狀披針形至披針形，扁平狀。

▲小穗排列成頭狀，頭花排列成聚繖花序分支且腋生於稈頂。

343

多葉水蜈蚣

Kyllinga polyphylla Willd. ex Kunth

科名	莎草科 Cyperaceae

花期｜ 1 2 3 4 5 6 7 8 9 10 11 12

別名	小風車草

英文名	navua sedge

　　多葉水蜈蚣原產熱帶非洲，歸化於馬來西亞、新加坡、澳洲及太平洋諸島；在臺灣，多葉水蜈蚣新歸化於北部低海拔荒地及溼地。臺灣的水蜈蚣屬植物葉片皆具皺褶，而多葉水蜈蚣的葉片平坦，且根莖明顯較臺灣產其他水蜈蚣屬植物為粗，小穗也較臺灣產其他者為大型，可供區隔。早期的水生植物圖鑑稱它為「小風車草」，將它展開的苞葉視作小一號的風車扇葉，在水邊迎風生姿；植物學者也注意到這項特徵，只是著重在苞葉數目較多，所以依據它的種小名 *polyphylla*（意即多葉片的）取名為「多葉水蜈蚣」。

| 形態特徵 |

　　多年生直立草本，根莖短，稈互生，橫截面三角形；線形葉基生，先端銳尖呈舟狀，邊緣全緣，中脈明顯；葉狀苞片 3～5 枚，中央具單一頂生球狀頭花，密生許多小穗；小穗兩側壓扁，內含 1 朵小花，穎 5 枚；倒卵形瘦果壓扁狀，表面光滑，上半部橫截面橢圓形，下半部橫截面三角形。

▲多朵小花同時伸出雄蕊花藥，有如彩球般吸睛。

▶多葉水蜈蚣的花序基部具苞葉多枚，有如風車扇葉般，又名「小風車草」。

短葉水蜈蚣

Cyperus brevifolia（Rottb.）Eull. ex Hassk.

科名｜　莎草科 Cyperaceae

花期｜ 1 2 3 4 5 6 7 8 9 10 11 12

別名｜　水蜈蚣、金紐草、土香頭、三莢草、白香附、無頭香

英文名｜　shortleaf spikesedge

　　水蜈蚣屬（*Kyllinga*）約有 40 種，分布於南北半球熱帶及溫帶地區，本屬偶爾被認定為廣義莎草屬（*Cyperus*）的一亞屬，但水蜈蚣屬具有 2 枚穎，僅含 1 朵小花的小穗；此外，水蜈蚣屬植物的花序為密生且無柄的小穗，而非大多數莎草屬成員開展而多分支的花序。短葉水蜈蚣廣泛分布於全球熱帶及溫帶地區雜草，具許多種下變種；臺灣全島潮溼開闊或遮蔭潮溼地及海岸常見。

| 形態特徵 |

　　多年生具長纖細根莖草本，稈單列，柔軟而纖細，基部具少數葉片；葉基生或近基生，葉片窄線形，葉鞘膜質，褐色或紫褐色，基部葉鞘無葉片；頂生單生圓球花序，少數具 2～3 枚圓球花序，葉狀總苞苞片 3 枚；頭花圓形或廣卵球形，密集聚生許多小穗，內具 1 朵小花；褐色瘦果倒卵形，側面觀為透鏡狀。

▲花穗基部偶爾長出側生的花序側枝。

▶短葉水蜈蚣的苞葉中央有著密生小穗的花序。

沙田草

Cyperus compressus L.

| 科名 | 莎草科 Cyperaceae |

花期 | 1 2 3 4 5 6 7 8 9 10 11 12

| 別名 | 扁穗莎草 |

| 英文名 | annual sedge |

　　全球熱帶、亞熱帶至暖溫帶可見，在臺灣廣布於開闊草地、農田、溼沙岸與海濱。沙田草就如同它的中名一樣，喜歡生長在排水良好的砂質土壤內，但是它的別名「扁穗莎草」道地的形容它明顯兩側壓扁狀的小穗，明顯壓扁狀的小穗花穎先端具小尖突，難以想像其中還躲著 3 枚雄蕊和細小的雌蕊，從窄小的縫隙中伸出花穎，才能藉由風力完成傳粉過程。

| 形態特徵 |

　　一年生叢生草本，具纖細根；稈明顯，外展，具 3 稜，表面光滑；稈具少數葉，主要基生，葉片線形，扁平，淺綠色，葉舌膜質，淺褐色，具線紋；花序繖狀或聚集，總苞苞片 2～4 枚，葉狀，花序分支壓扁狀；穗狀花序具 3～10 枚小穗密生於短花序軸上，卵形或偶鞭狀，小穗披針狀長橢圓形壓扁狀，綠色或於成熟後轉為草稈色，穗柄無翼；穎卵形或寬卵形，壓扁狀至銳尖脊狀，3 脈，先端銳尖具一小尖突。

▲沙田草又名扁穗莎草，為 一年生叢生草本。

▲葉狀總苞苞片 2～4 枚，花序分支壓扁狀。

▲小穗披針狀長橢圓形壓扁狀，綠色或於成熟後轉為草稈色。

異花莎草

Cyperus difformis L.

科名 | 莎草科 Cyperaceae　　花期 | 1 2 3 4 5 6 7 8 9 10 11 12

英文名 | variable flatsedge, smallflower umbrella-sedge

　　異花莎草廣布於全球溫帶及亞熱帶地區；在臺灣全島潮溼地及草坪常見。臺灣原生的莎草屬（*Cyperus*）植物中，只有異花莎草的小穗密生成球狀，這些球狀的花穗再組合成聚繖花序或複聚繖花序，與其他臺灣產莎草屬植物不同，才被稱為「異花莎草」，別具特色的花序也成了它的鑑別特徵。

| 形態特徵 |

　　一年生叢生草本，稈直立或近直立，柔軟；葉稍短於稈，葉片線形，摺疊狀；淺或黃褐色葉鞘稍長；球狀聚繖花序或複聚繖花序頂生，偶爾僅具單一球狀花序，具不等長分支3～9枚，深綠色或褐綠色小穗密集聚生，葉狀苞片2或3枚；小穗披針形至線狀披針形，穗軸不具翼；卵狀橢圓形瘦果黃色，3稜，與穎近等長。

▶異花莎草的小穗顏色與排列方式，與其他莎草屬植物截然不同。

莎草科

疏穗莎草

Cyperus distans L. f.

科名 | 莎草科 Cyperaceae

英文名 | slender cyperus

花期 | 1 2 3 4 5 6 **7** **8** **9** **10** **11** **12**

　　泛熱帶分布，在臺灣低海拔乾燥地或溼地、水田可見。疏穗莎草以往在都會區內較為少見，但是隨著生活品質的提升，越來越多的公園綠地與人工溼地出現在高樓林立的都會區後，嗜水生長的溼生植物得以進駐，讓原先在市郊向陽處溼地或潮溼草坡生長的疏穗莎草，得以出現在都會區內。疏穗莎草的花序極為開展，但是小穗卻極為窄長，更別提那些藏在花穎內的小花了，但也是透過這些細小如沙的花朵所結成的果實，才能讓它隨著土壤基質的搬運而傳播。

| 形態特徵 |

　　多年生草本，具有錐狀根莖，莖單生或少數叢生，多纖細，3 稜，基部較粗；葉片短於莖稈，葉線形，微抱莖，草質，葉鞘略為延長，淺褐色；聚繖花序複合或單純，葉狀苞片 4 ～ 6 枚，花序分支具鞘；花序分支具短小分支；小穗疏生，小穗線形，穎疏生於微之字形的穗軸，橢圓形，先端鈍，膜質，兩面血褐色，近脊處 3 ～ 5 脈，先端邊緣白色膜質，脊綠色延伸至穎先端，成熟時深褐色，微具小尖頭。

▲小穗線形，穎疏生於微之字形的穗軸。

▲聚繖花序複合或單純，葉狀苞片 4 ～ 6 枚，花序分支具短小分支。

頭穗莎草

Cyperus eragrostis Lam.

科名｜ 莎草科 Cyperaceae

別名｜ 畫眉莎草

英文名｜ tall flatsedge

花期｜ 1 2 3 4 5 6 7 8 9 10 11 12

　　頭穗莎草原產熱帶美洲，現已歸化美國、南歐、亞洲、澳洲、日本及沖繩，2002 年後歸化於臺灣北部及東部低地及河濱綠地。頭穗莎草的小穗具有多朵小花，小花不像一般的莎草科植物 3 枚互生至輪生，而是一朵朵互生於穗軸上，有如禾本科的畫眉草屬植物（*Eragrostis* spp.）般，故又名「畫眉莎草」；也有人因為它的小穗聚生成頭狀，而稱它為「頭穗莎草」。

| 形態特徵 |

　　粗壯多年生叢生草本，短根莖黑；長線形葉片 3 ～ 6 枚，草質；複繖形花序葉狀苞片 7 ～ 9 枚，長度不一，內具花序分支 6 ～ 9 枚；線形或披針形小穗叢生於球形頭花內，著生於枝條頂端；穎卵形至卵狀披針形，具 3 脈，草色，中脈綠色，先端粗糙；褐色瘦果 3 稜，先端呈鳥喙狀，基部柄狀。

▲頭穗莎草歸化於北部與東部潮溼草地多時。

黃土香

Cyperus esculentus L.

科名	莎草科 Cyperaceae

花期 | 1 2 3 **4 5 6 7 8** 9 10 11 12

英文名	yellow nutsedge

　　莎草屬是全球廣布屬，具500～600種，於熱帶地區種類繁多。相形之下，臺灣的莎草屬植物較少，僅有24種。近期的報導使種數增加至26種。黃土香可能原產於歐洲，現已廣布於全球熱帶與亞熱帶，亦於北美、加拿大與阿拉斯加，並歸化於日本。黃土香為近期報導，歸化於臺灣東部向陽潮溼地或旱地、荒地及水田旁，如雜草般大量生長；近日也在臺北都會區內河濱潮溼地現蹤。黃土香易與同屬的成員：香附子（*C. rotundus*）此一常見且廣布的雜草混淆，但極易區隔。黃土香的植株較大，花穗數量較多，花穗呈黃褐色；而香附子的植株較小、花穗數量較少，且沿著根莖生成塊莖。

| 形態特徵 |

　　多年生草本，根莖表面被褐色鱗片，末端為卵形塊莖，稈3稜，表面光滑；葉短於稈，葉片線形，扁平具褶，葉鞘亮褐色；單生或複合花序2～10枚，主分支疏生或近疏生3～10枚小穗，葉狀苞片常短於花序，最基部者約2～3倍序長，線形小穗展開，先端銳尖，壓扁狀，黃褐色，穗軸具翼；穎窄卵形，中脈綠色；瘦果3稜，倒卵狀長橢圓形，褐色。

▲黃土香為近期新歸化的直立莎草科植物，現蹤於北部都會區潮溼草坪。

▲線形小穗互生於花序分支上，組成頂生具苞葉的聚繖花序。

畦畔莎草

Cyperus haspan L.

科名 |　莎草科 Cyperaceae

英文名 |　haspan flatsedge

花期 |　1 2 3 4 5 6 7 8 9 10 11 12

莎草科

　　全球溫帶、亞熱帶及熱帶地區；臺灣溼地及草坪常見纖細雜草。畦畔莎草的莖稈翠綠，頂端具有淺褐色的細微小穗，排列成稀疏的聚繖或複聚繖花序，且花序基部常不具苞葉，成為它的辨識特徵；畦畔莎草的植株較為矮小，莖稈纖細，極易被野外觀察家所忽略。

| 形態特徵 |

　　多年生草本，根紫紅色纖細，稈纖細，沿橫走根莖排成一列或叢生，稍柔軟；葉退化成鞘狀；聚繖花序或複聚繖花序疏生，分支少數且不等長，葉狀苞片 1 或 2 枚，與花序分支近等長；線狀長橢圓形小穗指狀排列於分支先端，先端鈍具小尖突，扁平狀，穗軸被密生的穎完全包被；倒卵形黃色瘦果 3 稜，表面被疣突。

▶ 畦畔莎草的葉片少見，仰賴莖稈進行光合作用。

輪傘莎草

Cyperus involucratus Rottb.

外來種

| 科名 | 莎草科 Cyperaceae |

花期 | 1 2 3 4 5 6 7 8 9 10 11 12

英文名 | african sedge, dwarf papyrus grass, false papyrus, flat sedge, umbrella flatsedge, umbrella palm, umbrella plant, umbrella sedge, windmill sedge

　　原產非洲，現已廣泛栽培並歸化於全球。輪傘莎草最早由田代安定先生於 1901 年自日本引進臺灣供觀賞用，直到 1954 年才由松田英二先生收錄，1961 年小山鐵夫教授首次指出輪傘莎草被廣泛種植並逸出於臺灣後，近期被確認為歸化種。輪傘莎草的植株高大，花莖先端展開且末端下垂的苞葉邊緣具有細鋸齒緣，加上莖稈表面具有多數矽質結晶，因此苞葉與莖稈表面較為粗糙，可與近期引進後歸化的光稈輪傘莎草不同。

| 形態特徵 |

　　多年生草本，根莖白色，稈 3 稜，表面粗糙，綠色，葉退化成鞘狀，葉鞘淺褐色。小穗聚生成頭狀，排列成聚繖狀，多數主分支展開；葉狀苞片展開成傘狀，柔軟而下垂；小穗披針形、窄長橢圓形至窄卵形，扁平，穗軸不具翼；穎卵形，先端銳尖，淺褐色，中肋綠色；雄蕊線形，黃色；瘦果 3 稜，廣橢圓形，褐色，表面具網紋疣突。

▲小穗聚生成頭狀，排列成聚繖狀展開分支。

▲苞葉邊緣具有細鋸齒緣，容易劃傷皮膚。

▶小穗扁平，披針形、窄長橢圓形至窄卵形。

◀葉狀苞片展開成傘狀，柔軟而下垂。

碎米莎草

Cyperus iria L.

科名 | 莎草科 Cyperaceae

別名 | 莎草、3稜莎草、三角草、無頭土香

英文名 | ricefield flatsedge

花期 | 1 2 3 4 5 6 7 8 9 10 11 12

　　碎米莎草廣泛分布於南歐、北非、中亞、印度、東南亞至澳洲北部及太平洋島嶼、西伯利亞、東亞等地溫帶、亞熱帶及熱帶地區；可能引入至熱帶美洲。臺灣全島草坪及溼地常見。雖然植株較為矮小，極為常見的它具有複聚繖花序，以及花序基部明顯展開的苞葉，不失為認識莎草科的絕佳入門植物。碎米莎草的小穗微小，貼近觀察便可發現它的小穗有如迷你版的結實稻穗，難怪被稱為「碎米莎草」。

| 形態特徵 |

　　一年生直立草本，稈單生或少數簇生，稈上具短葉片 2 ～ 3 枚；葉片線形，稍呈折疊狀；複聚繖花序具 3 ～ 7 枚不等長分支，每一分支 5 ～ 10 枚穗狀花序，葉狀苞片長於聚繖花序，穗狀花序線形、橢圓狀卵形至廣卵形；直立小穗疏生，長橢圓狀橢圓形或披針形，壓扁狀，穗軸具翼；倒卵形瘦果具 3 稜，與穎近等長，成熟時深褐色。

▲花序分支由許多小穗成簇聚生於小分支，各自互生於分支上。

◀碎米莎草常兀立於平坦的草坪中。

多枝扁莎
Cyperus polystachyos Rottb.

科名丨　莎草科 Cyperaceae

花期丨 `1` `2` `3` `4` `5` `6` `7` `8` `9` `10` `11` `12`

英文名丨　bunchy sedge, many-spiked sedge, texas sedge

　　泛熱帶分布，可達日本中北部；在臺灣溼或半乾開闊地，特別是濱海地區可見。多枝扁莎以往被歸為扁莎屬（*Pycreus*）中，隨著近代利用分子序列進行親緣關係的研究成果，將該屬成員納入莎草屬（*Cyperus*）中。多枝扁莎時常出現在濱海溼地，在都會區內開闊的河濱公園與容易積水的潮溼草地也能看到；不過，多枝扁莎的花序分支時而展開，時而短且聚集，使得驕陽下的多枝扁莎有時就像高舉頭花的菊科植物。

| 形態特徵 |

　　一年生或多年生，偶具短根莖，稈叢生，質硬而直立，具 3 稜；葉片少數，短於稈，葉片線形，鞘紅褐色；聚繖花序常緊縮成近球狀或不規則頭狀，無明顯分支或偶展開具短分支，葉狀苞片 3～5 枚，最短者常等長於花序；小穗指狀，線狀至線狀披針形，先端銳尖，扁平狀，橘褐色，穗柄曲折；穎長橢圓狀卵形至卵形，先端銳尖，薄革質，草色或紅褐色，邊緣淺白色膜質，無脈或於綠色脊上具 3 脈。

▲小穗指狀，線狀至線狀披針形，先端銳尖，表面橘褐色。

▲聚繖花序常緊縮成近球狀或不規則頭狀，無明顯分支或偶展開具短分支，葉狀苞片 3～5 枚。

香附子

Cyperus rotundus L.

科名	莎草科 Cyperaceae

花期 | 1 2 3 4 5 6 7 8 9 10 11 12

別名 | 土香、香頭草、臭頭香、有頭土香、雀頭香、3 稜草、水香稜、續根草

英文名 | nut sedge, red nut sedge

　　全球熱帶、亞熱帶至溫帶分布的香附子，常見於全臺開墾地、開闊草原或丘陵地。香附子又名「土香」，具有膨大的地下根莖，切開後不僅具有獨特香氣，褐色的根莖常隨著土壤搬運而在意想不到的地方成長茁壯，不僅如此，它常從柏油路面竄出嫩綠的新葉，旺盛的生命力令人讚嘆。近年尚有另一同屬的相似植物：黃土香（*C. esculentus*）栽培後逸出於北部都會區潮溼地；雖然外觀與香附子神似，但植株較為高大，花穗內小花數量較多，可供區別。

| 形態特徵 |

　　多年生草本，具細長走莖狀根莖，末端為球體或卵體塊莖，稈單生或少數聚集成錐形；葉聚集於稈基部，線形，葉鞘淡褐色，隨後凋零僅存棕色纖維；繖形花序或複繖形花序頂生，具 2 ～ 10 分支，葉狀苞片 2 ～ 3 枚，螺旋狀排列於短花序軸上；小穗線形，穗軸具透明質翼，穎淡紫褐色卵形至卵狀橢圓形；瘦果長橢圓體。

▲紅褐色的線形小穗成聚繖狀排列。

▶香附子平時隱身於草叢中，直到抽出花序才容易發現。

刺稈莎草

Cyperus surinamensis Rottb.

科名	莎草科 Cyperaceae

花期｜ 1 2 3 4 5 6 7 8 9 10 11 12

英文名	tropical flatsedge

　　刺稈莎草為新世界熱帶及亞熱帶地區廣布種，可能源自熱帶美洲，但現已廣布於美國南部及墨西哥至中美洲、西印度群島及南美洲；刺稈莎草近期歸化於臺灣北部低地向陽潮溼淺水域荒廢地、溪流或池塘邊草地，外觀和生育地與畫眉莎草非常相似，然而刺稈莎草的稈及花序分支為深綠色，表面粗糙被逆向尖刺，卵形至披針狀卵形小穗排列成 2 列，不若畫眉莎草成放射狀頭狀，可供區隔。在臺灣，由於刺稈莎草的小穗疊生，又被稱為「疊穗莎草」。

| 形態特徵 |

　　多年生叢生直立草本，褐色根莖短，稈深綠色具 3 稜，表面粗糙，疏被逆向尖刺；葉 3 ～ 5 枚，葉片長線形；聚繖花序至複聚繖花序，不等大葉狀苞片 3 ～ 9 枚；小穗叢生於小分支頂端的球形頭狀花序，球形頭狀花序卵形至披針狀卵形小穗扁平狀，穗軸稍呈鋸齒狀；窄橢圓形紅褐色瘦果 3 稜，先端銳尖具尖突，表面具網紋及小瘤突。

▲刺稈莎草的外觀與畫眉莎草神似。

◀小穗叢生於小分支頂端的球形頭狀花序。

斷節莎

Torulinium odoratum（L.）S. Hooper

科名 | 莎草科 Cyperaceae

英文名 | fragrant flatsedge

花期 | 1 2 3 4 5 6 7 8 9 10 11 12

斷節莎泛熱帶分布；臺灣全島低海拔荒地、潮溼地或路旁可見；斷節莎的瘦果成熟時，會與穗軸節間、穗軸翼突及其上一朵小花的穎所圍成的構造一同依序脫落，故稱為「斷節莎」。

| 形態特徵 |

一年生或偶為多年生直立草本，稈單生或少數聚生，剖面 3 稜，基部膨大成球莖狀；扁平葉片線形，短於莖稈；頂生聚繖花序或複聚繖花序疏或密生，花序分支 5 ～ 12 枚，小分支少數，葉狀苞片數枚包圍聚繖花序；花穗長橢圓形圓筒狀，線形小穗展開或逆生，黃綠色成熟時轉為黃褐色，穗軸具翼；瘦果長橢圓形至長橢圓狀倒卵形。

▲花序分支由許多小花排列成線形的小穗，再放射地排列在花序分支上。

▲斷節莎為潮溼或積水處可見的直立草本。

黃花庭石菖

Sisyrinchium exile E. P. Bicknell

科名｜　鳶尾科 Iriaceae

英文名｜　annual blue-eyed grass

花期｜ 1 **2** **3** **4** 5 6 7 8 9 10 11 12

　　原產南美洲；現已歸化臺灣北部及東部草地、停車場、路旁及潮溼地、水塘邊偶見。黃花庭石菖具有壓扁狀具翼的莖，少數癒合成鐮形的葉片，無柄苞片頂生於莖上，花瓣黃色且中央具紅褐色眼紋。

| 形態特徵 |

　　一年生叢生草本，壓扁狀莖基部具分支，具 2 翼；葉光滑，線形至癒合成鐮形，基生；花莖壓扁狀，具 2 翼，自葉腋伸出，繖狀簇生花序頂生，自 2 枚葉狀苞片中伸出，花 3 至多朵，著生於斜倚花梗上；黃色花瓣 6 枚，長橢圓狀倒披針形，先端銳尖，中央具一圈紅色眼紋及褐脈；球形蒴果深紅褐色至褐色。

▲黃花庭石菖是北部都會潮溼地可見的矮小外來種野花。

◀基生葉片與苞葉呈鐮刀狀。

鳶尾葉庭菖蒲

Sisyrinchium iridifolium Kunth

科名｜ 鳶尾科 Iriaceae

別名｜ 黃花庭菖蒲

英文名｜ spreading blue-eyed grass

花期｜ 1 2 3 4 5 6 7 8 9 10 11 12

原產熱帶美洲，現已歸化於臺灣北部平野、河濱、淺山及中南部中海拔山區草地。在第二版「臺灣植物誌」及「臺灣維管束植物簡誌」中，鳶尾葉庭菖蒲被稱為「黃花庭菖蒲」，然而它的花卻是藍紫色，僅於花冠基部具黃色斑紋；加上後來另一種開黃花的同屬植物「黃花庭石菖」歸化於臺灣北部與東部，更容易造成混淆。鳶尾葉庭菖蒲的學名種小名為 *iridifolium*，由 iridi-（像鳶尾的）及 -folium（葉片）所組成，意即「像鳶尾葉片的」，以形容它鐮刀形的葉片，因此本書採用此一中文名稱。

| 形態特徵 |

多年生落葉叢生草本；葉線形或鐮刀形，先端銳尖至漸尖，基部鞘狀，紙質，全緣，兩面光滑；花莖直立至斜倚，光滑至疏被毛，花苞披針形至廣披針形，先端銳尖，花 3 ～多朵；花梗纖細，藍紫色花冠裂片長橢圓狀倒卵形，花冠基部黃色，基部具截形膨大；褐色蒴果倒卵球形，內含種子多數。

▲鳶尾葉庭菖蒲生長在北部都會區的河濱草地上。

◀鳶尾葉庭菖蒲的葉片線形或鐮刀形，為河濱公園可見的矮小草本。

359

小燈心草

Juncus bufonius L.

| 科名 | 燈心草科 Juncaceae |
| 英文名 | toad rush |

花期 | 1 2 3 4 5 6 7 8 9 10 11 12

全球廣布種。本種為 2000 年首次發現於臺灣南部中海拔山區，並記載於同年所出版的中國植物誌中，但並未列入當年出版的臺灣植物誌中；2008 年編纂的金門植物誌中，記錄此一矮小草本分布於諸多金門當地的季節性溼地中。近年來隨著水利設施的設置，小燈心草也出現在臺灣北部都會區內。不過，小燈心草的植株矮小，莖稈與葉片為臺灣都會區內可見的燈心草屬植物中最為纖細的種類，加上時常與其他野草或同屬植物混生，想要在灘地或潮溼草地上發現它，是非常消耗眼力的事。

| 形態特徵 |

一年生草本，叢生，5 ～ 40 cm 高，稈 1 至多數，偶為斜倚，葉基生或莖生，葉耳退化或闕如，葉片扁平，花序疏生或緊縮，常占全株高 1/2，基部苞片短於花序；小苞片 2 枚，花被片綠色，披針形，內輪者較短，先端偶鈍，雄蕊 3 ～ 6 枚；蒴果紅褐色，3 室，橢圓形或窄橢圓形，先端截形，偶長於內層花被片，但不長於外部者；種子黃色，廣橢圓形至卵形，無尾突。

▲植株矮小，莖稈與葉片為臺灣都會區內可見的燈心草屬植物中最為纖細的種類。

▲花被片綠色，披針形，內輪者較短，先端偶鈍，雄蕊 3 ～ 6 枚。

◀蒴果紅褐色，橢圓形或窄橢圓形，先端截形。

絲葉燈心草

Juncus imbricatus Laharpe

科名 | 燈心草科 Juncaceae

花期 | 1 2 3 4 5 6 7 8 9 10 11 12

外來種

　　原產南美洲與墨西哥，歸化於南非、澳洲與歐洲，北臺灣低海拔可見。絲葉燈心草外型與臺灣低海拔海濱或季節性溼地偶見的同屬植物：小葉燈心草相似，但是絲葉燈心草的莖稈圓柱狀，葉鞘邊緣明顯膜質，葉片為內側有溝的圓柱狀葉片，小葉燈心草的莖稈為扁圓柱狀，葉鞘邊緣草質，葉片為扁柱狀，可用來鑑別這兩類生長環境類似的燈心草屬植物；絲葉燈心草較為耐旱，能夠生長在更為內陸或較為乾燥的草生地，加上種子微小，很有可能隨著土壤或基質的搬運而四處傳播。

| 形態特徵 |

　　多年生叢生草本，稈直立，15～45 cm 高，葉每稈 3～4 枚，葉鞘具透明質邊緣，先端具長耳突，葉片絲狀且具葉面縱溝。聚繖花序頂生，分支單一，基部花序苞片與基生葉片相似，草質，每朵花被 2 枚小苞片包圍，小苞片卵形，先端鈍，邊緣透明質，花被片 6 枚，披針形，中脈綠色，邊緣透明質，內層花被片稍短於外層者，種子表面粗糙，褐色。

▲絲葉燈心草為多年生叢生草本，稈直立。

◀聚繖花序頂生，分支單一，基部花序苞片與基生葉片相似。

361

禾葉燈心草

Juncus marginatus Rostkovius

外來種

科名	燈心草科 Juncaceae

花期 | 1 2 **3** **4** **5** **6** 7 8 9 10 11 12

英文名 | green-leaf rush, marginated rush

　　原產於北美洲南部、中美洲與南美洲，歸化於臺灣北部。禾葉燈心草為一種陸生性燈心草屬植物，2009 年首次發現於臺灣北部都會區內的山坡地林下後，陸續於都會區的海濱坡地尋獲。禾葉燈心草的外型與臺灣已知的燈心草屬植物迥異，其具有叢生且寬 5 mm 以上的基生葉片，以及開展聚繖狀的頂生花序，因此能夠輕易與其他同屬植物區分，外觀反而與一些都會區可見的莎草科植物相似；不過，禾葉燈心草具有 6 枚花被片，加上果實為蒴果，能夠藉此加以鑑別。

| 形態特徵 |

　　多年生叢生草本，具短根莖或否，稈基部球莖狀，葉基生與莖生，葉耳先端圓，膜質，基生葉扁平，莖生葉具光滑葉鞘，邊緣透明質，葉片較基生者為窄；聚繖花序頂生展開狀，15 ～ 30 枚花朵簇生，苞片廣卵形，抱莖，先端漸尖至具短芒，花兩性，花被片 6 枚，中央常具綠色帶紋，卵狀披針形，先端銳尖；蒴果褐色，具3 室，倒卵形或近球形，種子黃色或淺褐色，卵形至梭形。

▲禾葉燈心草為多年生叢生草本，聚繖花序頂生展開狀。

◀蒴果褐色，倒卵形或近球形。

錢蒲

Juncus leschenaultii J. Gay ex Laharpe

科名 | 燈心草科 Juncaceae

別名 | 江南燈心草

花期 | 1 2 3 4 5 6 7 8 9 10 11 12

　　分布於東亞與南亞，臺灣中部與北部溼地可見。錢蒲是臺灣平野最為常見的燈心草屬植物，從隆冬到盛夏，只要水分充足，都有機會讓多年生且具有休眠性的錢蒲順利開花結果。錢蒲的莖生葉發達，加上莖稈時常叢生，因此當環境適合時，錢蒲能夠密集生長，好像具有叢生的基生葉一樣。錢蒲的頂生聚繖花序上看似具有許多顯眼的綠色花朵，其實那是許多叢生在分支頂端的綠色小花。錢蒲除了在都會內的溼地公園可見外，也能在水田或季節性溼地內生長，只要水位降低或乾涸，錢蒲就能夠透過地下根莖度過困境，靜靜等待甘霖的到來。

| 形態特徵 |

　　多年生草本，莖叢生，斜倚，纖細，20 ～ 40 cm 高，兩側壓扁狀，具 2 窄翼，葉莖生，10 ～ 20 cm 長，2 ～ 3 mm 寬，壓扁狀，聚繖花序由多數簇生成頭花狀的小花組成，基部苞片葉片狀，花被片 6 枚，先端銳尖，綠色後轉為褐色，宿存，4 ～ 5mm 長，長於蒴果；種子倒卵形，約 0.6 mm 長。

▲宿存花被片先端銳尖，綠色後轉為褐色。

▲聚繖花序由多數簇生成頭花狀的小花組成，基部苞片葉片狀。

禾草芋蘭

Eulophia graminea Lindl.

科名｜ 蘭科 Orchidaceae

花期｜ 1 2 3 [4] [5] [6] [7] [8] 9 10 11 12

別名｜ 美冠蘭

　　禾草芋蘭又名「美冠蘭」，這麼華麗的名稱卻不如禾草芋蘭貼切，芋蘭屬（*Eulophia*）的它具有禾草般的細長葉片，混生在草叢中極難分辨，但是只要一開花，眼尖的人就能查覺它的存在；分布於琉球南部、中國大陸南部、喜馬拉雅、印度、中南半島、泰國、馬來西亞、印尼；原生於臺灣低海拔濱海草地或沙灘灌叢旁；由於假球莖的耐旱能力強，使得原來生活在濱海沙地的禾草芋蘭，因緣際會下被帶到南部花圃、平地或路旁，從草叢、行道樹下、甚至人行道面磚下伸出花莖，開花並結出綠色橢圓形的蒴果。

| 形態特徵 |

　　多年生自營草本，假球莖角錐狀卵形；線形葉片 2 ～ 5 枚，先端銳尖至漸尖，近直立，具 3 脈；直立花莖自假球莖頂端若干節上伸出，著生於總狀或圓錐花序上，披針形苞片先端漸尖；花深綠色，具許多褐紫色條紋，花萼展開狀，花瓣先端銳尖，唇瓣黃綠色側裂片帶紫色線紋，先端鈍至圓，白色中裂片近圓形。

▲禾草芋蘭平時不易發現，只有抽出花序時才現芳蹤。

▲蒴果長橢圓狀梭形，表面具 3 稜。

▶禾草芋蘭的唇瓣顏色較淺，表面具多數突起。

綬草

Spiranthes sinensis（Pers.）Ames

科名 | 蘭科 Orchidaceae

別名 | 金龍盤樹、盤龍蔘、南國綬草

花期 | 1 **2** **3** **4** **5** **6** 7 8 9 10 11 12

　　分布於西伯利亞、中國大陸、日本、中南半島、印度、馬來半島、菲律賓至印尼；臺灣全島海拔 1,000 公尺以下潮溼草地常見，每到春天，北部的校園花圃或河濱公園草坪常可見到它一串串有如龍柱般的花序，在春風中搖曳，總是吸引許多愛好小巧蘭花的觀察家駐足、留影。

| 形態特徵 |

　　植株具根莖、叢生的根及葉；葉片線狀長橢圓形，先端銳尖，肉質，成為較大的叢生草叢，基生葉葉基截形，叢生葉葉基漸狹，具 3 主脈；總狀花序具多朵白色或粉紅色花朵螺旋狀排列，苞片披針形；花白色或粉紅色，子房淺綠色，先端彎曲。

▲春天隱身於潮溼草地間的小龍柱 —— 綬草。

◀小巧的淡色花朵螺旋狀排列，有如雙龍搶珠。

線柱蘭

Zeuxine strateumatica（L.）Schltr.

科名 | 蘭科 Orchidaceae

別名 | 細葉線柱蘭、絹蘭

英文名 | soldier's orchid

花期 | 1 **2** **3** **4** 5 6 7 8 9 10 11 12

　　廣泛分布亞洲與美洲熱帶及亞熱帶地區；臺灣低海拔向陽潮溼地常見。除了白色帶有黃色的花朵外，線柱蘭常帶著飽滿的蒴果，與綬草一同迎接春天的到來；線柱蘭結實率高的原因，就是它具有無融合生殖（apomixis）的能力，利用本身子房內細小而為數眾多的胚珠，以無性生殖方式產生種子，使它得以大量繁衍，成為全臺灣潮溼草坪上的常客。

| 形態特徵 |

　　溼生直立草本，莖上部具葉片；葉無柄，線形至線狀披針形，綠或褐色；穗狀花序頂生或於基部側枝頂端，花密集排列，總花梗下部具許多葉鞘；卵狀披針形苞片先端漸尖，褐色；花白色，唇瓣黃色，子房表面光滑。

▲雖然也是蘭花一族，線柱蘭卻顯得樸素。

▲線柱蘭又名細葉線柱蘭，葉片細長而呈綠褐色。

類地毯草

Axonopus affinis Chase

科名 | 禾本科 Poaceae（Gramineae）

英文名 | carpet grass

花期 | 1 2 3 4 5 6 7 8 9 10 11 12

原產北美洲，現已廣泛栽培供草坪用草。

| 形態特徵 |

多年生草本，具長走莖；葉互生，葉鞘 V 字形折合，基部相互重疊，葉片線狀長橢圓形，葉尖稍圓鈍，葉舌膜質；總狀花序 2 ～ 4 枚，組成斜上的複總狀花序，花序軸斜倚，小穗長橢圓狀橢圓形，單生，稍具尖頭，背腹扁壓，呈二列排於穗軸之一側；穎果橢圓狀長橢圓形，壓扁狀。

▲每一枚小穗都露出紫紅色的羽狀柱頭與 3 枚花藥。

▲葉片細長且先端圓鈍，植株平鋪於地表生長。

地毯草

Axonopus compressus（Sw.）P. Beauv.

外來種

科名｜ 禾本科 Poaceae （Gramineae）

花期｜ 1 2 3 4 5 6 7 8 9 10 11 12

別名｜ 熱帶地毯草、大葉油草、大板草

英文名｜ wide-leaved carpetgrass

　　原產熱帶美洲，廣泛引進並歸化至溫帶地區，臺灣全島廣泛栽培；地毯草的葉片具有 3 條隆起葉脈，可與其他草坪草種及同為草坪常客的類地毯草相區隔；地毯草的覆蓋性佳，不易長出其他雜草，即使長出也極易自其草坪上拔除，常為操場或人造草坪所採用。

| 形態特徵 |

　　多年生草本，長走莖匍匐狀；葉長橢圓狀線形，先端圓，葉具 3 脈，隆起於葉背，葉舌短，葉鞘呈覆瓦狀排列；總狀花序 2～5 枚排列成複總狀花序，先端 2 枚對生，花序軸剖面三角形，小穗排列成 2 列，長橢圓形，先端鈍，疏被毛；柱頭白色。

▲植物體具有延長的走莖，藉以擴張族群。

▲地毯草的葉片具 3 條明顯主脈，花序多具 2 枚分支。

白羊草

Bothriochloa ischaemum（L.）Keng

科名｜　禾本科 Poaceae （Gramineae）

花期｜ 1 2 **3** **4** **5** **6** **7** **8** **9** **10** **11** 12

英文名｜　turkestan beard grass, yellow bluestem

　　廣布於喜馬拉雅山區西北部、南歐、北非、南亞、東南亞與東亞，臺灣乾燥荒地可見。白羊草在臺灣南部極為常見，但是在臺灣北部偶見於路旁荒地，這可能與臺灣南北氣候的差異有關。臺灣南部的乾溼季明顯，許多一年生植物仰賴著種實萌芽期適量的雨水發芽成長，在隨後的乾季中茁壯開花，再利用耐旱的種實落入土中，等待來年雨季萌芽。但是在臺灣北部持續多雨，過於潮溼的土壤容易造成幼苗根系腐爛，反而更需要排水良好的土壤介質，因此局限了它在北部的分布。

| 形態特徵 |

　　一年生叢生草本，基部曲膝狀，節包覆；葉舌膜質，先端圓；小穗成對，上位小穗顏色較深，下位小穗長橢圓形至披針形，背側隆起，基部被纖毛，穗柄與穗軸被纖毛，穎紙質，表面被毛，邊緣膜質被纖毛，外穎先端鑷合，具 2 脊，內穎先端鑷合，與外穎者等長，第一小花外稃長橢圓狀披針形，先端銳尖，微二齒，無芒，脈隆起；第二小花外稃線形，先端具長芒，第二小花內稃長橢圓狀披針形。

▶指狀總狀花序頂生於莖稈。

大穗孔穎草

Bothriochloa macera（Steud.）S. T. Blake

科名｜ 禾本科 Poaceae（Gramineae）

花期｜ 1 2 3 4 5 6 7 8 9 10 11 12

英文名｜ red grass, red-leg grass

　　原產澳洲，歸化於紐西蘭。臺灣北部高地或邊坡可見歸化。孔穎草屬（*Bothriochloa* Kuntz）全球約有 30 種，廣泛分布於熱帶與亞熱帶地區，孔穎草屬植物的穗柄節間與穗軸具有縱溝，小穗外穎常具有圓形孔紋，為本屬中名的由來。大穗孔穎草的植株纖細、小穗較大且外穎明顯具有孔紋，因此可輕易與臺灣產其他本屬植物相區隔。

| 形態特徵 |

　　多年生叢生，稈膝曲狀斜倚，節間與節上光滑，葉鞘表面光滑，葉襟光滑或被柔毛，葉舌膜質具纖毛；葉片線形，邊緣粗糙，先端漸尖；指狀總狀花序緊縮狀，成對小穗二型，小穗柄線形，具有縱溝與纖毛，下位小穗兩性，與相鄰穗柄節間和穗軸一起早落，背腹壓扁，小花基盤被毛，外穎窄長披針形，紙質，微隆起且表面具一孔紋，先端具 2 脊，脊上具剛毛，先端表面微被長柔毛，內穎蠍尾狀，中脈具脊，脊上光滑或被剛毛，先端漸尖；上位小穗具柄，退化僅具短柄狀。

▲外穎窄長披針形，表面明顯具一孔紋。

◀指狀總狀花序緊縮狀，頂生於莖稈先端。

銀鱗草

Briza minor L.

科名| 禾本科 Poaceae（Gramineae）　　花期| 1 2 3 4 5 6 7 8 9 10 11 12

英文名| lesser quaking-grass, little quaking grass, shivery grass

　　原產地中海地區，現已廣布於世界各地。臺灣北部低海拔山區與平野偶見。喜歡小花的人們可能不少，可是喜歡小穗的人可是少之又少，可能是小穗沒有顯而易見且討喜的花色與外型，或是它們通常矮小又難以察覺。銀鱗草可能是少數小穗中外型討喜的，不僅小穗的穎與外稃帶有銀色光澤，穎和外稃的基部癒合，讓小穗彷彿飽滿的銀鈴，懸掛在精心設計的吊桿上隨風擺盪。可惜銀鱗草的植株矮小，得要彎下腰才能欣賞它的美；加上在臺灣只生長於北部都會區草坪上，得在寒意未退的春季才能尋得它精緻的美感。

| 形態特徵 |

　　一年生草本，稈直立，葉片線形，兩端漸尖，葉舌膜質，舌狀；展開圓錐花序頂生，小穗內含4～8朵小花，下垂，球形至錐形，花梗纖細，穎基部癒合狀，紙質，3脈，先端圓，外穎與內穎卵形，外稃基部癒合狀，中部革質，表面光滑，具7～9脈，內稃約2/3外稃長，扁平，脊上具窄翼。

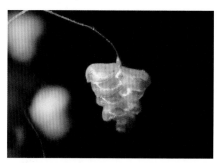

▲小穗的穎與外稃帶有銀色光澤，彷彿飽滿的銀鈴。

◀展開圓錐花序頂生，小穗球形至錐形下垂。

蒺藜草

Cenchrus echinatus L.

科名｜ 禾本科 Poaceae（Gramineae）

花期｜ 1 2 3 4 5 6 7 8 9 10 11 12

別名｜ 刺殼草

英文名｜ southern sandbur

　　原產熱帶美洲，歸化於全球多數溫帶地區；臺灣歸化於全島低海拔砂質地。由於小穗被硬質被刺總苞包圍，所以又名「刺殼草」；它與菊科的大花咸豐草（*Bidens pilosa* var. *radicata*）一樣，常鉤附在行人的褲管或鞋帶上，藉此散播果實、拓展族群，因此，大花咸豐草的閩南語稱為「恰查某」，而蒺藜草被稱為「恰查某仔」。其實「蒺藜」就是古代的一種兵器，有如流星鎚般堅硬的球體，表面有許多棘刺，臺灣南部都會區及濱海常見的「蒺藜（*Tribulus terrestris*）」，果實也是如此堅硬而多刺。

| 形態特徵 |

　　一年生草本，稈稍微壓扁狀，基部曲膝且常生根；葉鞘具脊，於基部交疊，葉舌一圈毛；總狀花序頂生，披針形小穗3～6枚，小穗先端漸尖，包裹於一硬質刺總苞中，硬質刺總苞基部截形，寬與高近等長或稍寬，表面被毛，硬刺約10枚，表面被長柔毛，直立或向內側微彎。

◀雙子葉植物「蒺藜」的球形果實表面多棘刺，與蒺藜草有異曲同工之妙。

◀蒺藜草又名「刺殼草」，小穗隱身於堅硬的球狀總苞中。

▲有被它黏住衣服的經驗，就知道它可不是好惹的。

孟仁草

Chloris barbata Sw.

科名 | 禾本科 Poaceae（Gramineae）

別名 | 紅拂草、拂塵草

英文名 | swollen fingergrass

花期 | 1 2 3 4 5 6 7 8 9 10 11 12

　　孟仁草為全球廣泛分布的禾草，在臺灣的虎尾草屬植物中，只有「孟仁草」的不稔小花倒卵狀圓形至圓形，外稃膨大成球狀，其餘同屬成員者皆為倒卵形至倒披針形，呈兩側壓扁狀。由於花序常為紅色或紫紅色，如同道士常配帶的拂塵，所以又稱「紅拂草」。除了孟仁草外，臺南都會區及澎湖一帶尚有一種局限分布的「臺灣虎尾草（*C. formosanus*）」，其指狀總狀花序緊攏，不若孟仁草開展；雖然在上述區域內數量頗豐，卻不見其他地區分布，加上其他地區僅見於廣東沿海，為全球級的稀有植物。

| 形態特徵 |

　　一年生直立至斜倚草本；葉鞘壓扁狀，葉片寬可達 1 cm，葉面光滑或疏被柔毛，葉背光滑，葉舌白色膜質，先端截形；頂生開展或緊縮指狀總狀花序，小穗皆為兩性，總狀花序分支達 6 cm 長，倒卵形小穗單生，兩側壓扁，小穗內含 2～4 朵小花；小花外稃先端具芒；長橢圓形穎果橫切面呈三角形。

▲孟仁草的花序有如紅色的拂塵般，又名紅拂草。

▲穎果成熟後小花脫落，只剩下宿存的穎，花序顯得稀疏許多。

相似種辨識

臺灣虎尾草

花序草褐色；不稔小花 1 朵，倒卵形，先端鈍。

▶臺灣虎尾草生長在臺南沿海與澎湖一帶，指狀花序緊攏而不常張開。

垂穗虎尾草

Chloris divaricata R. Br.

科名｜　禾本科 Poaceae （Gramineae）

花期｜ 1 2 3 4 5 6 7 8 9 10 11 12

英文名｜　spreading windmill grass

　　垂穗虎尾草原產澳洲，現已歸化於琉球群島及北美洲；近日歸化於臺灣中部、南部及東部一帶公園草坪或花圃，近年來數量急遽增加，可能成為未來中部地區的雜草。與臺灣產虎尾草屬植物直立的指狀穗狀花序相比，其指狀穗狀花序多為平展；此外，垂穗虎尾草的植株常較其他臺灣已紀錄的虎尾草屬種類矮小；垂穗虎尾草的葉尖鈍形，與臺灣已知的其他虎尾草屬植物皆不同。本種另一變種澳洲虎尾草（*C. divaricata* var. *cynodontoides*）歸化於澎湖地區。

| 形態特徵 |

　　多年生直立具走莖草本；葉片線狀披針形，先端鈍；頂生指狀總狀花序具總狀花序分支 5 ～ 8 枚，小穗披針形，單生並互生於花序分支；小花先端凹陷處具一長芒，第二小花不稔；穎果長橢圓形，剖面三角形。

相似種辨識

澳洲虎尾草

花序分支上舉至斜倚。

▶ 澳洲虎尾草為垂穗虎尾草的變種，花序分支較為硬挺。

▲雖然是新近歸化的禾草，卻已在中部都會區成片生長。

蓋氏虎尾草

Chloris gayana Kunth

科名｜ 禾本科 Poaceae （Gramineae）　　花期｜ 1 2 3 4 5 6 7 8 9 10 11 12

英文名｜ hunyanigrass, rhodes chloris, rhodes grass, rhodesian blue grass

　　原產非洲，現已廣布於全球乾燥或開闊草地；臺灣平野至中海拔山區林緣可見。蓋氏虎尾草為早年引進的水土保持用草，常以種實撒布的方式來穩固邊坡或進行水土保持，雖然原產非洲，卻能以旺盛的生命力征服臺灣多變的地形與迥異的氣候條件，但是在都會區內，蓋氏虎尾草最容易出現在河岸邊的堤防草坡，作為河濱地區有效的水保用草。

| 形態特徵 |

　　多年生，莖稈達 1 m 高，直立、斜倚或具長走莖，節間表面光滑；葉鞘長於節間，葉基鈍，先端銳尖至鈍，葉襟具長柔毛，葉舌膜質，先端鈍且具有不規則齒緣；指狀總狀花序頂生，小穗兩性，兩側壓扁狀，倒卵形，穗柄被毛，小花自穎上脫落，外穎卵形，脊上光滑或具剛毛，先端銳尖，內穎卵形，脈上被剛毛；內含 2～3 朵小花，第一小花兩性，第一小花外稃倒卵形，先端鈍，具 3 脈，先端具直芒；第二小花與第三小花中性，內稃闕如。

▲指狀總狀花序頂生於莖稈。

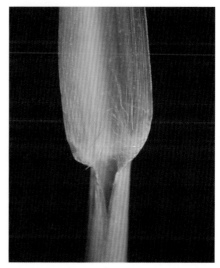

▲葉襟具長柔毛，葉舌膜質，先端鈍且具有不規則齒緣。

◀小穗內第一小花外稃倒卵形，先端鈍，先端具直芒與長柔毛。

375

竹節草

Chrysopogon aciculatus（Retz.）Trin.

科名｜　禾本科 Poaceae （Gramineae）

花期｜ 1 2 3 4 5 6 7 8 9 10 11 12

別名｜　地路蜈蚣、黏人草

英文名｜　golden false beardgrass

　　廣布於亞洲熱帶地區山地及平原，常見於臺灣平地草原，其匍匐莖耐踩踏；為良好的護坡及水土保持植物；但竹節草的小穗結實後堅硬，常卡在褲襪上造成不適感，與大花咸豐草、翅果假吐金菊、蒺藜草的傳播機制相似，雖然這樣的皮肉之痛「爽到」這些野花野草，卻「堅苦」到這群自然愛好者，故需特別留意。

| 形態特徵 |

　　多年生草本，具匍匐根莖及長走莖；葉舌短，葉片線形，先端圓至鈍；花莖直立，紫紅色圓錐花序頂生，下部花序分支輪生，小穗 3 枚一組，包含 1 枚下位無柄可稔小穗及 2 枚有柄上位不稔小穗，下位小穗小花基盤延長呈柄狀，外穎披針形，被剛毛。

▲竹節草藉由密生葉片的長走莖擴展地盤。

▲竹節草的圓錐花序分支先端簇生紫紅色小穗。

狗牙根

Cynodon dactylon（L.）Pers.

科名｜　禾本科 Poaceae（Gramineae）

別名｜　鐵線草、百慕達草、絆根草

英文名｜　dog's tooth grass

花期｜ 1 2 3 4 5 6 7 8 9 10 11 12

　　全球廣布種；臺灣野外自生或栽培，狗牙根的栽培品系稱為「百慕達草」，為節間短而葉片密集的品系。狗牙根具有深埋於地底的根莖，所以容易隨著介質的搬運而落地生根，也容易在新鋪草坪後從土壤冒出頭來；當花圃都長滿後，便會長出走莖來，想要跨越圍籬、磚牆而出。狗牙根的花序雖為指狀花序：花序分支由花序軸頂端分出，小穗基部卻無柄，直接生長於花序分支的節上，組成穗狀花序分支；只是狗牙根的小穗這麼渺小，想要仔細觀察可得睜大眼睛。

| 形態特徵 |

　　多年生草本，具地下根莖，稈纖細；葉線形，先端銳尖，葉舌為一圈短毛，先端平截，葉鞘上端開口被毛；展開狀指狀穗狀花序，穗狀花序分支可達 6 cm，綠或紫色小穗卵狀長橢圓形，明顯兩側壓扁，內含 1 朵小花，於總狀花序分支上排成兩列，成熟時自穎上脫落。

▲小穗著生於指狀花序分支一側，露出的花藥懸垂。

◀狗牙根的根莖有時長出地表，呈現走莖般蔓延。

龍爪茅

Dactyloctenium aegyptium（L.）P. Beauv.

科名｜ 禾本科 Poaceae（Gramineae）	**花期｜** 1 2 3 4 5 6 7 8 9 10 11 12

別名｜ 竹目草、埃及指梳茅

英文名｜ egyptian grass

　　舊世界熱帶地區分布；臺灣全島濱海、平野至低海拔地區可見；龍爪茅的穗狀花序分支常 4 ～ 5 枚，小穗密生有如龍鱗，分支先端的小穗脫落時突出有如指甲，難怪被取了「龍爪茅」一名。

| 形態特徵 |

　　一年生至多年生匍匐或斜倚草本，稈多少呈壓扁狀，表面光滑，較長節間分支先端常具數枚短分支；葉舌短，葉片扁平，常具波狀緣；指狀穗狀花序頂生，穗狀花序分支 2 ～ 7 枚，常為 4 ～ 5 枚，小穗外穎與內穎先端具一短而粗壯的芒；穎果球形，表面具皺紋。

▲龍爪茅是都會略為乾燥草坪上的常見禾草。

雙花草

Dichanthium annulatum（Forsk.）Stapf

科名｜　禾本科 Poaceae（Gramineae）

英文名｜　kleberg's bluestem

花期｜ 1 2 3 4 5 6 7 8 9 10 11 12

　　廣泛分布於印度、緬甸、熱帶及北部非洲；現已廣泛引進多國供飼料用。臺灣南部路旁荒地及田野常見。本屬在臺灣南部都會區及近郊尚有一成員：毛梗雙花草（*D. aristatum*），其花序分支基部密被絨毛，可輕易與雙花草相區分。

| 形態特徵 |

　　多年生叢生草本，稈質硬，節上光滑至表面密被短絨毛；葉片表面被墊狀絲狀毛；淺紫色至褐色指狀總狀花序頂生，花莖先端光滑或被疏毛，總狀花序分支 2 ～ 8 枚，小穗成對，上位小穗者有柄，下位小穗者無柄；小穗第二小花外稃為一長而具芒柱的芒。

▲雙花草是全臺可見的都會常見禾草。

◀剛抽出的花序分支色淺，隨後由金黃色轉為紅棕色。

379

小馬唐

Digitaria radicosa（J. Presl）Miq.

科名 | 禾本科 Poaceae（Gramineae）　　　花期 | 1 2 3 4 5 6 7 8 9 10 11 12

英文名 | trailing crabgrass

　　東南亞、中國大陸、玻里尼西亞；臺灣全島開闊砂質地及花圃、盆栽內常見。

| 形態特徵 |

　　一年生草本，莖基部匍匐具分支，表面光滑；葉片披針形，葉鞘光滑，短於節間；葉舌膜質；指狀總狀花序頂生，具 2 ～ 3 枚總狀花序分支，穗柄具翼，邊緣全緣或疏被齒緣，成對小穗同型，皆可稔，小穗窄披針形，具不等長穗柄，穗柄剖面三角形。

▲小馬唐常見於都市的草坪或盆栽中。

◀小馬唐的小穗排列成指狀總狀花序。

紫果馬唐

Digitaria violascens Link

科名 | 禾本科 Poaceae（Gramineae）　花期 | 1 2 3 4 5 6 7 8 9 10 11 12

英文名 | violet crabgrass

　　全球熱帶地區廣泛分布；臺灣向陽地常見雜草。馬唐屬（*Digitaria*）具有纖細的指狀花序，小穗單生或成對地生長於花序分支一側，對於鑑定禾草的人來說，分辨屬別不成問題，但是若要鑑定它是哪一種，就非得利用高倍率的解剖顯微鏡了。還好紫果馬唐的小穗橢圓形，與臺灣產其他本屬成員比較起來相對微小許多，加上小穗會成對甚至 3 枚一組地互生於指狀總狀花序分支上，因此辨識度極高。

| 形態特徵 |

　　一年生叢生草本，葉鞘短於節間；褐色葉舌膜質，先端截形，早凋；指狀總狀花序頂生，總狀花序分支 3～9 枚，纖細，穗柄光滑，扁平狀，邊緣鋸齒緣，不等長，橢圓形小穗成對或 3 枚簇生，表面多少被伏毛，外穎闕如，內穎脈間被白色毛，第二小花外稃於穎果成熟時呈褐色至黑紫色。

▲小穗成對地排列在花序分支上。

▲花序分支從花莖頂端放射而出，部分個體的花莖被有細毛。

◀紫果馬唐的指狀總狀花序纖細，常常讓人忘記它的存在。

381

牛筋草

Eleusine indica（L.）Gaertn.

科名	禾本科 Poaceae（Gramineae）
別名	蟋蟀草、牛頓草、牛信棕
英文名	Indian goosegrass

花期｜ 1 2 3 4 5 6 7 8 9 10 11 12

　　全球熱帶及亞熱帶廣泛分布；臺灣全島平野、濱海及淺山分布；牛筋草的根系發達，難以用徒手拔起，排灣族的洪水傳說中，有藉由抓住此草以避免被洪水沖走的傳言，因此不可將它自農地中刈除，傳神地描述了嘗試徒手拔起牛筋草時辛苦的模樣。其實牛筋草也克難地生長在路旁，生長在機器除草嚴重或人們常踩踏的操場、路旁時，它的莖稈便倒臥呈放射狀，花序軸也呈倒臥狀；一旦當地缺乏干擾，它便直立起身軀，肆無忌憚地大肆冒出嫩葉，抽出直立的花序。牛筋草的花序為指狀花序，但花序軸下方總是附帶著一兩枚落單的花序分支。

| 形態特徵 |

　　一年生草本，根系發達，深入土內，稈叢生，常斜倚，偶為直立；葉線形，先端鈍，葉鞘壓扁狀，具龍骨，葉舌約 1 mm 長；指狀穗狀花序 1 至數支，穗狀花序分支輪生於先端外，常於下方具 1 枚單生花序分支，小穗兩側壓扁，具 4 至多朵可孕小花；胞果卵形，腹側具溝，表面具波紋。

▶花序分支由許多單側排列的小穗組成。

▶牛筋草的花序分支排列成指狀。

鯽魚草

Eragrostis amabilis（L.）Wight & Arn. ex Nees in Hook. & Arn.

科名｜ 禾本科 Poaceae （Gramineae）　　花期｜ 1 2 3 4 5 6 7 8 9 10 11 12

英文名｜ japanese lovegrass

　　舊世界熱帶地區廣泛分布；臺灣全島低海拔常見。鯽魚草的穎果成熟時，穎果被外稃及內稃包圍，連同具關節的穗軸一併，自小穗先端依序向基部脫落。有關「鯽魚草」一名的由來，有人認為它的圓錐花序恰如鯽魚的長度般，也有人覺得是因為花序貌似鯽魚的卵塊而得名；看來鯽魚草令人印象深刻的，就是它開展而密布小穗的圓錐花序。

| 形態特徵 |

　　一年生纖細草本，稈基部常曲膝，節 3 ～ 4 枚；葉舌為一圈短毛；長橢圓狀圓錐花序頂生，腋處膨大且被毛，小穗具 4 ～ 8 朵小花，穗軸於穎果成熟時自末端往基部脫落，穎於穎果成熟時掉落，內稃脊上被長纖毛，纖毛於穎果成熟時展開；穎果卵形。

▲小穗排列於圓錐花序分支的一側。

▲即使是都會的柏油路面，只要有些許空間也能生長。

多桿畫眉草

Eragrostis multicaulis Steud.

科名｜ 禾本科 Poaceae（Gramineae）　　花期｜ 1 2 **3 4 5 6 7 8 9** 10 11 12

英文名｜ hairy love grass, indian lovegrass, jersey love-grass

　　原產印度、東南亞與東亞，臺灣路旁、荒地或花盆內常見雜草。多桿畫眉草的花序與莖稈纖細，小穗細小且不顯眼，即使它是全臺灣可見的小型禾草，也很難引起多數人的注意力。畫眉草屬植物的小穗具有多數小花，且小花皆為兩性花，但是穎果成熟時，不同種類的穎片、外稃與內稃的脫落順序有所不同。多桿畫眉草的穎果成熟時，穎片與外稃會依序由基部往末梢脫落，穎果脫落時內稃會同時脫落，加上多桿畫眉草的圓錐花序開展，花序主軸與分支間光滑，可以讓有興趣的小小觀察家加以區分。

| 形態特徵 |

　　稈叢生，直立或斜倚，基部曲膝，葉鞘壓扁狀具脊；葉舌一圈毛；開展圓錐花序頂生，基部分支輪生，腋處光滑；小穗綠色，穎微小，膜質，不等大，於穎果成熟時脫落；外穎窄且脈不清楚，內穎長橢圓狀卵形，具 1 脈；外稃具脊，膜質，側觀時近卵形，具 3 脈，於穎果成熟時脫落，內稃膜質，具 2 脊，先端凹陷，宿存或較晚脫落，穎果表面具縱向皺紋。

▲多桿畫眉草的開展圓錐花序頂生，基部分支輪生，腋處光滑。

◀小穗綠色，穎微小，具有多朵小花。

薄葉畫眉草

Eragrostis tenuifolia（A. Rich.）Hochst. ex Steud.

科名｜ 禾本科 Poaceae（Gramineae） 　　花期｜ 1 2 3 4 5 6 7 8 9 10 11 12

英文名｜ elastic grass

　　原產中南半島、華南、馬達加斯加及熱帶非洲，且被引進至墨西哥、澳洲、馬來亞、新幾內亞、菲律賓、南美洲及夏威夷，自 90 年代起，薄葉畫眉草迅速於中南半島及東南亞擴散。薄葉畫眉草耐踩踏、刈除、火燒，稈具韌性且極難用手拔除，因此英名稱為 elastic grass。2007 年本種已為臺灣西部路旁、荒地、公園草坪的雜草，且仍在擴展中。

| 形態特徵 |

　　多年生叢生草本，稈直立或膝曲，節上生根；葉鞘光滑，邊緣被纖毛，葉舌為一圈毛，葉片線形，具明顯主脈及 2 條側脈；頂生圓錐花序展開，花序分支腋處被長柔毛，小穗線形，兩側壓扁，外觀鋸齒緣；外穎無脈，外稃披針形，於穎果成熟時脫落，內稃宿存；穎果橢圓體，壓扁狀，剖面四角形，背側具溝，表面具網紋。

◀葉鞘邊緣明顯被纖毛。

▲花序的每一處分支，都有明顯的纖毛。

假儉草

Eremochloa ophiuroides（Munro）Hack. in DC.

科名｜　禾本科 Poaceae（Gramineae）　　　花期｜ 1 2 3 4 5 6 7 8 9 10 11 12

英文名｜　centipedegrass

　　分布於中國南部及越南；臺灣各地廣泛利用此一草坪用草，可於貧瘠土壤上形成密生草坪。假儉草具有粗壯而延長的根莖，加上葉片平鋪但略革質，能夠栽培為成片的草坪加以鋪設，形成長年翠綠的庭園草坪。假儉草的近緣物種多具有成對小穗著生於花序軸上，其中上位小穗具柄且多數不稔；假儉草也不例外，只是它的上位小穗極為特化，與下位小穗、花序軸崁合成圓柱狀的花序，因此看起來就像單側排列的穗狀花序，但是它的下位或上位小穗其實都具有短柄，因此是極為特化的總狀花序。

| 形態特徵 |

　　具根莖多年生草本，稈叢生，葉片自中脈折疊成壓扁狀或否，葉背及邊緣被短毛，葉舌膜質；總狀花序頂生，成對小穗二型，下位小穗無柄，上位小穗退化至僅存穗柄；下位小穗長橢圓形，壓扁狀，外穎近革質，長橢圓形，先端具 2 枚翼狀突起，基部反捲狀，具不明顯 9 脈，表面光滑，內穎近革質，披針形，邊緣反捲，3脈。

▲總狀花序頂生於莖稈先端。

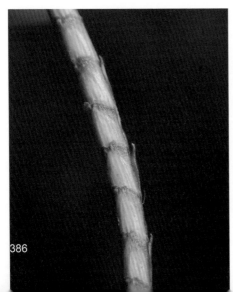

◀上位小穗、下位小穗和花序軸崁合成圓柱狀。

扁野黍

Eriochloa contracta Hitchc.

科名 | 禾本科 Poaceae（Gramineae）

英文名 | prairie cupgrass

花期 | 1 2 3 **4 5 6 7 8 9** 10 11 12

　　原產美國中部，現歸化於臺灣北部低海拔向陽草地。野黍屬（*Eriochloa*）植物的小穗基部具有膨大的關節，小穗最基部的外穎極度特化並且包裹關節表面，讓膨大的關節更加明顯。當穎果成熟時，小穗的內穎、第一小花外稃與第二小花會持續地包裹穎果一併脫落。扁野黍是近年引進臺灣的草坪與護坡植物，莖稈與花序纖細的它，在全日照的環境下不容易發現，但是它的花序軸表面疏被有長纖毛，與臺灣已知的其他野黍屬植物不同，或許下回就能夠在都會區內的草坪上發現它的身影。

| 形態特徵 |

　　多年生，稈直立，節上漸無毛，展開長柔毛；葉鞘基部先端膨大，微被毛，表面被疏生伏毛，葉襟疏被毛，葉舌具一圈毛；複總狀花序頂生，花序軸疏被毛，總狀花序分支 3 ～ 5 枚，穗柄先端具少數毛，穗軸膨大，被長柔毛；小穗披針形，內穎卵形，先端銳尖，5 脈，脈間疏被伏毛，第一小花無柄，外稃與內穎相似；第二小花外稃卵形，先端卵形具短芒，邊緣反捲，內稃廣卵形，先端圓，邊緣反捲，脈間具小尖突；穎果扁卵形，黑色。

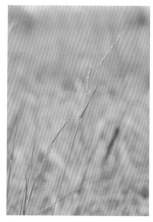

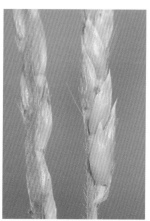

▲指狀總狀花序的花序分支有時緊攏，加上莖稈纖細，在豔陽下難以發現。

▲小穗基部具有膨大的關節，外穎包裹關節表面，讓膨大的關節更加明顯。

▲花序分支表面與穗柄先端具少數毛，穗軸膨大且被長柔毛。

高野黍

Eriochloa procera（Retz.）C. E. Hubb.

科名｜　禾本科 Poaceae（Gramineae）　　　　花期｜ 1 2 3 **4 5 6 7 8 9 10 11** 12

英文名｜　cupgrass, tropical cupgrass, spring grass

　　分布於南亞、東南亞與中國，臺灣常見於中南部，生長於潮溼處或溼地。高野黍為原產亞洲的野黍屬植物，與其他同屬植物一樣，高野黍的小穗基部具有膨大且被外穎包被的關節，加上包被處常為紫色，因此格外顯眼。高野黍的頂生花序多為複總狀花序，也就是由許多總狀花序分支依序單生於頂生的直立花序軸上，雖然總狀花序分支還是具有小分支，但是這些小分支往往緊靠在分支上，遠看小分支就像消失了一樣。不過，有時這些小分支會展開，看來就像圓錐花序一樣開展，因此有些分類學者將其細分為若干變種。

| 形態特徵 |

　　多年生草本，稈叢生，節上具有順向伏毛；葉片光滑，葉鞘具脊，表面光滑，葉舌為一圈白毛；複總狀花序具有多數分支，偶呈圓錐狀，穗柄扁平漸無毛，穗軸先端具長纖毛，先端常為紫色，內穎微短於小穗，第一小花外稃與內穎相似，第二小花外稃淺色，表面具微突起，先端具有約 0.5 mm 長的被剛毛短芒。

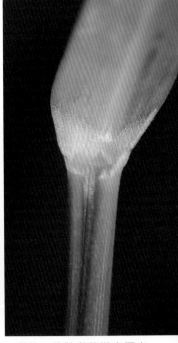

▲高野黍為多年生禾草，稈叢生。

▲高野黍小穗基部具有膨大且被外穎包被的關節，常為紫色而格外顯眼。

▲葉片、葉鞘與葉襟表面光滑，葉舌為一圈白毛。

扁穗牛鞭草

Hemarthria compressa（L.f.）R. Br.

科名｜　禾本科 Poaceae（Gramineae）

英文名｜　whip grass

花期｜ 1 2 3 4 5 6 **7 8 9 10 11 12**

禾本科

　　原產於南亞、東南亞與東亞；臺灣常見於低海拔河岸或潮溼地。扁穗牛鞭草是臺灣都會區河岸、潮溼地與低海拔可見的禾草，植株高度多變，常間生於灌叢或草叢中，亦可供牧草用。扁穗牛鞭草的莖稈壓扁狀，因此莖稈表面可以見到 2 條稜脊，葉鞘也呈壓扁狀而具脊，互生於莖稈的稜脊上；扁穗牛鞭草的花序就從葉鞘中伸出，由於腋生的花序數目略有不同，導致植物體的外觀多變，也迥異於其他河濱公園與河岸可見的禾本科植物。

| 形態特徵 |

　　稈直立至斜倚，基部匍匐狀分支且生根，葉片先端鈍，表面光滑，葉舌為一圈短毛，葉鞘表面光滑，短於節間；穗狀花序頂生或腋生，偶多枚叢生，穗柄癒合，與下位小穗近等長，小穗成對，無柄下位小穗深陷於穗柄癒合成的軸中，穎革質，外穎卵狀披針形，背側平坦；內穎舟狀，與小穗近等長，第一小花不稔，第一小花外稃膜質；第二小花外稃稍短於第一小花內稃；穎果卵圓形。

▲小穗成對，無柄下位小穗深陷於穗柄癒合成的軸。

◀穗狀花序頂生或腋生，偶多枚叢生。

黃茅

Heteropogon contortus（L.）P. Beauv. ex Roem. & Schult

科名 | 禾本科 Poaceae （Gramineae） 花期 | 1 2 3 4 5 6 7 8 9 10 11 12

英文名 | black speargrass, bunch speargrass, bunched spear grass, pili, spear grass, steekgras, tanglehead, twisted beardgrass

　　廣布於熱帶地區，可分布至喜馬拉雅山區；臺灣中南部低海拔與平野、海濱可見。黃茅在臺灣南部都會區的海濱與乾燥荒地可見，由於莖稈叢生且斜倚狀，就像地上長出一個大型鳥巢一樣，這個大鳥巢的莖稈先端具有形態特別的花序，花序基部由許多彼此重疊的綠色小穗組成。這些小穗不具有雄蕊與雌蕊，外觀僅可見到綠色的外穎；花序先端則是具有長芒的小穗，而且能夠結出穎果；當穎果成熟時，先端的長芒如果鉤附在其他動物體表，就能被攜帶到遠處進行傳播。當穎果隨著長芒落了地，長芒上的芒柱就會因為環境溼度的變化而扭轉，把穎果直接鑽進地底，藉以躲過其他動物的捕食與環境的乾旱，等待來年雨季到來後發芽成長。然而，如果沒有其他動物經過，這些長芒也會彼此扭轉，導致許多穎果與長芒成團地堆積在莖稈先端，十分逗趣。

| 形態特徵 |

　　根莖粗壯，稈叢生而斜倚，葉片邊緣粗糙，葉舌一圈毛，葉鞘扁平具脊，長於節間；總狀花序單一，花序基部小穗覆瓦狀，雄性或不稔且宿存，先端無芒；花序先端小穗成對，下位小穗無柄，圓柱狀，表面被褐色毛，先端具長且粗壯芒，芒柱銳尖；穎革質，背側圓，內穎具2脈，邊緣膜質，第二小花外稃線形，膜質，芒具扭轉且被毛芒柱。

▲總狀花序單一，開花時可見花序基部小穗覆瓦狀，雄性或不稔，先端無芒；先端小穗成對，先端具長且粗壯芒。

◀黃茅的莖稈叢生而斜倚，抽穗時極為壯觀。

纖毛鴨嘴草

Ischaemum ciliare Retz.

科名 | 禾本科 Poaceae（Gramineae）

花期 | 1 2 3 4 5 6 7 8 9 10 11 12

別名 | 印度鴨嘴草

英文名 | indian muraina grass, smutgrass

　　廣泛分布於印度至東南亞，臺灣常見於開闊草地。鴨嘴草屬（*Ischaemum*）植物的頂生花序常具有 2 枚對生分支，花序分支在發育與開花期間時常緊密嵌合，加上質地往往為革質，就像鴨子厚而扁平的喙一樣緊閉密合而得名。在臺灣，纖毛鴨嘴草為最常見的鴨嘴草屬植物，以往稱為「印度鴨嘴草」，其莖稈節上明顯具長開展柔毛，可與其他同屬植物相區隔。雖然是臺灣原生的廣布種，近年臺灣部分邊坡也被撒布了「莖稈較為高大，頂端具有多數花序分支簇生」的族群，節上同樣具有長柔毛，因此應為近期引進的外來族群。

| 形態特徵 |

　　稈斜升或斜倚，節上被長柔毛，基部節長鬚根。葉舌半圓形，上緣具纖毛，葉線狀披針形。指狀總狀花序頂生或腋生，花序分支 2～4 枚，對生或互生；穗軸膨大，截面三角形。小穗成對，倒卵形，成對小穗近相似；外穎革質，上半部具龍骨，龍骨上具翅，邊緣具剛毛，先端 2 叉，7 脈；內穎披針形，外稃膜質，第二小花外稃 3 脈，先端具 2 裂片，具脊，且邊緣具緣毛，具芒，自 2 裂片間伸出，內稃膜質，具 2 脊。

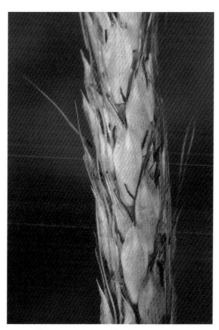

▲小穗成對而相似，外穎革質，上半部具龍骨且具翅。

◀纖毛鴨嘴草的花序頂生或腋生，常具有 2 枚對生分支。

竹葉草

Oplismenus compositus（L.）P. Beauv.

科名｜ 禾本科 Poaceae（Gramineae）

別名｜ 大縮箬草

英文名｜ running mountaingrass

花期｜ 1 2 3 4 5 6 7 8 9 10 11 12

全球熱帶地區廣泛分布，臺灣北部平地、林下及中南部淺山可見；竹葉草的小穗具有能分泌黏液的芒，與蒺藜草、淡竹葉（*Lophatherum gracile*）等利用鉤附方式傳播者不同；當人畜行經時，會黏附在體表，藉以傳播。臺灣平野尚有另一同屬植物：求米草（*O. hirtellus*），同樣會利用具黏性的芒進行動物傳播；求米草的花序不呈圓錐狀，而是單一的總狀花序頂生，基部偶具短分支，可與竹葉草相區隔。

▲小穗先端的芒會分泌黏液，藉以黏附於行人體表。

| 形態特徵 |

一年生斜倚草本，稈至 1 m 長，基部節處生根；葉片披針形至卵狀披針形，先端銳尖或漸尖，基部稍歪基，多少被疣狀直毛，邊緣具纖毛或剛毛，葉舌透明質，先端截形，被纖毛；三角形圓錐花序，花序分支 6 ～ 10 枚，紫色小穗間有明顯空隙，小穗狹卵形，穎先端具芒，第二小花外稃先端具側向壓扁的脊。

▲未開花時植株平鋪地表，為北部都會偶見的天然地被。

相似種辨識

求米草

花序總狀至窄圓錐狀，上半部僅具簇生小穗。

◀求米草的花序總狀，近基部偶具短分支，與竹葉草極為近緣。

▲竹葉草的總狀花序分支排列成圓錐狀。

鋪地黍

Panicum repens L.

科名｜　禾本科 Poaceae （Gramineae）　　花期｜ 1 2 3 **4 5 6 7 8 9 10 11 12**

別名｜　匍地黍、枯骨草、硬骨草、苦拉丁、枯藍丁、匐野稗

英文名｜　torpedo grass

　　泛熱帶分布，臺灣全島向陽乾草原至潮溼地可見，尤以中南部常見。鋪地黍的生長環境多變，從乾燥的草生地到水塘邊，都可以看到它的蹤影；在潮溼的水邊，鋪地黍甚至抽長了它的匍匐莖往水裡延伸，彷彿常見於草澤的李氏禾（*Leersia hexandra*）、柳葉箬（*Isachne globosa*）般，表現「輕功水上漂」的特技；它好身手的祕密就在於其中空的節間，能幫忙它漂浮於水面。

| 形態特徵 |

　　多年生直立或匍匐草本，地下莖發達；葉舌膜狀，先端截形，具纖毛，葉鞘光滑，葉片線形；頂生或腋生圓錐花序展開，小穗光滑，先端鈍，外穎廣卵形，長約小穗 1/3，具不顯著 7 條脈，內穎與第一小花外稃等長，卵形，具 9～11 脈，第二小花外稃卵形，光滑具光澤，堅硬。

▲鋪地黍的植株匍匐後斜倚，在平坦的草皮上顯得突兀。

▲小穗基部的外穎先端鈍形至平截。

▶鋪地黍疏鬆的圓錐花序，容易讓人忘記它的存在。

兩耳草

Paspalum conjugatum Berg.

科名│　禾本科 Poaceae（Gramineae）　　　花期│ 1 2 3 4 5 6 7 8 9 10 11 12

別名│　大肚草、毛穎雀稗、雙穗雀稗、澤雀稗、雙板刀、鐵線草、大板草、八字草

英文名│　hilograss

　　舊世界熱帶及亞熱帶，臺灣平地潮溼處。兩耳草的花序常具對生的頂生總狀花序分支，偶爾於下方多出一支花序分支，不像是動物的耳朵，反倒像是無線電視的天線；有時先端的花序分支微微互生，展現出雀稗屬（*Paspalum*）植物常具的「複總狀花序（racemose raceme）」。

| 形態特徵 |

　　多年生匍匐草本，具長走莖，稈壓扁狀，近實心；葉片線狀披針形，先端漸尖，兩面被柔氈毛，葉鞘被毛，壓扁狀，葉舌膜質，先端截形；複總狀花序頂生，總狀花序分支 2 ～ 3 枚，頂端 2 枚常對生，穗軸鋸齒狀，小穗單生，二列，卵形小穗具 2 朵小花，先端銳尖，第二小花外稃軟骨質，先端銳尖，邊緣內捲。

▶兩耳草的卵狀小穗整齊排列於總狀花序分支上。

▶兩耳草是都會草坪常用素材之一。

毛花雀稗

Paspalum dilatatum Poir.

科名| 禾本科 Poaceae（Gramineae）

別名| 達利雀稗、大理草

英文名| dallisgrass

花期| 1 2 3 4 5 6 7 8 9 10 11 12

　　原產南美洲，全球引進供牧草用並廣泛歸化；臺灣北部平野荒地及中部中海拔地區可見。毛花雀稗的花序分支上具有 4 列小穗，小穗邊緣具明顯的長柔毛，貌似混生的另一種雀稗屬植物：吳氏雀稗（*P. urvillei*），花序分支上同樣具有 4 列小穗，吳氏雀稗的花序分支排列成圓錐狀，可以輕易區分。

| 形態特徵 |

　　多年生直立草本，根莖短，稈叢生，粗壯而光滑，高可達 1 m；葉線形，無毛，基部截形；複總狀花序內含總狀花序分支 5 ～ 10 枚，穗軸腋間具長柔毛，卵形小穗，先端尖，綠色至紫色，成對小穗同型，成對互生於總狀花序分支上，一有柄另一近無柄，內穎與第一小花外稃相似，邊緣被長柔毛，表面疏被柔毛。

▲毛花雀稗的總狀花序分支多枚，集生成複總狀花序。

▲小穗卵形，邊緣被長柔毛。

◀每一總狀花序分支有 4 列小穗。

百喜草

Paspalum notatum Flugge

科名 | 禾本科 Poaceae（Gramineae）

英文名 | bahiagrass

花期 | 1 2 3 4 5 6 7 8 9 10 11 12

　　產熱帶美洲，現已廣泛栽培並歸化於全球熱帶及亞熱帶地區；起初引進臺灣供草坪用草與護坡用，現已逸出並歸化於臺灣草地、田邊、路旁、荒地或干擾地；百喜草具有粗大的根莖，花序為 2～3 枚總狀花序頂生而成複總狀花序，小穗長約 3 mm、卵形等特徵，可與臺灣產其他雀稗屬植物相區隔。百喜草有窄葉型（寬約 5 mm）及寬葉型（寬約 10 mm）等品系，為良好的水土保持用草。

| 形態特徵 |

　　多年生草本，根莖蔓生，稈直立，表面光滑；葉片線形，葉鞘表面光滑帶紫紅色，葉舌膜質，葉舌近基部具纖毛；頂生開展複總狀花序，總狀花序 2～3 枚，頂端 2 枚對生，小穗卵形，單生並互生於穗柄上，內穎與第一小花外稃卵形同型，具 5 脈；花藥與柱頭深紫色；穎果淺褐色。

▲小穗吐出紫色的花藥與雌蕊柱頭，只盼風兒協助傳粉。

▲遍地都是百喜草的 Y 形花序，好像天真的小孩開心地比「YA」！

吳氏雀稗

Paspalum urvillei Steud.

外來種

科名｜　禾本科 Poaceae（Gramineae）

花期｜ 1 2 3 4 5 6 7 8 9 10 11 12

英文名｜　vasey's grass

　　原產烏拉圭及阿根廷，引進至許多溫帶國家，臺灣路旁及荒地可見，尤以北部潮溼草地常見。吳氏雀稗的總狀花序分支較多，小穗邊緣被長柔毛，可供區隔。生長在較為乾燥的草地時，吳氏雀稗的花序分支排列較為密集，一旦長到水濱或潮溼地，它的花序軸便像一座拱橋般延長，彷彿另一種禾草般。

| 形態特徵 |

　　多年生草本，根莖短小，稈叢生；葉片基部光滑至疏被毛；葉鞘密布剛毛，鞘口被白毛；複總狀花序頂生，總狀花序分支 10 ～ 20 枚，成對小穗互生於總狀花序分支上，2 ～ 4 行排列，小穗卵形，先端銳尖，淡綠色稍帶紫色，邊緣密被長絹毛，內穎與第一小花外稃相似，第二小花外稃橢圓形，疊抱第二小花內稃；花藥與柱頭黑紫色。

▲與毛花雀稗相比，吳氏雀稗的總狀花序分支常呈圓錐狀排列。

▲吳氏雀稗是北部河濱公園最常見的高大禾草。

◀卵形的小穗邊緣具有長而柔軟的毛。

加拿麗鷸草

Phalaris canariensis L.

科名 | 禾本科 Poaceae（Gramineae）　　花期 | 1 2 **3 4 5 6 7** 8 9 10 11 12

英文名 | annual canarygrass, canary grass, common canary grass. common canarygrass

　　原產地中海西部；在臺灣零星引進。鷸草屬（*Phalaris*）植物的小穗外圍具有大而明顯的穎片，包裹著中央的三朵小花，其中基部的二朵極度退化成鱗片狀，因此時常被觀察者忽略。穎果常被作為鳥飼料與固坡草籽使用，加拿麗鷸草也不例外，許多都會區內的加拿麗鷸草都生長在鳥類聚集的公園草坪或林緣，極有可能是人為撒布的百草籽中還有生命力旺盛的穎果所致。除此之外，加拿麗鷸草的小穗穎片白色，表面具有鮮明的綠色條紋，因此也能栽培收成後作為乾燥花使用。

| 形態特徵 |

　　一年生草本，全株光滑，稈疏叢生，表面光滑；葉片表面光滑；葉鞘圓柱狀，略短於節間，葉舌先端鈍；圓錐花序長橢圓形至錐狀，小穗倒卵形，具三朵花，極為壓扁狀，穎近等長，與小穗近等長，穎具 3 脈，先端驟壓扁狀，脊尖銳，具廣翼；第一與第二小花僅具外稃，極為退化；第三小花外稃表面被毛，廣卵形，先端銳尖，革質；第三小花內稃長橢圓形，具 2 脈；

▲加拿麗鷸草的小穗穎片白色，表面具有鮮明的綠色條紋，因此也能栽培收成後作為乾燥花使用。

早熟禾

Poa annua L.

科名	禾本科 Poaceae （Gramineae）
別名	一年生早熟禾、早熟稻、發汗草
英文名	annual bluegrass

花期 | 1 2 3 4 5 6 7 8 9 10 11 12

　　全球廣布種。臺灣北部濱海至平地草地常見，中南部中至高海拔路旁常見。禾本科的科名為「Poaceae」，其便是由「早熟禾屬（*Poa*）」的字尾加上 -aceae 而來，因此本屬為禾本科的模式屬。早熟禾為臺灣產本屬植物中最常見者，自然也成為認識禾本科的好材料。雖然臺灣南北緯度差距不大，北部及東部卻因為冬季東北季風吹拂，冬季較為寒冷，使得生長於中南部中高海拔山區的物種，得以於北部低海拔及平地生長；早熟禾便是一例，加上早熟禾為極易辨別的禾草之一，極為適合進行這樣的觀察。

| 形態特徵 |

　　一年生或二年生直立草本；葉片線形，先端鈍形至漸尖，葉鞘弧形，葉舌膜質，圓形；頂生圓錐花序開展，花序分支光滑，小穗長橢圓形至卵形，具 3～4 朵小花，外稃卵形，膜質，具 5 脈，脈上被直柔毛，脈間光滑或偶疏被直柔毛，內稃卵形，具 2 脊，脊上有纖毛；小花基盤被直毛。

▲早熟禾為一年生的小禾草，常見於北部都會區草地。

▲早熟禾是本屬最常見的種類，小穗由許多綠色的小花組成。

基隆早熟禾

Poa sphondylodes Trin. var. *kelungensis*（Ohwi）Ohwi

科名｜　禾本科 Poaceae（Gramineae）　　　　花期｜ 1 2 3 4 5 6 7 8 9 10 11 12

臺灣特有變種。基隆早熟禾為 1935 年由大井次三郎發表，分布於基隆海濱的多年生草本；由於形態特徵與廣布於東北亞的原變種植物鐵線草（*P. sphondylodes*） 相似，但是莖稈較為粗壯，葉片排列較為密集，因此改列為臺灣產特有變種，分布於臺灣北海岸與宜蘭蘇澳的海濱岩岸裸露地，這樣的環境容易受到強烈的海風與冬季東北季風吹襲，以及強降雨時造成的岩石崩落所影響，不過它多年生的生長特性，能讓它在春末夏初之際重新抽出新苗。由於它的分布區域與濱海公路重疊，容易因為邊坡施工而常被結構物覆蓋，因此被臺灣維管束植物紅皮書初評名錄評定為接近威脅（NT）等級。

| 形態特徵 |

多年生草本，稈直立至斜倚，節間粗壯，葉舌白色膜質；開展或緊攏圓錐花序頂生，小穗單生，兩側壓扁，橢圓形至窄卵形，內含可稔小花多朵，小花基盤被疏生捲曲柔毛，外稃 5 脈，脈上及脈間光滑，內稃脊上被粗毛，脈間光滑。

▲基隆早熟禾為多年生草本，稈直立至斜倚。

▲開展或緊攏圓錐花序頂生。

◀葉舌白色膜質，為臺灣產早熟禾屬植物中較長而明顯者。

400

棒頭草

Polypogon fugax Nees

科名｜ 禾本科 Poaceae（Gramineae）

英文名｜ asia minor bluegrass

花期｜ 1 2 3 4 5 6 7 8 9 10 11 12

　　分布於日本、韓國、中國大陸、印度及非洲，常見於臺灣中北部平原草地、原野及全島中高海拔山區路邊或開闊地。棒頭草的花序長度多變，花序外觀隨著花序分支展開與否而異，有時被部分學者細分為多種。在臺灣，尚分布有一種「長芒棒頭草（*Polypogon monspeliensis*）」，其外內穎的芒約小穗3～5倍長，而棒頭草的外內穎芒與小穗等長或稍短，可與長芒棒頭草區分。

| 形態特徵 |

　　一年生叢生草本，稈基部膝曲；葉線形，葉舌先端具纖毛；緊縮圓錐花序貌似穗狀，花序長橢圓形，小穗長橢圓狀橢圓形，具 1 朵小花，穎披針狀長橢圓形，近等長且長於小花，表面粗糙，先端具一直芒自缺刻中伸出，外稃圓至橢圓形，先端近鈍形，具 5 枚齒狀突起，中央突起先端有一短芒；穎果橢圓形。

▲棒頭草的小穗先端具短芒，疏鬆的花序就像雞毛撢一樣。

長芒棒頭草

小穗先端芒約小穗 2～4 倍長。

▲長芒棒頭草為北部都會區偶見的野草。

401

單序草

Polytrias indica（Houtt.）Veldkamp

科名｜　禾本科 Poaceae（Gramineae）　　花期｜ 1 2 3 4 5 6 7 8 9 10 11 12

別名｜　三穗草

英文名｜　batiki bluegrass, indian murainagrass, java grass, toto grass

　　臺灣產禾本科蜀黍族植物中，穗軸上具有成對小穗，僅有竹節草與單序草例外，竹節草的穗軸上具有 1 枚下位小穗與 2 枚上位小穗，然而單序草的穗軸節上具有 2 枚下位小穗與 1 枚上位小穗，屬於較為特殊的禾草。單序草歸化於南臺灣都會區的向陽草坡、公園草坪、荒地或路旁，為單型屬植物，廣泛分布於東南亞、中國南部、澳洲。

| 形態特徵 |

　　多年生草本，具長走莖，稈匍匐，基部節上生根，纖細，莖與葉鞘表面光滑，葉舌為具纖毛薄膜，葉兩面被長柔毛；單一總狀花序，穗軸與穗柄易斷；小穗兩性，每節具有 2 枚下位小穗與 1 枚上位小穗，外穎長橢圓形，具 4 脈；內穎長橢圓形，1～3 脈，中脈具脊；小花外稃卵形或長橢圓形，先端具 2 齒、毛與芒。

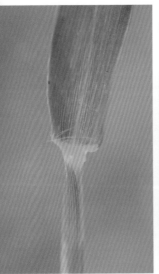

◀葉鞘表面光滑，葉面表面被長柔毛。

▲總狀花序頂生於光滑的莖稈先端。

◀小穗內小花外稃先端具有露出的長芒。

紅毛草

Rhynchelytrum repens（Willd.）C. E. Hubb.

科名｜ 禾本科 Poaceae（Gramineae）

別名｜ 筆仔草、金絲草、大筆草、文筆草

英文名｜ rose natal grass

花期｜ 1 2 3 4 5 6 7 8 9 10 11 12

原產非洲，臺灣首次紀錄於 1963 年的墾丁郊區；現已常見於臺灣中南部田野、路旁，干擾乾燥地及海岸地區，以及中部中、低海拔山區；紅毛草具有纖細而直立的稈，圓錐花序具有許多被銀白色至紫紅色毛的小穗，一陣風吹來時成片搖動的紅毛草，彷彿秋天在這一瞬間造訪了人間。

| 形態特徵 |

一年生至多年生叢生草本，稈直立至斜倚；葉片線形，葉鞘先端被長柔毛，葉舌為一圈密纖毛；頂生卵形展開圓錐花序，小穗卵形，密被長而纖細的紫紅色毛，外穎長橢圓形，具紫紅色長毛，內穎及第二小花外稃窄橢圓形，先端具 1 長芒，第二小花內稃膜質，具 2 脊，脊上被毛；穎果卵形。

▲紅毛草的穎果成熟後，展開的柔毛準備乘風飄揚。

▲小穗表面被有紅色長毛，圓錐花序有如燭火般閃爍。

▲常於中南部草坪成片生長，十分壯觀。

403

羅氏草

Rottboellia exaltata L. f.

科名｜ 禾本科 Poaceae （Gramineae）　　花期｜ 1 2 3 4 5 6 7 8 9 10 11 12

英文名｜ guinea-fowl grass, itchgrass, jointed grass, kelly grass, kokoma grass, raoulgrass, corngrass, shamwa grass

　　分布於熱帶亞洲與非洲、澳洲、中國，臺灣全島平野與低海拔山區可見。羅氏草的植株高度多變，在臺灣中南部都會區路緣與林緣草生地可見，在北部見到它的機會較少。若是仔細觀察，可以發現直立的莖先端，竟有許多成對小穗，嵌在圓柱狀的「莖稈」內？其實這些「莖稈」是由花序特化而來，由總狀花序軸關節膨大，與上位小穗穗柄多少癒合；下位小穗陷於圓柱狀總狀花序軸中，形成獨特的模樣；可別想把它連根拔起，因為著生於莖基部的葉鞘上，長有許多矽質體的小刺，會扎傷你的手喔。

| 形態特徵 |

　　根莖長，稈叢生且自葉鞘內分支，葉鞘表面密被刺毛；葉片長達 30cm 長；單純總狀花序，小穗成對，二型，總狀花序軸關節膨大，與上位小穗穗柄多少癒合；下位小穗陷於圓柱狀總狀花序軸中，外穎革質，廣披針形，與小穗等長，7 ～ 9 脈，上半部表面具橫隔脈，內穎與外穎質地相似，完全陷於膨大總狀花序軸中。

◀羅氏草的莖稈叢生且自葉鞘內分支，葉鞘表面密被刺毛。

▲單純總狀花序頂生於莖頂或腋生枝條先端。

◀總狀花序軸關節膨大，花序軸、下位與上位小穗崁合成圓柱狀。

柔毛狗尾草

Setaria barbata（Lam.）Kunth

科名 | 禾本科 Poaceae（Gramineae）

花期 | 1 2 3 4 5 6 7 8 9 10 11 12

英文名 | bristlegrass, bristly foxtail grass, corn grass, east indian bristlegrass, mary grass

　　原產非洲與印度，後引進西半球（包含西印度群島與佛羅里達），在臺灣局部歸化於北部與南部低海拔都會公園、林緣、農田與竹園周邊。臺灣產狗尾草屬植物具有兩類花序外形，一類具有緊縮圓錐花序，且小穗基部具有多數長而硬的開展剛毛，就像狗的尾巴一樣隨風擺盪。另一類具有相似的小穗結構，但是圓錐花序分支開展，小穗基部僅具有少量的長硬剛毛，柔毛狗尾草即屬此類。柔毛狗尾草與棕葉狗尾草、皺葉狗尾草兩者橢圓形且具皺褶葉片的外觀相似，然而柔毛狗尾草的葉鞘表面具有墊狀毛與長柔毛，但是棕葉狗尾草者表面具剛毛，皺葉狗尾草的葉鞘表面光滑，可與其區分。

| 形態特徵 |

　　一年生草本，開花時叢生且直立或斜倚，節上光滑或具糙毛，葉鞘微具脊，脊上光滑，葉鞘邊緣或近邊緣背側被柔毛，葉背被墊狀毛，葉舌撕裂狀，葉面具皺褶，遠軸面被纖毛，邊緣具平行排列的墊狀疣毛；圓錐花序展開狀，花序軸被毛，小穗外穎圓形至卵形，3～5脈，內穎卵形，先端銳尖，具7脈；外稃先端銳尖，內稃具2脊，脊上粗糙，微短於外稃；穎果倒卵形，先端圓。

▲葉鞘邊緣或近邊緣背側被柔毛。

◀圓錐花序展開狀，花序稈上光滑但是花序軸表面被毛。

莠狗尾草

Setaria geniculata（Lam.）Beauv.

外來種

科名｜ 禾本科 Poaceae（Gramineae）

英文名｜ knotroot foxtail

花期｜ 1 2 3 4 5 6 7 8 9 10 11 12

　　原產熱帶美洲，引進至其他國家，臺灣中北部潮溼地、草生地常見；狗尾草屬（*Setaria*）的花序上具有許多長剛毛，這些剛毛長在小穗基部，當小穗內穎果成熟時，剛毛不隨小穗脫落，宿存於花序軸上，因此有花藝工作者看上此一特性，將毛茸茸的花序採下，加以乾燥、染色，成為壓花或花藝的素材。

| 形態特徵 |

　　多年生草本，地下莖多節；稈直立，基部膝曲；葉鞘壓扁狀，具龍骨，葉舌一圈毛；緊縮圓錐花序圓筒狀，中軸密被毛，小穗基部具 6 ～ 8 枚長剛毛包圍，第二小花外稃質硬，表面粗糙，具 5 脈，第二小花內稃背側平坦，具 2 脊，穎果成熟時為外內稃所包圍。

▲莠狗尾草是草坪或河濱公園的常見野草。

▲就因為花序上的剛毛不易脫落，莠狗尾草成為花藝上偶見的素材。

南非鴿草

Setaria sphacelata (Schumach.) Moss ex Stapf & Hubb.

科名| 禾本科 Poaceae（Gramineae）　　花期| 1 2 3 4 5 6 7 8 9 10 11 12

英文名| african bristlegrass, broadleaf setaria, common setaria, golden millet, south african pigeon grass

　　原產熱帶非洲及南部非洲，廣泛引種至熱帶地區；在臺灣栽培為牧草與水土保持，歸化於臺灣平野。臺灣產狗尾草屬植物中，南非鴿草為多年生，葉線形，葉面不具皺褶，葉鞘邊緣光滑，花序為緊縮圓錐花序，呈圓柱狀，長10cm 以上，為花序外形同屬緊縮圓錐花序的類群中花序最長者；南非鴿草的小穗內下位小花不孕，下位外稃與下位內稃等長，根據以上特徵可與其他臺灣產狗尾草屬植物加以區分。

| 形態特徵 |

　　多年生具根莖草本，稈直立或基部匍匐，自基部或中段節上分支，葉鞘具脊，表面光滑，邊緣膜質；葉舌膜質，邊緣具毛；葉片草質，線形，兩面光滑或微被毛，邊緣全緣；花序為密生圓柱狀頂生圓錐花序，小穗無柄，橢圓形，先端銳尖，背腹壓扁，成熟時全數脫落，1～4枚叢生，被6～15 枚剛毛圍繞，剛被毛順向糙毛，第一小花不稔，第二小花可稔。

▲花序為密生圓柱狀頂生圓錐花序。

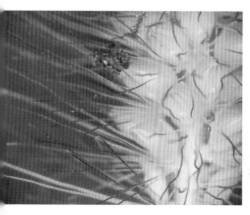

◀橢圓形小穗無柄，周圍被 6 ～ 15 枚剛毛圍繞。

407

倒刺狗尾草

Setaria verticillata（L.）P. Beauv.

外來種

科名｜ 禾本科 Poaceae（Gramineae）

花期｜ 1 2 3 4 5 6 7 8 9 10 11 12

英文名｜ hooked bristlegrass

　　舊世界熱帶及亞熱帶分布；臺灣中南部開闊向陽地常見；倒刺狗尾草花序的剛毛宿存，剛毛表面被有許多倒刺疣突，所以行經它身旁，常會被它的花序拉住，用手一摸便能感到一股粗糙感；由於極易勾附，常常可以看到數枚倒刺狗尾草花序糾結的景象。相較於倒刺狗尾草，禾本科「狗尾草（*S. viridis*）」花序上的剛毛不具倒刺，摸起來真如狗尾巴般柔順，可惜它出現在濱海或低海拔郊山，未見於都會區中；還好這些地方也有倒刺狗尾草的蹤影，下回出門旅遊時不妨留意一下吧。

| 形態特徵 |

　　一年生叢生草本，稈基部曲膝；葉片質薄，常被墊狀毛，葉鞘光滑或被毛，邊緣被緣毛，葉舌為一圈毛；緊縮圓錐花序圓柱狀，分支密生，小穗基部具 1～4 枚長剛毛，基部扁平，邊緣具倒刺疣突，外穎短於小穗，內穎與小穗近等長，第二小花外稃表面具橫向皺紋，質硬。

▲倒刺狗尾草的緊縮圓錐花序有如狗尾巴般。

▲布滿倒刺的剛毛其實是退化的花序分支。

相似種辨識

狗尾草

葉基鈍至心形；花序剛毛表面光滑或被順向刺，花序基部不具側枝。

▲狗尾草多見於濱海與低海拔郊山，未於都會區內出現。

葦狀蜀黍

Sorghum bicolor（L.）Moench subsp. *arundinaceum*（Desv.）de Wet & J. R. Harlan

科名｜　禾本科 Poaceae（Gramineae）　　花期｜ 1 2 3 4 5 6 7 8 9 10 11 12

英文名｜　common wild sorghum

　　「葦狀蜀黍」原產非洲，並自亞洲地區引進西半球（西印度群島與佛羅里達等地）。葦狀蜀黍為栽培作物蜀黍（*S. bicolor*）的亞種之一，然而與蜀黍倒卵形的小穗相比，其植株外形、小穗反而與臺灣早年歸化於田野間的同屬植物：詹森草（*S. halepense*）相似。然而，葦狀蜀黍具有披針形的小穗，小穗先端無芒，可與具有卵形小穗的詹森草或其他同屬植物相區隔。由於本種大型禾草與農業活動地帶的關係密切，極有可能隨著基質攜入，之後不慎逸出而歸化於臺灣中南部都會區荒地與草生地。

| 形態特徵 |

　　一年生或多年生，稈偶具分支，節、節間與葉鞘光滑，葉舌先端鈍，透明質，邊緣具纖毛，葉襟上表面微被毛，葉片線形，具一明顯中脈；圓錐花序展開狀，下位小穗兩性，小花基盤被毛，外穎披針形至橢圓形，革質，表面光滑或密被毛，先端漸尖，具 12 脈，脈間具橫膈小脈，具 2 脊，脊上半部粗糙；內穎披針狀卵形，先端漸尖，7 脈且具橫膈小脈，中脈上表面先端粗糙；小花外稃卵形，上側邊緣具纖毛，先端凹陷，無芒；上位小穗常不稔。

▲頂生圓錐花序展開狀，具有多數成對小穗。

◀葉鞘光滑，葉襟表面微被毛，葉片具一明顯中脈。

▶下位小穗外穎披針形至橢圓形，上位小穗常不稔而成窄披針形。

互花米草

外來種

Sporobolus alterniflora（Loisel.）P.M.Peterson & Saarela

科名｜ 禾本科 Poaceae（Gramineae）　　花期｜ 1 2 3 4 5 6 7 8 9 10 11 12

英文名｜ smooth cordgrass, saltmarsh cordgrass, salt-water cordgrass

　　互花米草以往被列為米草屬 （*Spartina*），如今根據親緣分析成果，將其納入鼠尾粟屬之下。互花米草是原生於北美洲與南美洲大西洋海岸的禾本科植物，早期曾在原生地作為防汛與護堤植物利用；引進北美洲與亞洲太平洋沿岸國家後卻發現具有入侵性，因此已被引進國家認為是惡名昭彰且具入侵性的海濱性雜草。臺灣並無引種紀錄，如今卻已入侵臺灣北部、中部河岸與高灘地的蘆葦叢間。由於臺灣地區並無相關引種紀錄，極有可能藉由洋流，將鄰近引種地區的根莖或種實帶入臺灣沿海一帶。由於互花米草的葉片為長線形，與臺灣沿海廣泛分布、葉片長披針形的蘆葦相異，加上互花米草的花序為細長的總狀花序，與蘆葦開展的圓錐花序明顯不同，因此極易分辨而有益於移除工作。

| 形態特徵 |

　　多年生草本，稈直立，葉鞘長於節間，表面光滑，葉舌為一圈毛，葉片線形；總狀花序單生，邊緣全緣，小穗互生，具梗，小穗長橢圓形，外穎線形，先端漸尖，壓扁狀；內穎披針形，先端銳尖，草質，基部歪斜，壓扁狀，光滑或被毛，脈上被剛毛，具一朵花，外稃披針形，先端銳尖，草質，壓扁狀，表面光滑，具一脈，脈上光滑，內稃披針狀卵形，先端銳尖，膜質，具 2 脈，脈上光滑。

▲多年生草本，稈直立，總狀花序頂生。

▲葉片與葉鞘表面光滑，葉舌為一圈毛。

▲總狀花序單生，邊緣全緣；長橢圓形小穗互生，具梗。

雙蕊鼠尾粟

Sporobolus indicus（L.）R. Br. var. *flaccidus*（R. & S.）Veldkamp

科名｜ 禾本科 Poaceae（Gramineae）　　花期｜ 1 2 3 4 5 6 7 8 9 10 11 12

　　分布於喜馬拉雅山區東部，印度、錫蘭、中南半島、馬來亞、中國及日本，臺灣全島中、低海拔草地、路旁開闊地偶見；本變種與原變種：鼠尾粟（*Sporobolus indicus* var. *major*）同樣具有頂生的圓錐花序，但是花序分支較為纖細且開展，加上每朵小花內僅具有 2 枚雄蕊，雄蕊花藥白色，與鼠尾粟的紫色雄蕊花藥有所不同。不過，雙蕊鼠尾粟的族群量較少，零星分布在許多都會區內路緣與草地上，加上小花極為微小，不若花序分支纖細且開展的特性容易觀察。

| 形態特徵 |

　　多年生叢生草本，稈直立。葉片線形，葉舌一圈毛；圓錐花序狹長狀，分支較為疏展；披針形小穗略兩側壓扁，內具 1 朵小花；外穎卵形，先端截形，無脈，短於外稃。內穎卵形，具 1 脈；外稃卵狀披針形，紙質，具 3 脈，但側脈不明顯，內稃舟狀，具 2 脈；花藥 2 枚，白色；橢圓狀卵形胞果褐色，表面具網紋。

▲ 小穗內僅具一朵小花，內可見 2 枚雄蕊，花藥白色。

▲ 雙蕊鼠尾粟為多年生叢生草本，圓錐花序狹長狀且頂生。

鼠尾粟

Sporobolus indicus（L.）R. Br. var. *major*（Buse）Baaijens

科名｜　禾本科 Poaceae（Gramineae）　　花期｜ 1 2 3 4 5 6 7 8 9 10 11 12

別名｜　鼠尾屎

英文名｜　smut grass

　　分布於喜馬拉雅山區東部，印度、錫蘭、中南半島、馬來亞、中國大陸及日本，臺灣全島中、低海拔草地、路旁開闊地常見；本種長長的緊縮圓錐花序，形同老鼠的尾巴，然而平地的鼠尾粟花序較細，山地的花序較粗。

| 形態特徵 |

　　多年生叢生草本，稈直立；葉片線形，葉舌一圈毛；緊縮圓錐花序狹長狀，披針形小穗略兩側壓扁，內具1朵小花，外穎卵形，先端截形，無脈，內穎卵形，約2/3小穗長，具1脈，外稃卵狀披針形，紙質，具3脈，內稃舟狀，具2脈；橢圓狀卵形胞果褐色，表面具網紋。

▲鼠尾粟的小穗內僅具1朵小花，可見紫色的雄蕊花藥3枚。

▶鼠尾般的花序其實是分支緊攏的圓錐花序。

熱帶鼠尾粟

Sporobolus tenuissimus（Mart. Ex Schrank）Kuntze

科名｜ 禾本科 Poaceae（Gramineae） 　　花期｜ 1 2 3 4 5 6 7 8 9 10 11 12

英文名｜ tropical dropseed

　　分布於熱帶美洲。在臺灣廣泛歸化於平地。鼠尾粟屬植物的小穗具一朵小花，且果實為囊果（utricle），具有可剝離的果皮，與其他臺灣產禾本科植物所結的穎果（caryopsis）、果皮與種皮相癒合者有所不同。熱帶鼠尾粟最初歸化於臺南、高雄等都會區公園綠地、校園或路旁，隨後逐漸擴散至臺灣全島平地與低海拔山區，熱帶鼠尾粟的圓錐花序分支和小分支展開，與原先記載臺灣產 4 種鼠尾粟屬植物的緊縮圓錐花序至圓錐花序分支展開，小穗密生排列於分支上明顯不同，外觀反而與生育環境類似的鯽魚草（*E. amabilis*）極為相似；但是，屬於畫眉草屬的鯽魚草每個小穗內具有多朵小花，結出的是褐色卵形穎果；熱帶鼠尾粟的小穗僅具有一朵小花，結出接近白色的囊果，加上花序軸與花序分支較為纖細而柔軟，雖然鑑別上較為吃力，仍能作為肉眼可見的鑑別特徵。

| 形態特徵 |

　　稈直立，達 30 cm 高；葉片線形，表面光滑，葉舌膜質；圓錐花序頂生，小穗具一朵小花，穎膜質，卵狀，先端鈍至漸尖，外稃與內稃披針形，舟狀，鱗被 2 枚，不明顯 1 脈，雄蕊具紫色花藥，雌蕊 1 枚，子房倒卵形，柱頭被毛；胞果倒卵形，胚約 1/3 ～ 1/4 胞果長。

▶分支與小分支開展，先端具單一小穗。

奧古斯丁草

Stenotaphrum secundatum（Walt.）Kuntze

科名｜ 禾本科 Poaceae（Gramineae）

別名｜ 鈍葉草

英文名｜ st. augustine grass

花期｜ 1 2 3 4 5 6 7 8 9 10 11 12

　　奧古斯丁草屬於鈍葉草屬（*Stenotaphrum*），原產大西洋沿岸，現已廣泛應用並逸出於全球熱帶及亞熱帶地區，本屬植物的花序軸扁平而膨大，小穗著生於穗軸一側，嵌入或半嵌入花序軸中，當穎果成熟時，花序軸會自近基部脫落，藉由膨大的花序軸使其飄浮於海面，以水力傳播。奧古斯丁草早期引進臺灣供作草坪用草，近年來更是廣泛應用於許多新設的公園綠地；雖然結實率不佳，卻能藉由蔓生的走莖擴展族群。

▲長橢圓狀線形的葉片先端圓鈍，又稱為「鈍葉草」。

| 形態特徵 |

　　多年生匍匐草本，具長走莖蔓生，走莖扁平，綠色帶有紫紅色，節間長而具短而帶葉分支；葉鞘壓扁狀，先端帶紫紅色，葉鞘邊緣膜質，鞘口被長柔毛，葉舌一圈毛，葉片廣線形，先端鈍形，葉基圓；穗狀花序壓扁狀，花序軸膨大而肉質，於穎果成熟時脫落，卵形小穗半陷入膨大肉質穗軸內；穎果褐色。

▲從背側看，奧古斯丁草的花序有如示威的眼鏡蛇般聳立。

◀小穗成對，半鑲嵌地著生於膨大的花序軸上。

信號草

Urochloa brizantha（Hochst. ex A. Rich.）R. D. Webster

科名｜ 禾本科 Poaceae（Gramineae）　花期｜ 1 2 **3** **4** **5** **6** **7** **8** **9** **10** 11 12

英文名｜ bread grass, broodsinjaalgras, common signal grass, large-seeded millet grass, paliscacle grass, palisade signalgrass, signal grass, surinam grass

　　原產熱帶非洲，後引進美國，在臺灣以往引進作為牧草使用，後作為水土保持護坡植物撒布。過去信號草和巴拉草都被列為臂形草屬（*Brachiaria*）之下，根據近年親緣關係的研究成果，建議將其改列到尾稃草屬（*Urochloa*）中，兩者的外形特徵極為相似，但是臂形草屬植物的小穗內穎朝向花序分支，尾稃草屬植物則由小穗外穎朝向花序分支，為這兩類禾草的主要鑑別特徵。

｜形態特徵｜

　　多年生禾草，莖直立或伏地，屈膝，莖桿叢生，節間扁平，通常在節的下方多毛。葉舌邊緣具纖毛，葉片線形到線狀披針形，先端漸尖，基部不對稱。複總狀花序軸披毛，總狀花序分支平展或有時彎曲，小穗覆瓦狀，排列明顯偏於軸的一側，外穎 9 ～ 11 脈；內穎廣橢圓形，7 ～ 9 脈，頂端披疏毛；下部小花為雄花，外稃和上部小花等長，廣橢卵形，5 脈。

▲信號草的複總狀花序頂生，為都會區偶見的水土保持用草。

▲小穗和總狀花序分支表面明顯被毛。

▲小穗排列成覆瓦狀，單側排列在總狀花序分支下側。

▲葉鞘表面明顯被毛，葉舌邊緣被纖毛。

彎柄尾稃草

Urochloa deflexa（Schumach.）H. Scholz

外來種

科名｜ 禾本科 Poaceae（Gramineae）　　花期｜ 1 2 3 **4** 5 6 7 **8** **9** 10 11 12

英文名｜ annual brachiaria, deflexed signalgrass, deflexed brachiaria

　　原產熱帶、南部非洲與熱帶阿拉伯地區，分布於南臺灣都會區周邊廢甘蔗田或廢鳳梨田與周邊路緣。彎柄尾稃草與大黍（*U. maxima*）相似，都具有大型而開展的頂生圓錐花序，加上小穗結構相似，因此以往被納入黍屬（*Panicum*）成員，但是根據親緣分析的研究成果，這兩種禾草應該與「常具頂生複總狀花序」的尾稃草屬（*Urochloa*）植物較為近緣，因此被改列為尾稃草屬成員。彎柄尾稃草的第二小花外稃表面光滑，與大黍的第二小花外稃表面具有多數橫皺紋與小疣突；彎柄尾稃草的小穗僅為大黍者的 1／2，小穗先端圓鈍，不過大黍者的小穗先端鈍，因此雖然植株外形相似，仍然可以藉此加以區分。

| 形態特徵 |

　　一年生草本，基部匍匐後斜倚至直立，稈纖細，葉鞘表面光滑，上部邊緣透明質且具纖毛，葉舌膜質，邊緣具纖毛；葉襟具葉耳，葉片線形，表面光滑，葉基歪斜，邊緣光滑或基部疏被纖毛；花序頂生展開圓錐狀，具多數總狀花序分支，花梗長於小穗，小穗橢圓形，外穎廣卵形，先端鈍，具一脈；內穎卵形，先端銳尖，具3脈，先端脈間表面光滑；第一小花外稃與內穎相似。

▲頂生圓錐花序展開，具多數總狀花序分支。

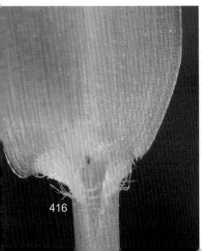

◀小穗橢圓形，外穎廣卵形，先端鈍；內穎卵形，先端銳尖。

▶葉襟表面被細毛，葉舌膜質且邊緣具纖毛。

大黍

Urochloa maximum（Jacq.）R.D.Webster

科名｜ 禾本科 Poaceae（Gramineae）

花期｜ 1 2 3 4 5 6 7 8 9 10 11 12

別名｜ 幾尼亞草、天竺草

英文名｜ guinea grass

　　原產熱帶非洲，引進至全球多處供牧草之用；臺灣全島低海拔草地、路旁、河岸、草坪或干擾地，尤以中南部向陽開闊地常見；在臺中大肚山、鐵砧山區，可見滿山遍野的大黍，成片地覆蓋整片山坡，為非常強勢的外來種。據說日治時期大肚山區為了供應馬場內馬匹的草料，便大量栽培生命力強、生長快速的大黍；想不到事過境遷，大黍卻遺留並擴散開來，不僅是歷史的見證者之一，大黍正利用它的生存本領，在全臺灣的路旁、荒地，開創屬於它自己的未來。

形態特徵

　　多年生直立草本，根莖粗壯，高可達 5 m，節上光滑或被毛；葉鞘表面光滑或被墊狀毛；頂生圓錐花序展開，腋處被長柔毛或否，基部分支輪生，卵形小穗先端鈍，表面常光滑，微具脈，多帶紫紅色或紫色，穎不等大，外穎約 1/3 小穗長，第一小花常僅具雄蕊，偶不稔，第二小花外稃表面被橫向皺紋，革質。

▲大黍成片地占據中部地區開闊草生地。

巴拉草

Urochloa mutica（Forsk.）T.Q. Nguyen

科名｜ 禾本科 Poaceae（Gramineae）　　花期｜ 1 2 3 4 5 6 7 8 9 10 11 12

英文名｜ angola grass, buffalo grass, california grass, corigrass, cori grass, dutch grass, giant couch, mauritius grass, numidian grass, panicum grass, paragrass, penahlonga grass, scotch grass, watergrass, water grass

　　原產巴西，現已廣泛引進與歸化全球；臺灣水岸開闊或遮蔭潮溼地極為常見。巴拉草的花期極短，僅在秋冬之際開出頂生的複總狀花序，因此如果想要觀察它的花部特徵較為困難。另外，臺灣的巴拉草極少結果，因此廣泛分布在臺灣各地水岸與渠道內的族群，應該是透過營養繁殖迅速遍布而成，加上覆蓋性極佳，又能透過節處生根的長走莖越過水面，極有可能排擠其他水生與濱水植物，成為極具入侵性的禾草。

| 形態特徵 |

　　多年生粗壯草本，斜倚並於基部節處生根，節上密被毛，葉片被毛，葉鞘被纖毛，長於節間；葉舌膜質，先端具纖毛；複總狀花序粗壯，總狀花序分支排列疏鬆，單生或具分支，穗柄窄，表面粗糙，微扁平；穗柄具疣突；小穗成對，多數，密生於花序分支單側，橢圓形，表面光滑，綠色或紫色，外穎三角形，1 脈，內穎與第一小花外稃近等長，5 脈。

▲秋冬之際可見其複總狀花序，但是極少結果。

▲穗柄表面被纖毛，小穗間可見許多未發育完成的小穗。

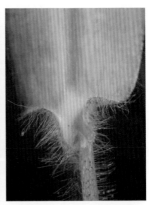

▲葉鞘與葉襟表面密被纖毛，葉舌膜質。

雀稗尾秆草

Urochloa glumaris （Trin.） Veldkamp

科名｜ 禾本科 Poaceae （Gramineae）　　花期｜ 1 2 3 4 5 6 7 8 9 10 11 12

英文名｜ common signalgrass, thurston grass

　　分布於舊世界熱帶地區，為臺灣植物誌所遺漏的禾草。雀稗尾秆草以往被記錄於臺灣東南部及蘭嶼島上，由於其能增加乳牛的乳產量，因此也曾被推廣為牧草栽植。由於鮮乳具有新鮮供給的需求，因此臺灣早年酪農業發達的地區，極有可能栽植此一禾草；然而隨著都會區的日漸擴張，以往放牧或飼養乳牛的牧場極有可能搖身一變成為新興住宅區，因此雀稗尾秆草也成為臺灣南部都會區可見的禾草。

｜形態特徵｜

　　一年生禾草，稈直立至斜倚，複總狀花序頂生，小穗互生於總狀花序時外穎側貼近花序軸，小穗平凸，外穎稍短於小穗，5脈；內穎與小穗等長，5脈，第一小花不稔，第二小花外秆與內秆革質，第二小花外秆具短芒。

▲雀稗尾秆草是臺灣南部都會區偶見的禾草。

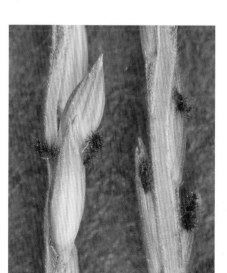

▲小穗排列在花序分支下側，內穎表面明顯具脈。

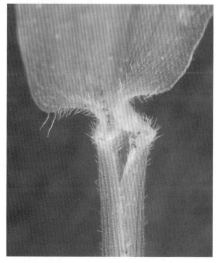

▲葉鞘先端和葉基明顯被細毛。

419

四生臂形草

Urochloa subquadripara（Trin.）R.D.Webster

科名｜ 禾本科 Poaceae（Gramineae）

花期｜ 1 2 3 4 5 6 7 8 9 10 11 12

別名｜ 疏穗臂形草

英文名｜ smallflowered alexandergrass

原產舊世界熱帶地區；臺灣低海拔開闊荒地、路旁或潮溼草地自生。

| 形態特徵 |

　　多年生匍匐或近直立草本，稈纖細，常呈展開狀生長，基部節處生根，節上被毛；葉片邊緣粗糙；葉鞘常短於節間，邊緣多少被纖毛，葉舌為一圈毛；複總狀花序頂生，具總狀花序分支 3～6 枚，展開狀，花序軸表面光滑，穗柄扁平，表面光滑或偶被糙疣突，橢圓形小穗單生。

▲四生臂形草的小穗排列於總狀花序分支單側。

▲總狀花序分支數枚互生成複總狀花序。

馬尼拉芝

Zoysia matrella（L.）Merr.

科名｜　禾本科 Poaceae （Gramineae）

英文名｜　manila grass

花期｜ 1 2 3 4 5 6 7 8 9 10 11 12

　　廣泛分布於熱帶亞洲，在臺灣原生族群局限分布於北部及澎湖濱海沙灘；栽培品系及其與高麗芝（*Zoysia pacifica*）的雜交品系：臺北草、斗六草為廣泛應用的草坪用草；馬尼拉芝的生長良好、易於管理，除了廣泛栽培外，也可見其被鋪於水田梗上，便於行走及管理。

| 形態特徵 |

　　多年生匍匐、斜倚至直立草本，具長根莖及走莖；葉線形至披針形，質硬；緊縮圓錐花序頂生，紫紅色小穗單生，壓扁狀，外穎闕如，內穎卵形，革質，內含 1 朵可稔小花，外稃膜質。

相似種辨識

高麗芝

葉片窄於 1 mm，細管狀。

▲高麗芝的葉片纖細，寬約 0.1 mm，又名細葉結縷草。

▲馬尼拉芝也會抽出花序喔！白色的小毛刷就是它們的柱頭。

▶藉著藏於地底的根莖暗自擴張族群。

中名索引

學名索引

學名索引

參考書目及資料

· Chen, S.-H. 2008. Naturalized Plants of Eastern Taiwan ── A guide to the naturalized flora of the region. National Hualien University of Education, Hualien.

· Chen, S.-H., S.-H. Weng and M.-J. Wu. 2009. *Cyperus surinamensis* Rottb., A Newly Naturalized Sedge Species in Taiwan. Taiwania 54 （4）: 399-402.

· Chung, K.-F., S.-M. Ku, Y. Kono and C.-I Peng. 2009. *Emilia praetermissa* Milne-Redh. （Asteraceae）- A Misidentified Alien Species in Northern Taiwan. Taiwania 54 （4）: 385-390.

· Chung, S.-W. and C.-K. Yang. 2007. *Nicotiana plumbagnifolia* Viviani （Solanaceae） as a Newly Naturalized Plant to Taiwan. 特有生物研究 9 （2）: 81-84.

· Editorial Committee of the Flora of Taiwan, Second Edition. （1993-2003）. Flora of Taiwan, 2nd., Vol. 1-6. Department of Botany, National Taiwan University, Taipei.

· Hsu, T.-W., C.-I Peng, T.-Y. Chiang and C.-C. Huang. 2010. Three Newly Naturalized Species of the Genus *Ludwigia* （Onagraceae） to Taiwan. TW J. of Biodivers. 12 （3）: 303-308.

· Hsu, T.-W., J.-J. Peng, and H.-Y. Liu. 2001. *Melothria pednula* L. （Cucurbitaceae）, A Newly Naturalized Plant in Taiwan. Taiwania 46 （3）: 193-198.

· Hsu, T.-W., S.-M. Ku and C.-I Peng. 2004. *Persicaria capitata* （Buchanan-Hamilton ex D. Don） H. Gross （Polygonaceae）, a Newly Naturalized Plant in Taiwan. Taiwania 49 （3）: 183-187.

· Hsu, T.-W., T.-Y. Chiang, J.-J. Peng. 2005. *Asystasia gangetica* （L.） T. Anderson subsp. *micrantha* （Nees） Ensermu （Acanthaceae）, A Newly Naturalized Plant in Taiwan.

· Hsu, T.-W., T.-Y. Chiang, and C.-I Peng. 2006. *Croton bonplandianus* Baillon （Euphorbiaceae）, a Plant Newly Naturalized to Taiwan. 特有生物研究 8 （1）: 77-82.

· Hsu, T.-W., T.-Y. Chiang, and C.-I Peng. 2005. *Lepidium bonariense* L. （Brassicaceae） Newly Naturalized to Taiwan. 特有生物研究 7 （1）: 89-94.

· Jung, M.-J., G.-I. Liao and C.-S. Kuoh. 2005. *Phryma leptostachya* （Phrymaceae）, a new family record in Taiwan. Bot. Bull. Acad. Sin. 46: 239-244.

· Jung, M.-J., J. F. Veldkamp, and C.-S. Kuoh. 2008. Notes on *Eragrostis* Wolf （Poaceae） for the Flora of Taiwan. Taiwania 53 （1）: 96-102.

· Jung, M.-J., T.-C. Hsu and S.-W. Chung. 2008. Notes on Two Newly Naturalized Plants in Taiwan. Taiwania 53 （2）: 230-235.

· Jung, M.-J., T.-C. Hsu, S.-W. Chung, and C.-I Peng. 2009. Three Newly Naturalized Asteraceae Plants in Taiwan. Taiwania 54 （1）: 76-81.

· Jung, M.-J., C.-W. Chen and S.-W. Chung. 2009. *Chloris divaricata* （Poaceae） and Its Variety *C. divaricata cynodontoides* in Taiwan. Taiwan J. For. Sci. 24 （3）: 205-211.

· Jung, M.-J. M.-J. Wu and S.-W. Chung. 2009. Three Newly Naturalized Plants in Taiwan. Taiwania 54 （4）: 391-398.

· Tsai, M.-Y., S.-H. Chen, and W.-Y. Kao. 2010. Floral morphs, pollen viability, and ploidy level of *Oxalis corymbosa* DC. In Taiwan. Botanical Studies 51; 81-88.

· Tseng, Y.-H., C.-C. Wang and Y.-T. Chen. 2008. *Rivina humilis* L. （Phytolaccaceae）, a Newly Naturalized Plant in Taiwan. Taiwania 53 （4） L 417-419.

· Tseng, Y.-H. and C.-H. Ou. 2002. *Thunbergia fragrans* Roxb. （Acanthaceae）: A Newly Naturalized Plant in Taiwan. 特有生物研究 4 （2）: 59-62.

· Wang, C.-M. and C.-H. Chen. 2010. *Lactuca serriola* （Asteraceae）, a Newly Naturalized Plant in Taiwan. Taiwania 55 （3）: 331-333.

· Yang, S.-Z. and C.-I Peng. 2001. An Invading Plant in Taiwan- *Mimosa pigra* L. Quert. J. For. Res. of Taiwan. 23 （2）: 1-6.

· 紀博三，2010。臺灣地錦草屬植物之分類訂正。國立東華大學生物資源與科技研究所，花蓮市，花蓮縣。

· 徐玲明、蔣慕琰，1999。草坪雜草彩色圖鑑。農業藥物毒試驗所，霧峰鄉，臺中縣。

· 陳運造，2006。苗栗地區重要外來入侵植物圖誌。苗栗區農業改良場，公館鄉，苗栗縣。

· 葉茂生、鄭隨和。1991。臺灣豆類植物資源彩色圖鑑。行政院農業委員會，臺北市。

· 楊遠波、廖俊奎、唐默詩、楊智凱、葉秋妤。2009。臺灣種子植物科屬誌。林務局，臺北市。

· 鍾明哲、郭長生。2007。臺灣禾本科新成員彙整。自然保育季刊 60: 37-44。

· 鍾明哲、鐘詩文、彭鏡毅。2008。臺灣菊科新成員彙整。自然保育季刊 63: 45-51。

· 鍾明哲、鐘詩文、葉慶龍。2009。蘭嶼的新紀錄及歸化植物。自然保育季刊 67: 35-47。

431

國家圖書館出版品預行編目（CIP）資料

都會野花野草圖鑑【增訂版】/ 鍾明哲編著 --
增訂一版 . -- 臺中市：晨星出版有限公司，
2021.07　面；　公分 . --（台灣自然圖鑑；15）

ISBN 978-986-5582-59-3（軟精裝）

1. 種子植物 2. 雜草 3. 植物圖鑑 4. 臺灣

377.025　　　　　　　　　　　　110005300

詳填晨星線上回函
50 元購書優惠券立即送
（限晨星網路書店使用）

台灣自然圖鑑 015

都會野花野草圖鑑【增訂版】

作者	鍾明哲
主編	徐惠雅
執行主編	許裕苗
版型設計	許裕偉
創辦人	陳銘民
發行所	晨星出版有限公司
	臺中市 407 西屯區工業三十路 1 號
	TEL：04-23595820　FAX：04-23550581
	http://www.morningstar.com.tw
	行政院新聞局版臺業字第 2500 號
法律顧問	陳思成律師
初版	西元 2011 年 03 月 10 日
增訂一版	西元 2021 年 07 月 06 日
	西元 2022 年 08 月 15 日（二刷）
讀者專線	TEL：（02）23672044 /（04）23595819#212
	FAX：（02）23635741 /（04）23595493
	service@morningstar.com.tw
網路書店	http://www.morningstar.com.tw
郵政劃撥	15060393（知己圖書股份有限公司）
印刷	上好印刷股份有限公司

定價　850　元

ISBN 978-986-5582-59-3